JN303581

新・演習物理学ライブラリ＝4

新・演習
量子力学

阿部　龍蔵　著

サイエンス社

サイエンス社のホームページのご案内
http://www.saiensu.co.jp
ご意見・ご要望は　rikei@saiensu.co.jp　まで.

まえがき

本書「新・演習　量子力学」の本文を何とか仕上げまえがきを執筆するという段階（2005 年の 6 月末）で偶然 NHK 教育テレビで「池波正太郎」の記事を視聴した．著者は残念ながら「池波正太郎」の作品をほとんど読んでいないが，解説者によると登場人物は全くの善人でもないし，全くの悪人でもないという想定である．いわば清濁合わせたのが登場人物というわけである．

このテレビを見ていて「池波正太郎」の描く主人公は正に本書の主題「量子力学」の性格を表しているのではないかと思った．古い話で恐縮だが，著者は 1947 年に旧制一高に入学した．1 つの教養として哲学関係の著書を読んだ経験があり先輩の推薦で朝永三十郎（朝永振一郎のご尊父）の「近世に於ける我の自覚史」を読んだ．この本は比較的よくわかったと思うが，正直なところ大部分の哲学書はあまりよくわからなかった．いまでもよく覚えているのは，西田幾多郎の「善の研究」を読んでいるとき矛盾的自己同一という概念に遭遇した点で，この概念だけはよくわかった．ある 1 つのものが互いに矛盾する側面をもつということで，その例は私たちの周辺にいろいろと見られる．1 つの典型的な例は火で火は暖房，照明，調理，エネルギー源など生活に役立つ “功” の面をもっているが，大火事をもたらす “罪” の面ももっている．核エネルギーに対しても同じことがいえよう．また，ウイルスは生物と同時に無生物である．量子力学では光や電子は波と同時に粒子であるとする．このように矛盾的自己同一は近代科学を理解するのに重要な考え方である．

いま回顧すると，人生の折り返し点のほぼ 1 年前，正確には 1966 年 11 月 16 日付で東京大学教養学部基礎科学科に赴任し，量子力学の講義を担当した．それまでに，量子力学の演習，大学院の講義をした経験はあるが学部での講義は初めてであった．この講義ノートを基に 1980 年 5 月「量子力学入門」という著書を岩波書店から発行させていただいた．最初岩波全書としてこの著書は刊行されたが，その後 1987 年に「物理テキストシリーズ」の 1 冊に加えられ，今日に至っている．基礎科学科では 2 年生後半を対象に量子力学 I，3 年生全体に量子力学 II, III の履修を目指しており，これらはコースにより必修であったり選択であったりする.「量子力学入門」の出版後 II, III のレベルに相当する著書を刊行するべきだという書評はあったが，正直な話，時間的余裕はなかった．1991 年に東大を定年退職し放送大学に移って，引き続き量子力学を担当したが，当時慶応義塾大学教授の川村清先生のご協力を仰ぎ，II, III に対応する講義は先生にご担当いただいた．2001 年に放送大学を定年退職し，宮仕いが終わったが，これを機に長年お世話になったサイエンス社から多くの著書を発刊していただいた．量子力学関係について触れると，ディラックの相対論的な電子論は基礎科学科での分類は III に属し，この問題については 2005 年 4 月発行の「現代物理入門」に取り上げたので今回の演習書では省略した．

2002 年 10 月に新・演習「電磁気学」を発行して以来，2003 年 9 月 新・演習「力学」，2004 年 10 月 新・演習「物理学」と大体 1 年に 1 冊の割合で演習書を発行させていただいた．今回はそれに続く演習書シリーズの 4 番目である．これに次いで 5 番目として熱・統計力学の演習書を執筆するつもりで，これでシリーズは完結の予定である．量子力学 II, III の講義ノートがあったので久しぶりにこれらを繙き「昔取った杵柄」という調子で執筆を進めた．ただし，次の 2 点に注意した．第 1 に，著者が基礎科学科で講義を始めたころは CGS 単位系が全盛で大学入試などもこの単位系で出題されたが，これはいうまでもなく時代遅れである．そこで本書を書くにあたり単位系の変換を行った．第 2 に，講義ノートを久しぶりに見ると，数箇所ミスプリントが発見されたことである．講義の際，これらのミスは訂正したと思うのだが，あまりはっきりしない．もしミスプリントのまま講義していたら大変申し訳ないことでこの場をお借りしお詫びしたいと思う．実は前述の「量子力学入門」にも発刊以後 25 年も経ってミスが見つかった．なるべくミスは避けたいと願っているので発見次第サイエンス社にご一報いただければ幸いである．

最後に，本書の執筆にあたり，いろいろご面倒をおかけしたサイエンス社の田島伸彦氏，鈴木綾子氏にあつく感謝の意を表する次第である．

2005 年夏

阿 部 龍 蔵

目　次

第10章　多体問題　116

問題解答　127

コラム

新・演習 量子力学

1　量子力学の必要性

1.1　光電効果

• 光電効果 •　ある種の金属（Na, Cs など）や半導体の表面に光を当てるとその表面から電子（**光電子**）が飛び出す（図 1.1）．この現象を**光電効果**という．光電効果は実用的にはカメラの露出装置や太陽電池に応用されているし，デジカメの原理ともなっている．光の波動説では光源を中心にエネルギーが四方八方に広がっていくと考えるが，このような立場では光電効果の説明は不可能である（例題 1）．

• 光電効果の特徴 •　振動数 ν の光に対する光電効果は次の特徴をもつ．

① 物質にはそれに特有な固有振動数 ν_0 があり，$\nu < \nu_0$ だと，どんなに強い光を当てても光電効果は起こらない．逆に $\nu > \nu_0$ だと，どんなに弱い光でも光を当てた瞬間に電子が飛び出す．ν_0 を**光電臨界振動数**という．

② 光電子の質量，速さをそれぞれ m, v とすれば光電子のエネルギー E は

$$E = \frac{1}{2}mv^2 \tag{1.1}$$

で与えられるが，$\nu > \nu_0$ の場合，E は $\nu - \nu_0$ に比例し

$$E = h(\nu - \nu_0) \tag{1.2}$$

と書ける．上式中の比例定数 h を**プランク定数**といい

$$h = 6.626 \times 10^{-34}\ \mathrm{J \cdot s} \tag{1.3}$$

の数値をもつ．プランク定数はミクロの世界を支配する重要な物理定数である．

• アインシュタインの光量子説 •　アインシュタインは 1905 年，光は粒子の性質をもつと仮定した．現在，この粒子を**光量子**または**光子**という．1 個の光子のもつエネルギーは光の振動数を ν とすれば $h\nu$ で与えられる．1 個の光子が物質中の電子と衝突すると，そのエネルギー $h\nu$ を全部一度にその電子に与える．図 1.2 に示すように，電子が物質から外へ出るのに必要なエネルギーを W とすればエネルギー保存則により，$E + W = h\nu$ となる．W を**仕事関数**という．また W を $W = h\nu_0$ とおけば，上記の保存則から $E = h(\nu - \nu_0)$ となり，(1.2) が導かれる．これを**アインシュタインの光電方程式**という．$h\nu$ が W より小さいと電子は物質の内部から外部へ出ることができず，光電効果は起こらない．なお，W を表すのに通常次の電子ボルト (eV) を使う．

$$1\,\mathrm{eV} = 1.60 \times 10^{-19}\ \mathrm{J} \tag{1.4}$$

例題 1　　　　**光の波動説と光電効果**

豆電球の出力を 1 W とし波長 600 nm の光が Cs 原子に当たるとする．波動説では，光は電球を中心とし，球面波として周囲の空間に広がっていくと考える．豆電球から 1 m の距離の場所にある Cs 原子の半径を 0.1 nm の程度として，次の問に答えよ．ただし，Cs の仕事関数は 1.38 eV であるとする．

(a)　光電子のエネルギーは何 J となるか．

(b)　光電効果が起こる時間を概算せよ．

解答　(a)　波長 600 nm の光の振動数 ν は 5×10^{14} Hz であるから，光電子のエネルギー E は次のように計算される．

$$E = 6.63 \times 10^{-34} \times 5 \times 10^{14}\,\mathrm{J} - 1.60 \times 10^{-19} \times 1.38\,\mathrm{J} = 1.11 \times 10^{-19}\,\mathrm{J}$$

(b)　1 W は 1 J/s に等しいので，1 s 当たり 1 J のエネルギーが広がっていく．電球を中心とする半径 1 m の球面の表面積は $4\pi\,\mathrm{m}^2$ なので，光のエネルギーが球対称的に広がるとすれば，球面上の面積 S の部分を通るエネルギーは $(S/4\pi\,\mathrm{m}^2)$ J/s となる．球面上にある原子の面積は $\pi(10^{-10})^2\,\mathrm{m}^2$ 程度であるから，これを上式に代入し，1 s 当たり 1 個の原子に照射されるエネルギーは 0.25×10^{-20} J/s と計算される．したがって，1 個の光電子が飛び出す時間，すなわち光電効果の起こる時間は

$$\frac{1.11 \times 10^{-19}}{0.25 \times 10^{-20}}\,\mathrm{s} = 44.4\,\mathrm{s}$$

と表される．実際は光の当たった瞬間に電子が飛び出すので，上の結果は実験と全く合わない．

問　題

1.1　ν_0 を波長に換算したものを**光電限界波長**という．Al の光電限界波長 λ_0 は何 nm か．ただし，Al の仕事関数は 3.0 eV とする．

1.2　Al に赤い光を当てたとき光電効果は起こらないが，青い光を当てると光電効果が起こる．その理由を説明せよ．

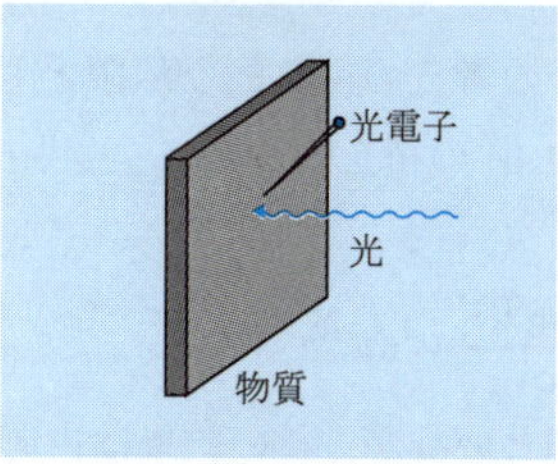

図 1.1　光電効果の概念図

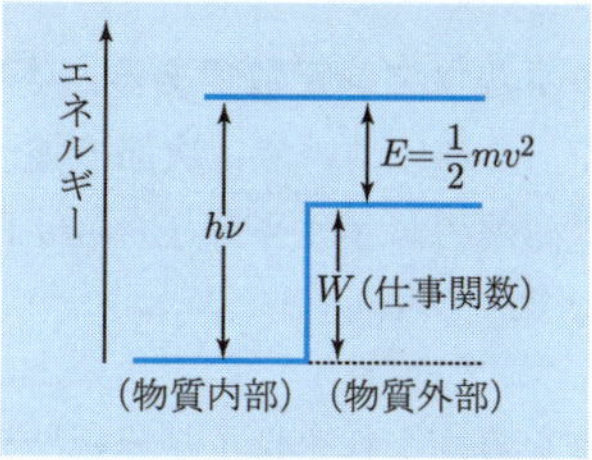

図 1.2　光子と光電効果

1.2 熱放射

• 熱放射 • 物体の表面から光（一般的には電磁波）が放出される現象を**熱放射**という．熱放射を利用すると物体の温度分布が色によって表示でき，このような**サーモグラフィー**は医療などに利用されている．常温の鉄も熱放射を行っている．ただ，放射される電磁波の量が少ないのと，波長の長いものばかりであるために，目に見えないだけの話である．

• 黒体放射 • 物体の表面に電磁波が当たったとき，表面は電磁波の一部を反射し，残りを吸収する．特に全然反射をせず，当たった電磁波をすべて吸収してしまうものを**完全黒体**あるいは単に**黒体**という．電磁波を通さない空洞を作り小さい孔を開け，これを外部から見ると，孔に当たった電磁波は反射されずすべて空洞の中に吸収される．よって，孔の部分は黒体の表面と同じ役割をもつ．空洞内の放射を**空洞放射**というが黒体放射は空洞放射と等価である．

• レイリー-ジーンズの放射法則 • 絶対温度 T における空洞放射を扱うには，T で囲まれた空洞内における電磁波のエネルギー分布を考察すればよい．その空洞に小さな孔を開けたときに外部へ放出される電磁波が黒体の表面から放出されるものと同じになる．空洞内に閉じ込められた電磁波は調和振動子の集合と等価である（例えば 9.2 節の例題 4，p.107 を参照せよ）．そのような議論の結果，体積 V の空洞中で振動数が ν と $\nu + d\nu$ の範囲内にある振動子の数 $g(\nu)d\nu$ は

$$g(\nu)d\nu = \frac{8\pi V}{c^3}\nu^2 d\nu \tag{1.5}$$

と表される（問題 2.3）．上式で c は真空中の光速である．一方，古典物理学では T にある調和振動子のエネルギーの平均値は

$$k_{\mathrm{B}}T \tag{1.6}$$

と書ける．ここで k_{B} は

$$k_{\mathrm{B}} = 1.38 \times 10^{-23}\,\mathrm{J \cdot K^{-1}} \tag{1.7}$$

の**ボルツマン定数**である．本書ではプランクの考えの古典的な極限として (1.6) を導く．これについては次節で述べる．(1.5) と (1.6) の積を作ると $\nu \sim \nu + d\nu$ の範囲内の電磁波のエネルギー $E(\nu)d\nu$ は

$$E(\nu)d\nu = \frac{8\pi k_{\mathrm{B}}TV}{c^3}\nu^2 d\nu \tag{1.8}$$

となる．これを**レイリー-ジーンズの放射法則**というが，この結果は古典物理学の基本的な欠陥を露呈したものである（問題 2.4）．

例題 2 **波数空間における状態数**

x, y, z 軸に各辺が沿う 1 辺の長さ L の立方体の空洞を想定し，その中の電磁場を表す電場 $\boldsymbol{E}$，磁場 $\boldsymbol{H}$ は $\boldsymbol{E}, \boldsymbol{H} \propto e^{i\boldsymbol{k}\cdot\boldsymbol{r}-i\omega t}$ という平面波で記述されるとする．$\boldsymbol{E}, \boldsymbol{H}$ は**周期的境界条件**に従うと仮定し，例えば E_x に対し

$$E_x(x+L, y, z) = E_x(x, y, z)$$

が成り立つとする．このような条件下で，以下の問に答えよ．

(a) 波数ベクトル $\boldsymbol{k}$ はどのように表されるか．

(b) k_x, k_y, k_z を x, y, z 軸とするような空間を**波数空間**という．波数空間の中の微小体積 $d\boldsymbol{k}$ $(= dk_x dk_y dk_z)$ に含まれる状態数は

$$\frac{d\boldsymbol{k}}{(2\pi/L)^3} = \frac{V}{(2\pi)^3} d\boldsymbol{k}$$

であることを示せ（$V = L^3$ は空洞の体積）．

解答 (a) 周期的な境界条件から $e^{i(k_x L + k_x x + k_y y + k_z z)} = e^{i(k_x x + k_y y + k_z z)}$ $\therefore$ $e^{ik_x L} = 1$ となる．オイラーの公式（問題 2.1）によると θ が実数のとき $e^{i\theta} = \cos\theta + i\sin\theta$ が成り立つ．一般に，複素数 $z = x + iy$ を xy 面上の座標 (x, y) をもつ点で表す．この平面を**複素平面**という．複素平面上で，$e^{i\theta} = 1$ だと θ は $\theta = 0, \pm 2\pi, \pm 4\pi, \cdots$ であることがわかる．よって，$k_x L = 2\pi l$（$l = 0, \pm 1, \pm 2, \cdots$）と表される．$y, z$ 方向でも同様で，まとめて書くと次の関係が得られる．

$$\boldsymbol{k} = \frac{2\pi}{L}(l, m, n) \quad (l, m, n = 0, \pm 1, \pm 2, \cdots)$$

(b) 波数空間で $\boldsymbol{k}$ は格子定数 $2\pi/L$ の単純立方格子上の格子点である（図 1.3）．1 辺の長さ $2\pi/L$ のサイコロをたくさん積み上げたとすれば，その頂点が可能な $\boldsymbol{k}$ の値を与える．そこで，各サイコロの 1 つの頂点に印をつけ印は重ならないようにすれば印は図 1.3 のような格子を構成し，サイコロと格子点とは 1 対 1 の対応をもつ．この点に注意すると，波数空間中の微小体積 $d\boldsymbol{k}$ に含まれる格子点の数（状態数）は，$d\boldsymbol{k}$ をサイコロの体積 $(2\pi/L)^3$ で割り

$$\frac{d\boldsymbol{k}}{(2\pi/L)^3} = \frac{V}{(2\pi)^3} d\boldsymbol{k}$$

と表される．

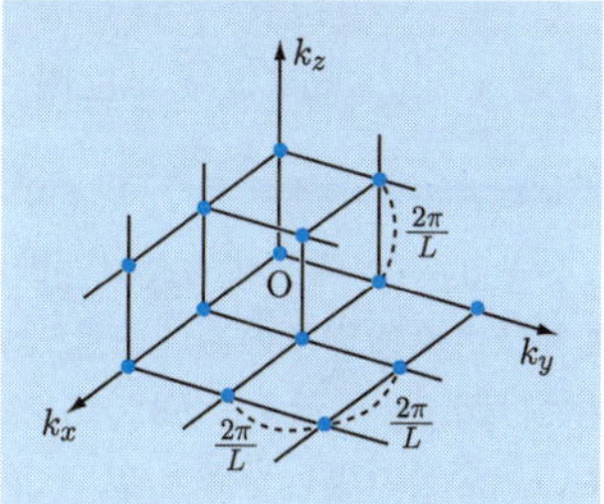

図 1.3 波数空間

問　題

2.1　一般に z を複素変数とするとき指数関数 e^z は

$$e^z = 1 + z + \frac{z^2}{2!} + \frac{z^3}{3!} + \cdots$$

で定義される．次の問に答えよ．

(a)　$z = i\theta$（θ は実数）とおき以下のオイラーの公式を導け．

$$e^{i\theta} = \cos\theta + i\sin\theta$$

(b)　複素平面上で原点 O を中心とする半径 1 の円を単位円という（図 1.4）．図のような点 P は $e^{i\theta}$ を表すことに注意し，$e^{i\theta} = 1$ のときの θ を求めよ．

2.2　電磁波が平面波で書けるとき，波数ベクトルの大きさ k と角振動数 ω との間には $\omega = ck$ (c は真空中の光速) の関係が成り立つことを示せ．

2.3　電磁波は横波であるから，図 1.5 のように $\boldsymbol{k}$ の方向に進む電磁波には，これと垂直な $\boldsymbol{e}_1, \boldsymbol{e}_2$ の 2 つの直線偏光が可能である．この点に注意し，(1.5) の関係を導出せよ．

2.4　空洞中の全エネルギーを求めるため，レイリー-ジーンズの放射法則 (1.8) を ν に関し 0 から ∞ まで積分すると，結果は無限大となり，物理的に不合理であることを確かめよ．

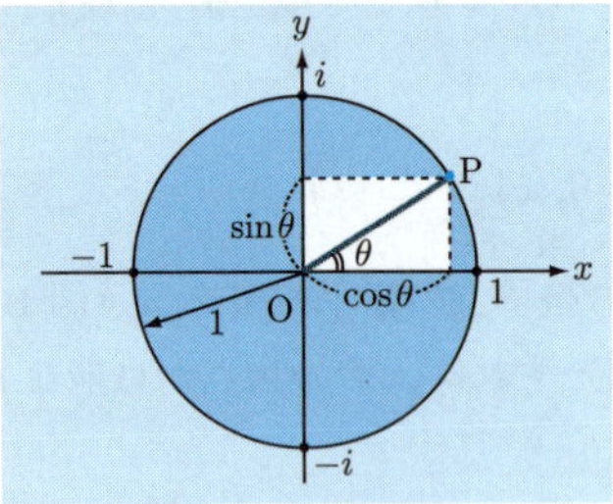

図 1.4　単位円

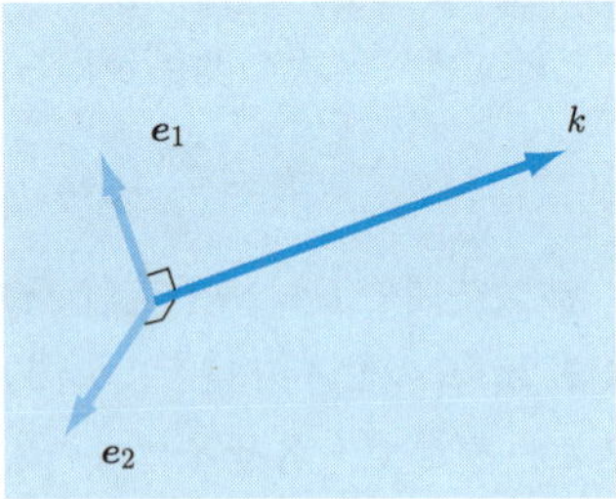

図 1.5　電磁波の 2 つの直線偏光

レイリー-ジーンズの放射法則の適応限界

レイリー-ジーンズの放射法則は古典物理学の必然的な結果で，全エネルギーが ∞ になることは古典物理学の崩壊を意味する．量子力学はその困難を救うため発展してきたが，結果的には図 1.6 で示すように，$h\nu < k_{\mathrm{B}}T$ という ν の小さい領域ではこの法則が成り立つとしてよい．常温の場合を考え $T = 300\,\mathrm{K}$ とすれば $\nu < 6.6 \times 10^{12}\,\mathrm{Hz}$ となり，波長 λ に換算すると $\lambda > 4.5 \times 10^{-5}\,\mathrm{m}$ と表される．すなわち，常温の場合，レイリー-ジーンズの放射法則が適応できるのは赤外線より長波長側である．

1.3　プランクの放射法則

• 量子仮説 •　空洞放射に対する実験結果を図1.6に示す．この図の横軸はHzを単位とする振動数ν，縦軸は放射エネルギー$E(\nu)$を表す．図の点線は2400 Kに対応する(1.8)のレイリー-ジーンズの放射法則で，νの小さいところでは実験結果と一致する．しかし，実験では$E(\nu)$があるνの値で極大になるのに反し，レイリー-ジーンズの結果では$E(\nu)$がνの単調増大な関数となり，実験と合わない．プランクは1900年，物体が振動数νの光を吸収，放出するとき，やりとりされるエネルギーは$h\nu$の整数倍であるという**量子仮説**を提唱した．hは(1.3)（p.2）で与えられるプランク定数である．この仮説を1次元調和振動子に適用すると，振動数νの場合，この振動子のもつエネルギーe_nは

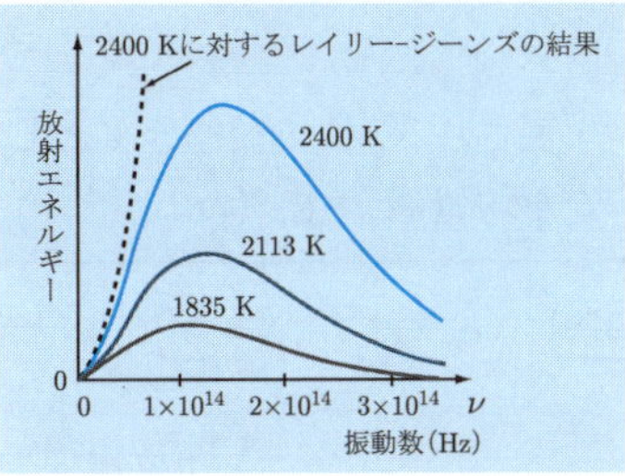

図 1.6　空洞放射の実験結果

$$e_n = nh\nu \quad (n = 0, 1, 2, 3, \cdots) \tag{1.9}$$

と表される．古典物理学ではエネルギーは連続的な値をとるが，プランクはとびとびの値だけが許されると考えたのである．一般に，物理量がある単位量の整数倍の値をとるとき，その単位量を**量子**という．アインシュタインの光量子説はプランクの考えをおし進めたものでnは光量子の数を意味する．一般にnを**量子数**という．

• プランクの放射法則 •　振動数がνと$\nu + d\nu$の範囲内にある振動子の数を前と同様$g(\nu)d\nu$と書き，e_nの平均値を$\langle e_n \rangle$とすれば，$E(\nu)d\nu$は

$$E(\nu)d\nu = \langle e_n \rangle g(\nu)d\nu \tag{1.10}$$

で与えられる．統計力学を用いると(1.9)から

$$\langle e_n \rangle = \frac{h\nu}{e^{\beta h\nu} - 1} \tag{1.11}$$

が得られる（例題3）．ここでβは次式で定義される．

$$\beta = \frac{1}{k_{\mathrm{B}}T} \tag{1.12}$$

(1.5)を利用すると，(1.10), (1.11)から次の**プランクの放射法則**が導かれる．

$$E(\nu)d\nu = \frac{h\nu}{e^{\beta h\nu} - 1}\frac{8\pi V}{c^3}\nu^2 d\nu \tag{1.13}$$

上式は実験結果と完全に一致する．

例題 3　　　　**e_n の平均値**

統計力学によると調和振動子が温度 T で熱平衡にあるとき，それが $e_n = nh\nu$ の状態をとる確率 p_n は

$$p_n = \exp(-\beta e_n) \Big/ \sum_{n=0}^{\infty} \exp(-\beta e_n)$$

と表される．この確率分布を**正準分布**という．正準分布を用いて e_n の統計力学的な平均値 $\langle e_n \rangle$ を求めよ．

解答　$\langle e_n \rangle$ は $\langle e_n \rangle = \sum_{n=0}^{\infty} e_n p_n$ と書け，これは

$$\langle e_n \rangle = \frac{\sum_{n=0}^{\infty} nh\nu e^{-\beta nh\nu}}{\sum_{n=0}^{\infty} e^{-\beta nh\nu}} = -\frac{\partial}{\partial \beta} \ln \left(\sum_{n=0}^{\infty} e^{-\beta nh\nu} \right) = -\frac{\partial}{\partial \beta} \ln Z$$

と表される．ここで，Z は**分配関数**とよばれる．Z は

$$Z = \sum_{n=0}^{\infty} e^{-\beta nh\nu} = 1 + e^{-\beta h\nu} + e^{-2\beta h\nu} + \cdots = \frac{1}{1 - e^{-\beta h\nu}}$$

と計算され，次のようになる．

$$\langle e_n \rangle = \frac{\partial}{\partial \beta} \ln (1 - e^{-\beta h\nu}) = \frac{h\nu e^{-\beta h\nu}}{1 - e^{-\beta h\nu}} = \frac{h\nu}{e^{\beta h\nu} - 1}$$

問　題

3.1　古典的な極限 $(h \to 0)$ でプランクの放射法則はレイリー-ジンーズの放射法則に帰着することを示せ．

3.2　空洞放射の全エネルギー E は (1.13) を ν に関し 0 から ∞ まで積分し

$$E = \frac{8\pi hV}{c^3} \int_0^{\infty} \frac{\nu^3}{e^{\beta h\nu} - 1} d\nu$$

と表される．上式を使い，E は T^4 に比例することを示せ．比例定数を求める必要はないが，この結果を**シュテンファン-ボルツマンの法則**という．

3.3　(1.13) を振動数から波長に変換することにより，体積 V の空洞放射の場合，波長が $\lambda \sim \lambda + d\lambda$ の範囲内にある放射エネルギー $G(\lambda)d\lambda$ は

$$G(\lambda)d\lambda = \frac{8\pi hcV}{\lambda^5 (e^{\beta hc/\lambda} - 1)} d\lambda$$

で与えられることを示せ．

3.4　T を一定にしたとき $G(\lambda)$ が極大になる波長の値を λ_m とする．このとき $\lambda_m T =$ 一定 であることを証明せよ．この結果を**ウィーンの変位則**という．

1.4 電 子 波

● 波と粒子の二重性 ●　光電効果を説明するため，光は粒子の性質をもつとし，その粒子を光子とよんだ．一方，光は干渉，回折など波に特有な性質を示し，このため光は場合により，波のようにまたは粒子のように振る舞うことがわかる．これを**波と粒子の二重性**という．相対性理論によると，質量 m の粒子が運動量 p で運動しているとき，そのエネルギー E は

$$E = \sqrt{m^2c^4 + c^2p^2} \tag{1.14}$$

と表される（問題 4.1）．光子では $m = 0$ と考えられるので $E = cp$ となる．光の振動数 ν，波長 λ の間には $c = \lambda\nu$ が成り立ち，$E = h\nu$ と書けるので $p = E/c = h\nu/c = h/\lambda$ である．また，運動量の方向は光の進行方向と一致する．以上の結果をまとめると，光子のエネルギー E，その運動量の大きさ p は

$$E = h\nu, \quad p = \frac{h}{\lambda} \tag{1.15}$$

と書ける．上式を**アインシュタインの関係**という．

● ド・ブロイ波 ●　波が粒子の性質を示すなら，逆に電子のように古典的には粒子と考えられるものは同時に波の性質をもつのはなかろうか．このような発想をしたのがフランスの物理学者ド・ブロイである．実際，後になって，この予想の正しいことが実験的に確かめられた．電子に伴う波を**電子波**という．一般に，物質粒子に伴う波を**ド・ブロイ波**あるいは**物質波**という．粒子から波へと変換する式は (1.15) を逆にし

$$\nu = \frac{E}{h}, \quad \lambda = \frac{h}{p} \tag{1.16}$$

とすればよい．上式を**ド・ブロイの関係**という．この関係は実験的に検証されているし，量子力学の基礎ともいうべきものである．この点については第 2 章以下で学ぶ．比喩的にいえば，アインシュタインの関係 (1.15) は波の言葉を粒子の言葉に翻訳する辞書，逆にド・ブロイの関係 (1.16) は粒子の言葉を波の言葉に翻訳する辞書としての機能をもつ．

● 電気素量 ●　もともと電荷は量子化された物理量であり，電気素量 e の整数倍である．e は

$$e = 1.602 \times 10^{-19}\,\mathrm{C} \tag{1.17}$$

と表されるが，これを**素電荷**ともいう．電子 1 個がもつ電気量は $-e$ である．厳密にいうと巨視的な電気量は e の整数倍で離散的な値をとるが，e が極めて小さいため，電気量は連続的に変わる変数であるとみなすことができる．

例題 4　　**電子波の波長**

図 1.7 に示すように，電位差 V の陰極，陽極の間で電子（質量 m，電気量 $-e$）を加速させたとして以下の問に答えよ．

(a)　電子が陽極に達したときの速さ v を求めよ．

(b)　そのときの電子波の波長 λ はどのように表されるか．

解答　(a)　電圧 V で加速されたとき，電子のもつ速さを v とすれば運動エネルギーの増加分は $mv^2/2$ でこれは電子になされた仕事 eV に等しい．すなわち，$mv^2/2 = eV$ となり，v は次式のように求まる．

$$v = \sqrt{\frac{2eV}{m}}$$

(b)　電子の運動量の大きさは $p = mv$ で，p を求め結果を (1.16) の右式に代入すると次式が得られる．

$$\lambda = \frac{h}{\sqrt{2meV}}$$

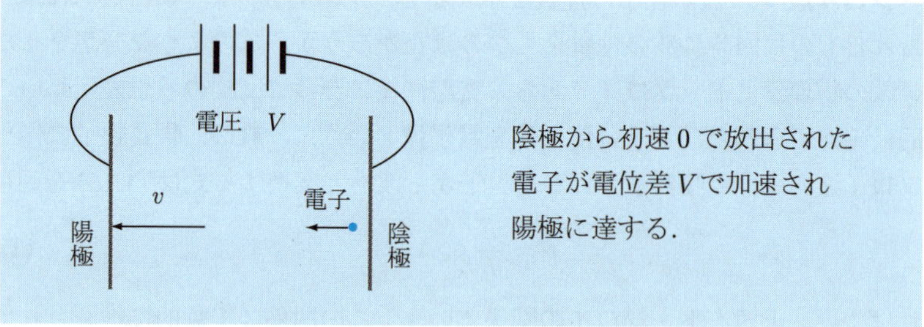

図 1.7　電圧による電子の加速

問　題

4.1　相対性理論によると，粒子の運動量 $\boldsymbol{p}$ とそのエネルギー E について $\boldsymbol{p}$，E/c は四元ベクトルを構成し $p^2 - E^2/c^2$ はローレンツ不変性を満たすことが知られている．この点に注意して (1.14) を導け．

4.2　アメリカの物理学者デビッソンとガーマーは電子線の波動性を実証することに成功した．彼らは 1927 年 Ni の結晶に 65 V の電圧で加速された電子を当て電子線の回折像はある波長の X 線を当てたときと同じであることを示した．彼らが利用した電子線の波長は何 Å となるか．

1.5　前期量子論

• 古典論から量子論へ •　古典物理学の矛盾を解決するため，古典力学で可能な運動のうち，ある条件（**量子条件**）を満たすものだけが許されるという過渡的な理論が提唱された．これを**前期量子論**という．前期量子論は必ずしも満足すべき理論ではないが，それは量子力学への中継ぎという役割を果たした．この理論に含まれるいくつかの概念は現在でも生き残っていて，例えばエネルギー準位，基底状態，励起状態といった用語はいまでも使われる．力学では物体の位置を決めるのにふつう直交座標を使うが，一般的な座標を使う場合もありこれを**一般座標**という．質点（質量 m）の 1 次元の運動を想定し，その一般座標を q とする．運動エネルギー $K = mv^2/2$ は一般に $q, \dot{q}\ (= dq/dt)$ の関数である．位置エネルギー U は通常 q の関数であるが

$$L = K - U \tag{1.18}$$

の L を**ラグランジアン**といい，また

$$p = \frac{\partial L}{\partial \dot{q}} \tag{1.19}$$

の p を q に共役な**一般運動量**という．q, p で作られる空間を**位相空間**というが，量子条件は次のように表される．

$$\oint p dq = nh \quad (n = 0, 1, 2, \cdots) \tag{1.20}$$

左辺は**作用積分**とよばれ，qp 面における閉曲線の囲む面積を意味する（問題 5.1）．また，n を**量子数**という．

• 水素原子の場合 •　陽子は十分重いとし原点 O に静止しているとし，電子は O のまわりで等速円運動をすると仮定すれば，O のまわりの電子の角運動量 L は

$$L = n\hbar \tag{1.21}$$

と表される（例題 6）．ここで $\hbar$ は

$$\hbar = \frac{h}{2\pi} = 1.055 \times 10^{-34}\ \mathrm{J \cdot s} \tag{1.22}$$

で定義される**ディラック定数**である．また，量子数 n の水素原子のとり得るエネルギーの値は

$$E_n = -\frac{e^2}{8\pi\varepsilon_0 a n^2} \tag{1.23}$$

と書ける．ここで a は次式の**ボーア半径**である．

$$a = \frac{4\pi\varepsilon_0\hbar^2}{me^2} \tag{1.24}$$

例題 5　　**1 次元調和振動子のエネルギー準位**

一直線（x 軸）上で原点 O を中心として質点（質量 m）が角振動数 ω で単振動しているような**1 次元調和振動子**を考える．このような体系に対し次の設問に答えよ．

(a)　質点の x 座標を一般座標にとりラグランジアンを求めよ．

(b)　量子条件を用いて体系のとり得るエネルギーを計算し，結果が (1.9) と一致することを確かめよ．

解答　(a)　質点に働く力は $F = -m\omega^2 x$ と書け，位置エネルギーを $U(x)$ とすれば $F = -dU/dx$ が成り立つので $U = m\omega^2 x^2/2$ である．よってラグランジアンは

$$L = \frac{m}{2}\dot{x}^2 - \frac{m\omega^2 x^2}{2}$$

で与えられる．

(b)　上式から一般運動量 p は $p = \partial L/\partial \dot{x} = m\dot{x}$ と計算され，これは通常の定義と一致する．また，体系の力学的エネルギー e は

$$e = \frac{p^2}{2m} + \frac{m\omega^2 x^2}{2}$$

と書けるが，エネルギー保存則により e は定数である．したがって，この保存則は図 1.8 のような楕円で表され，その面積 S は

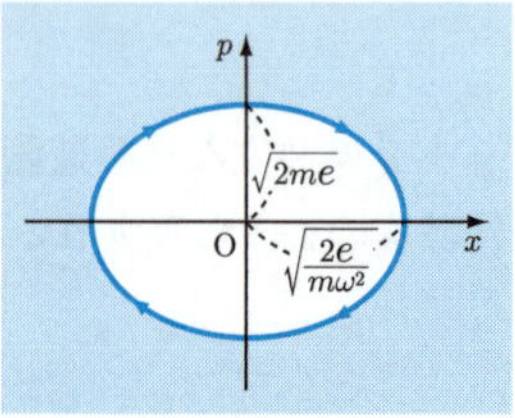

図 1.8　位相空間上の軌道

$$S = \pi\sqrt{2me}\sqrt{\frac{2e}{m\omega^2}} = 2\pi\frac{e}{\omega}$$

と書ける．量子条件により S は nh に等しく，また ω は振動数 ν により $\omega = 2\pi\nu$ と書けるから，上式は $e = nh\nu$ となり (1.9) と一致する．

問　題

5.1　一直線（x 軸）上を運動する質量 m の質点に $U(x)$ のポテンシャルが作用している．質点の運動は x 軸上の限られた領域 $a \leq x \leq b$ で起こるとする．このとき，(1.20) の作用積分は位相空間上で質点の描く軌道が囲む面積に等しいことを証明せよ．

5.2　一般に量子力学系のエネルギーは連続的ではなく，とびとびの値 $E_1, E_2, E_3, \cdots$ のいずれかの値をとる．このような状態を**定常状態**という．また，上の $E_1, E_2, E_3, \cdots$ などを**エネルギー準位**といい，これを表すのに通常水平線をひき，上にいくほどエネルギーが大きくなるようにする．ただし水平線の長さは別に意味をもたないとする．例題 5 のエネルギー準位を図示せよ．

例題 6 **水素原子に対するボーアの理論**

水素原子は原子中で最も簡単な構造をもち，1 個の陽子のまわりを 1 個の電子が回るという構造をもつ．ボーアは 1913 年，水素原子に関する 1 つの理論を提唱したが，これは前期量子論の中核をなすものである．陽子は原点に静止しているとし，電子は半径 r の等速円運動を行うとする．(1.20) の量子条件を用い，次の問に答えよ．

(a) 量子条件は (1.21) のように表されることを示せ．

(b) 量子数が n の場合の r を求めよ．

解答 (a) 電子は xy 面上，点 O のまわりで半径 r の等速円運動を行うとし，一般座標として回転角 θ をとる（図 1.9）．電子の質量を m とすれば，電子の運動エネルギーは $mr^2\dot{\theta}^2/2$ となり，一般運動量 p_θ は $p_\theta = mr^2\dot{\theta}$ と書ける．この場合，電子に働くクーロンポテンシャルは $\dot{\theta}$ に無関係なので無視できる．θ, p_θ の位相空間上で電子の軌道は図 1.10 のように表され，量子条件は $2\pi mr^2\dot{\theta} = nh$ と書ける．電子の角運動量 L が $L = mr^2\dot{\theta}$ であることに注意すれば (1.21) が得られる．

(b) 電子の速さを v とすれば電子に働く向心力は mv^2/r である．これは電子に働く電気的なクーロン力に等しい．したがって，真空の誘電率を ε_0 とすれば

$$\frac{mv^2}{r} = \frac{e^2}{4\pi\varepsilon_0 r^2}$$

が成り立つ．両辺に r^2 を掛け，$mrv = n\hbar$ の関係とボーア半径 a の定義式 (1.24) を利用すると $r = n^2 a$ が導かれる．

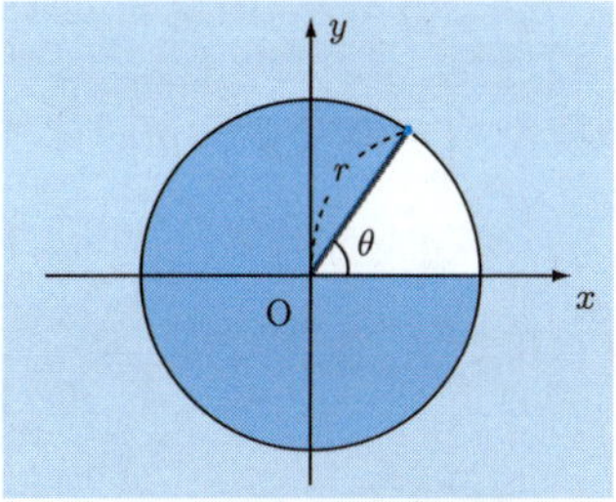

図 1.9 電子の等速円運動

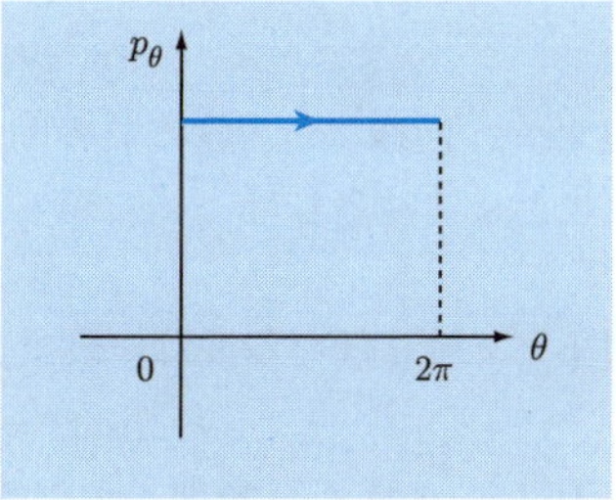

図 1.10 θ, p_θ の位相空間

問 題

6.1 水素原子のエネルギー準位を求めよ．

6.2 量子数 n に相当する水素原子のエネルギーを E_n と書く．$n = 3$ の状態から $n = 2$ の状態に定常状態が遷移したとき，$E_3 - E_2$ だけのエネルギーが余るが，これが 1 個の光子のエネルギーに変わるとしてその光の波長を求めよ．

2 シュレーディンガー方程式

2.1 古典的な波の伝わり

• **古典物理学の波** •　私たちの身のまわりでは多くの波動現象が観測される．水面上に広がる波，地震波，音波，電磁波など各種の波が古典物理学で現れる．このような波の特徴は，波動を記述する物理量（**波動量**）が形を変えずにまわりの空間に伝わっていくことである．波動量を以下 φ という記号で表すが，φ は一般に場所 $\boldsymbol{r}$ と時間 t の関数である．波動量として何をとるかは対象によって異なる．例えば，水面上を広がる波では，水面の各点における平均水準面からの上下方向の変位を導入すればよい．地震波や音波では変位や密度，電磁波では電場，磁場が波動量となる．

• **波動方程式** •　波動を記述する方程式を**波動方程式**という．簡単のため，x 軸の正方向に進む古典的な波を考え，その波動量を φ とする．φ を $\varphi = \varphi(x,t)$ と書き，ある時刻 t で φ は図 2.1 の点線で表されるとする．$t = 0$ での φ を $\varphi = f(x)$ とし，これを図では実線で示す．$f(x)$ を**波形**という．波の伝わる速さを c とすれば，図 2.1 のような x' をとったとき $x' = x - ct$ である．波の場合，波形が変わらずに全体のパターンが x 軸の正方向に進んでいくので，x における点線の φ 座標は x' における実線の φ 座標すなわち $f(x') = f(x - ct)$ に等しい．したがって

$$\varphi(x,t) = f(x - ct) \tag{2.1}$$

が成り立つ．同様に，x 軸の負の向きに進む波の場合，$t = 0$ で $\varphi = g(x)$ とすれば，時刻 t における波動量は

$$\varphi(x,t) = g(x + ct) \tag{2.2}$$

と書ける．x 軸を伝わる波は一般に (2.1) と (2.2) の和で

$$\varphi(x,t) = f(x - ct) + g(x + ct) \tag{2.3}$$

と表される．(2.3) を x に関して偏微分すれば次のようになる．

$$\frac{\partial \varphi}{\partial x} = f' + g', \quad \frac{\partial^2 \varphi}{\partial x^2} = f'' + g''$$

ただし，$f'(z) = df/dz$, $f''(z) = d^2 f/dz^2$ などの記号を用いた．同様に

$$\frac{\partial \varphi}{\partial t} = -cf' + cg', \quad \frac{\partial^2 \varphi}{\partial t^2} = c^2 f'' + c^2 g''$$

となり，f'', g'' を消去すると次の 1 次元の**波動方程式**が得られる．

$$\frac{1}{c^2}\frac{\partial^2 \varphi}{\partial t^2} = \frac{\partial^2 \varphi}{\partial x^2} \tag{2.4}$$

例題 1 **正弦波**

波形 $f(x)$ が $f(x) = A\sin kx$ という形の正弦関数のとき，この波を**正弦波**，k を**波数**という（図 2.2）．図に示すように，山と山あるいは谷と谷との間の距離が**波長** λ である．波数 k と波長 λ の間には $k = 2\pi/\lambda$ の関係が成り立つことを示せ．

解答 $\sin z$ は周期 2π の周期関数で $\sin(z+2\pi) = \sin z$ となる．正弦波で x が λ だけ増加すると，波動量は元に戻り $\sin k(x+\lambda) = \sin kx$ が成立する．したがって，kx が z に相当すると考えれば，$k\lambda = 2\pi$ となり与式が導かれる．

問　題

1.1 正弦波の場合 sin の中身に相当する量を**位相**という．山と次の谷では位相が π だけ違うことを説明せよ．

1.2 x 軸に沿って伝わる正弦波では x を固定して波動量を観測すると，波動量はある角振動数 ω の単振動として表されることを示せ．また，この単振動の振動数を ν，波長を λ とするとき，次の**波の基本式** $c = \lambda\nu$ を導け．

1.3 3 次元の空間中を伝わる波に対する波動方程式は (2.4) を一般化した次の

$$\frac{1}{c^2}\frac{\partial^2\varphi}{\partial t^2} = \frac{\partial^2\varphi}{\partial x^2} + \frac{\partial^2\varphi}{\partial y^2} + \frac{\partial^2\varphi}{\partial z^2} = \Delta\varphi$$

で与えられる．ここで Δ は**ラプラシアン**の記号である．φ を複素数と考え $\varphi = Ae^{i\boldsymbol{k}\cdot\boldsymbol{r}-i\omega t}$ とおく．ここで $\boldsymbol{k}$ は**波数ベクトル**，$\boldsymbol{r}$ は**位置ベクトル**でそれぞれ $\boldsymbol{k} = (k_x, k_y, k_z)$，$\boldsymbol{r} = (x, y, z)$ で定義される．以下の問に答えよ．

(a) 複素数の解が波動方程式を満たすとして ω と k との間の関係を導き，その物理的な意味を明らかにせよ．また，この場合，複素解の実数部分，虚数部分はそれぞれ波動方程式の解であることを示せ．ちなみに，このような複素数による表示を**複素数表示**という．

(b) $e^{i\boldsymbol{k}\cdot\boldsymbol{r}-i\omega t}$ を $\boldsymbol{k}$ の方向に進む**平面波**という．その命名の理由を論じよ．

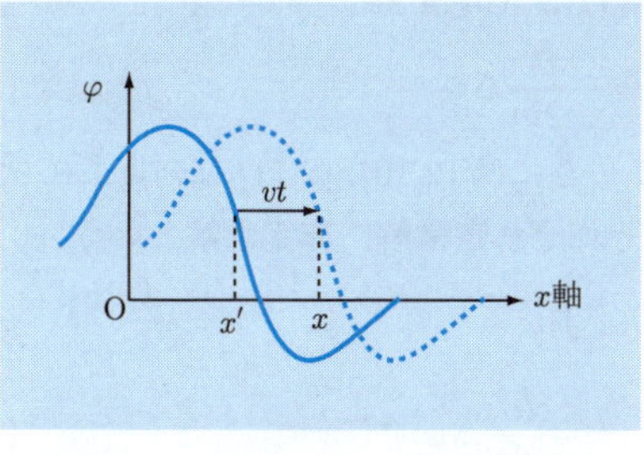

図 2.1　x 軸の正方向に進む波

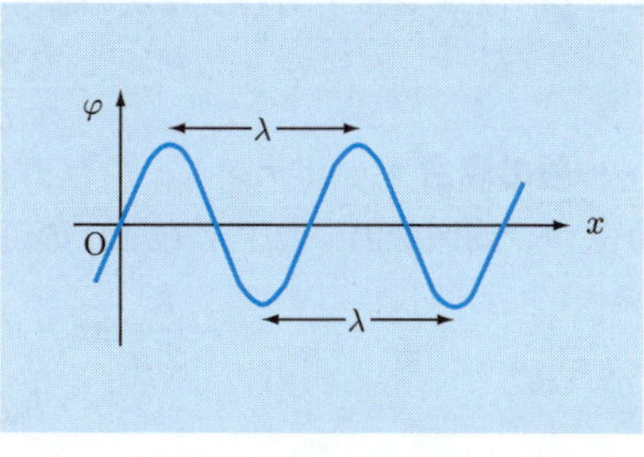

図 2.2　正弦波

2.2　波動関数

• ド・ブロイ波の表示 •　古典的な波が波動量で記述されると同じく，量子力学的なド・ブロイ波も適当な波動量で表されるとしこれを**波動関数**という．波動関数を通常 ψ の記号で表す．ド・ブロイの関係 (1.16) の左式は $\omega = 2\pi\nu$ の角振動数を用いると

$$\omega = E/\hbar \tag{2.5}$$

と表される．また，$k = 2\pi/\lambda$ の波数を使うと同関係の右式は $k = p/\hbar$ となる．実際は，k も p もベクトルであるとし，これを次のように表す．

$$\boldsymbol{k} = \boldsymbol{p}/\hbar \tag{2.6}$$

• 自由粒子の場合 •　ψ に対する方程式を導くため，外力の働かない質量 m の自由粒子を考える．そのエネルギー E は運動量 $\boldsymbol{p}$ により

$$E = p^2/2m \tag{2.7}$$

と書ける．ここで p は $\boldsymbol{p}$ の大きさを表す．(2.5)～(2.7) から

$$\omega = \hbar k^2/2m \tag{2.8}$$

が得られる．古典的な波では $\omega = ck$ という関係が成り立つので，波動関数 ψ に対する方程式は古典的な波動方程式と異なると予想される．ここで ψ は平面波で書けるとし，ψ は次式で与えられるとする．

$$\psi = \psi_0 e^{i(\boldsymbol{k}\cdot\boldsymbol{r}-\omega t)} \tag{2.9}$$

古典的な場合と同様，$\Delta\psi = -k^2\psi$ が導かれ，(2.8) は $-(\hbar/2m)\Delta\psi = \omega\psi$ と書ける．この方程式に $\hbar$ を掛け $E = \hbar\omega$ を使うと

$$-\frac{\hbar^2}{2m}\Delta\psi = E\psi \tag{2.10}$$

となる．これを**シュレーディンガーの（時間によらない）波動方程式**，E を**エネルギー固有値**という．(2.10) を単に**シュレーディンガー方程式**という．あるいは時間を含むシュレーディンガー方程式は次のように書ける（例題 2）．

$$-\frac{\hbar}{i}\frac{\partial\psi}{\partial t} = -\frac{\hbar^2}{2m}\Delta\psi \tag{2.11}$$

• 一般の場合 •　ポテンシャル U が働くときには (2.10), (2.11) に対応して次式が成り立つ（問題 2.2）．(2.12), (2.13) の解をそれぞれ**定常解**，**非定常解**という．

$$-\frac{\hbar^2}{2m}\Delta\psi + U\psi = E\psi \tag{2.12}$$

$$-\frac{\hbar}{i}\frac{\partial\psi}{\partial t} = -\frac{\hbar^2}{2m}\Delta\psi + U\psi \tag{2.13}$$

例題 2 **波動関数と複素数**

古典物理学で現れる波動量は実数で，複素数表示は数学的な扱いを簡単にするため導入された方法である．これに対し，量子力学での波動関数は本質的に複素数として表される．この点を明らかにするため，自由粒子に対する時間を含んだシュレーディンガー方程式を考え，波動関数が実数であると仮定すると都合が悪いことを示せ．

解答 自由粒子の場合，ド・ブロイ波に対して (2.8) のように $\omega = \hbar k^2/2m$ が成り立つ．この関係を波動関数 ψ に作用し $\Delta\psi = -k^2\psi$ を用いると

$$\omega\psi = -\hbar\Delta\psi/2m$$

が得られる．ここでオイラーの公式 $e^{i\theta} = \cos\theta + i\sin\theta$ を利用し，ψ_0 は実数として (2.9) の平面波の実数部分をとって波動関数は

$$\psi = \psi_0\cos(\boldsymbol{k}\cdot\boldsymbol{r} - \omega t)$$

で与えられるとする．このような ψ に対しても $\Delta\psi = -k^2\psi$ が成り立つ．一方

$$\frac{\partial\psi}{\partial t} = \frac{\partial}{\partial t}\psi_0\cos(\boldsymbol{k}\cdot\boldsymbol{r} - \omega t) = \omega\psi_0\sin(\boldsymbol{k}\cdot\boldsymbol{r} - \omega t)$$

となり，ω という項は出てくるが，cos 関数が sin 関数に変わり，ψ だけを含む形にはならない．これに反し，ψ が (2.9) のような複素数であれば $\partial\psi/\partial t = -i\omega\psi$ すなわち $\omega\psi = -\partial\psi/i\partial t$ と書けるので (2.11) のように波動関数だけを含む波動方程式が導かれる．

問題

2.1 量子力学では運動量 $\boldsymbol{p}$ を演算子と考え**ナブラ記号**を用いて

$$\boldsymbol{p} = \frac{\hbar}{i}\nabla, \quad \nabla = \left(\frac{\partial}{\partial x}, \frac{\partial}{\partial y}, \frac{\partial}{\partial z}\right)$$

と表す．あるいは，$\boldsymbol{p} = (\hbar/i)\mathrm{grad}$ と書く．grad は**勾配**（gradient）を意味する．この $\boldsymbol{p}$ を (2.9) の波動関数に作用させると，(2.6) に相当する関係が得られることを示せ．

2.2 一般に力学的エネルギーを運動量と座標の関数として表したものを**ハミルトニアン**といい，通常 H の記号で表現する．以下の設問に答えよ．

(a) 外力の働かない自由粒子では $H = p^2/2m = ({p_x}^2 + {p_y}^2 + {p_z}^2)/2m$ である．(2.10), (2.11) はそれぞれ次のように書けることを示せ．

$$H\psi = E\psi, \quad -\frac{\hbar}{i}\frac{\partial\psi}{\partial t} = H\psi$$

(b) U のポテンシャルが働くとき $H = p^2/2m + U$ と書ける．自由粒子と同じ方程式が成り立つとして (2.12), (2.13) を導き，両者の関係を論じよ．

2.3　粒子の存在確率

● **複素数とその絶対値** ●　波動関数 ψ は複素数であり，ψ 自身は観測量ではない．一般に，$i^2 = -1$ となるような**虚数単位**を導入し $z = x + iy$ で**複素数**を定義する．ここで x, y はそれぞれ実数で前者を**実数部分**，後者を**虚数部分**という．複素数を直観的に表すため，図 2.3 のように実数部分，虚数部分が x 座標，y 座標であるような平面がよく使われる．これを**複素平面**（あるいは**ガウス平面**）という．また

$$x = \mathrm{Re}\, z, \quad y = \mathrm{Im}\, z \tag{2.14}$$

と書く．複素数 z を表す点を図 2.3 に示すように P としたとき，OP 間の距離を z の**絶対値**または**大きさ**といい，これを $|z|$ と記す．$|z|$ は次のように表される．

$$|z| = \sqrt{x^2 + y^2} \tag{2.15}$$

● **因果律の放棄** ●　波動関数の絶対値 $|\psi|$ は実数で，なんらかの観測量と結びついていると期待される．古典力学では質点の最初の位置と速度とを決めれば後の運動は一義的に決まる．このように，原因が与えられると結果が決まることを**因果律**が成り立つという．しかし，因果律という概念を放棄しないと，波と粒子の二重性を理解することはできない．

● **存在確率** ●　量子力学では，粒子の位置や運動量が確定値をもつという考えから脱却し，これらはある種の確率分布を示すと考える．例えば，水素原子の場合，古典的な，あるいは前期量子論的なイメージでは図 2.4(a) のように電子は陽子を中心としてボーア半径 a の等速円運動を行うとする．これに対し量子力学では同図 (b) のように，電子はある種の空間的な確率分布をすると考える．波動関数はド・ブロイ波の波動量であるから，粒子のいないところで波動関数は 0 となる．また，古典的な波では振幅の 2 乗が波のエネルギーを表すなど物理的な意味をもつ．そこでこれを踏襲し $|\psi|^2$ が粒子の存在確率を表すとし，粒子が点 (x, y, z) 近傍の微小体積 dV 中に見出される確率は，時刻 t において

$$|\psi(x, y, z, t)|^2 dV \tag{2.16}$$

に比例すると考える．特に

$$\psi(x, y, z, t) = e^{-iEt/\hbar}\psi(x, y, z) \tag{2.17}$$

と書けるとき，問題 2.2 で学んだように $\psi(x, y, z)$ は $H\psi = E\psi$ の方程式を満たす．この場合，粒子の存在確率は次式に比例する（例題 3）．

$$|\psi(x, y, z)|^2 dV \tag{2.18}$$

例題 3　　　　**粒子の存在確率**

波動関数が $\psi(x,y,z,t) = e^{-iEt/\hbar}\psi(x,y,z)$ と書けるとき，(2.18) が成り立つことを示せ．

解答　オイラーの公式を利用すると $e^{-iEt/\hbar}$ の絶対値は 1 となり（問題 3.1），このため (2.16) から (2.18) が導かれる．

問　題

3.1　θ を実数とするとき $e^{i\theta}$ の絶対値は 1 であることを示せ．

3.2　複素数 $z = x + iy$ に対し，$z^* = x - iy$ で定義される z^* を共役複素数とよぶ．(2.18) は $\psi^*\psi dV$ と書けることを証明せよ．

3.3　シュレーディンガー方程式は線形でもし ψ が $H\psi = E\psi$ を満たせばこれを定数倍した $c\psi$ も解である．そこで，定数 c を適当に選べば考える領域 Ω に関する体積積分に対し

$$\int_\Omega |\psi(x,y,z)|^2 dV = 1$$

を成立させることができる．このように ψ を選ぶことを**波動関数の規格化**という．Q が座標だけの関数の場合，ψ で表される状態に対する Q の量子力学的な平均値 $\langle Q \rangle$ は次のように書けることを示せ．

$$\langle Q \rangle = \int_\Omega \psi^* Q \psi dV$$

3.4　x, y, z 軸に各辺が沿う 1 辺の長さ L の立方体を Ω とし，この中で質量 m の粒子が運動しているとする．粒子には外力が加わらず，波動関数は周期的な境界条件を満たすと仮定し，次の問に答えよ．

(a)　エネルギー固有値を求めよ．

(b)　規格化された波動関数はどのように表されるか．

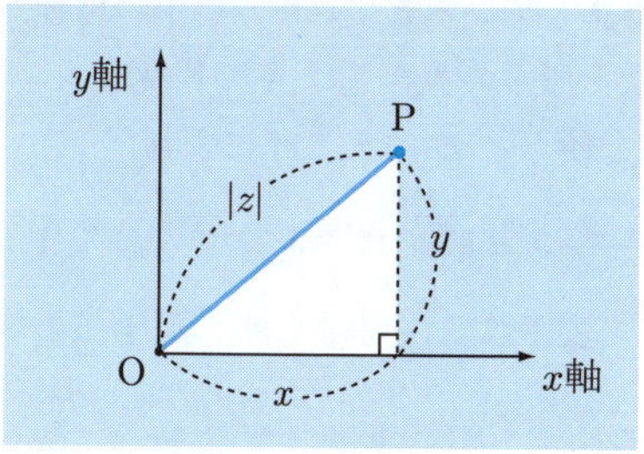

図 2.3　複素平面

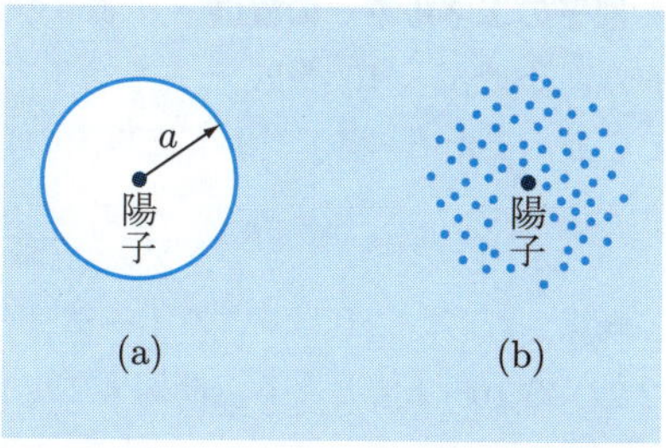

図 2.4　水素原子中の電子分布

2.4　局在する粒子

• ド・ブロイ波による考察 •　質量 m の粒子が長さ L の領域に局在しているとし，この粒子のエネルギーを考察する．粒子には局在するという以外，外部からポテンシャルは働かないとしよう．古典的に考えるとエネルギーは連続的な値をとるが，量子論では粒子が波の性質をもつためエネルギーは離散的となる．このような体系の量子力学的な計算は後回しとし，ド・ブロイ波という立場から問題を処理する．粒子が長さ L の領域に局在するからその波長 λ は L の程度である．このため，粒子の運動量は $p = h/L$ となり，エネルギー E は $E = p^2/2m$ の関係を用いて

$$E = \frac{h^2}{2mL^2} \tag{2.19}$$

と計算される．

• 固い壁間の 1 次元粒子 •　図 2.5 のように，$x = 0$ と $x = L$ に無限大の大きさのポテンシャルで表される固い壁があるとする．x 軸上で質量 m の粒子が運動しているとし，この体系のエネルギー固有値 E を求めよう．1 次元の問題とするので波動関数は x だけの関数となる．$x = 0$, $x = L$ で U は ∞ であるから，(2.12) からわかるように，そこで ψ が有限だと $U\psi$ の項が ∞ となり具合が悪い．よって，$x = 0$ と $x = L$ で $\psi = 0$ でこれらは波動関数に課せられた境界条件である．この条件を考慮し，$0 < x < L$ におけるシュレーディンガー方程式を解くとエネルギー固有値は

$$E_n = \frac{n^2\pi^2\hbar^2}{2mL^2} \quad (n = 1, 2, 3, \cdots) \tag{2.20}$$

と求まる（例題 4）．ここで n は量子数を表し，問題 4.3 で論じるように (2.20) は前期量子論で求めた結果と一致する．特に $n = 1$ とおくと (2.20) は

$$E = \frac{\pi^2\hbar^2}{2mL^2} \tag{2.21}$$

となる．(2.19) は $2\pi^2\hbar^2/mL^2$ と書け，(2.21) の 4 倍である．

• 原子のエネルギーの程度 •　原子核は静止しているとすれば，原子の場合，m は電子の質量で $m \sim 10^{-30}$ kg とみなせる．また，原子の大きさは Å の程度で $L \sim 10^{-10}$m となる．また $\hbar \sim 10^{-34}$ J·s で以上の数値を使うと E は (2.21) により

$$E \sim \frac{\pi^2 \times 10^{-68}}{2 \times 10^{-30} \times 10^{-20}}\,\mathrm{J} \simeq 5 \times 10^{-18}\,\mathrm{J} \tag{2.22}$$

と概算される．これは eV のオーダーとして表される（問題 4.1）．原子核の場合には (2.22) の $10^5/2$ 倍となる（問題 4.2）．

例題 4　**固い壁間の 1 次元粒子**

$x=0,\ x=L$ における境界条件を考慮し，シュレーディンガー方程式を解いて (2.20) を導け．

解答　$0<x<L$ におけるシュレーディンガー方程式は

$$-\frac{\hbar^2}{2m}\frac{d^2\psi}{dx^2}=E\psi$$

と表される．$E>0$ と仮定し $E=\hbar^2k^2/2m$ とおくと上式は $d^2\psi/dx^2=-k^2\psi$ となる．これは単振動に対する運動方程式と同じ形をもつので，一般解は A, B を任意定数として $\psi=A\sin kx+B\cos kx$ で与えられる．境界条件により $x=0$ で $\psi=0$ であるから $B=0$ と書け，その結果 ψ は $\psi=A\sin kx$ と表される．一方，$x=L$ で $\psi=0$ という境界条件から $\sin kL=0$ となる．これから

$$kL=n\pi\quad(n=1,2,3,\cdots)$$

が得られ，上式から k を求めて，$E=\hbar^2k^2/2m$ に代入すれば (2.20) が導かれる．この例題で k を決めるとき，$n=0$ とおくと $k=0$ となり ψ は恒等的に 0 で物理的に無意味なのでこの場合は除外する．また，$n=-1,-2,\cdots$ などは単に $n=1,2,\cdots$ の波動関数の符号を変えたもので物理的に新しい状態ではないのでこれらも除外する．

問　題

4.1　(2.22) で求めたエネルギーは何 eV となるか．

4.2　原子核のもつエネルギーを**核エネルギー**という．(2.21) の E は mL^2 に反比例するが，核子の質量は電子の質量の 1840 倍，原子核の大きさ L は $L\sim 10^{-14}$ m のオーダーである．これらをもとに核エネルギーは MeV $=10^6$ eV の程度であることを示せ．

4.3　図 2.5 に示す固い壁間を運動する粒子の位相空間中の軌道は図 2.6 のように表される．前期量子論を使い (2.20) が導かれることを確かめよ．

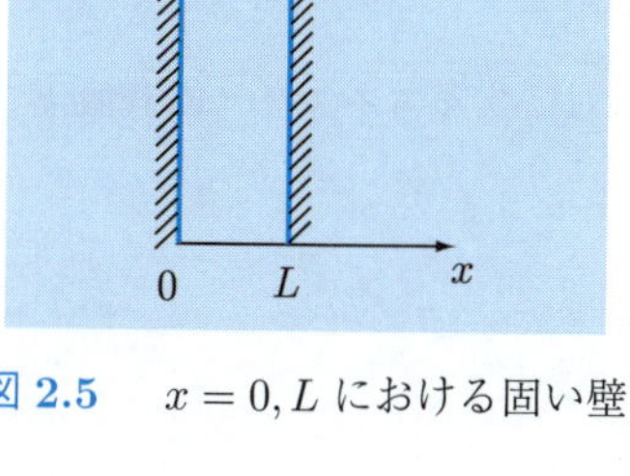

図 2.5　$x=0, L$ における固い壁

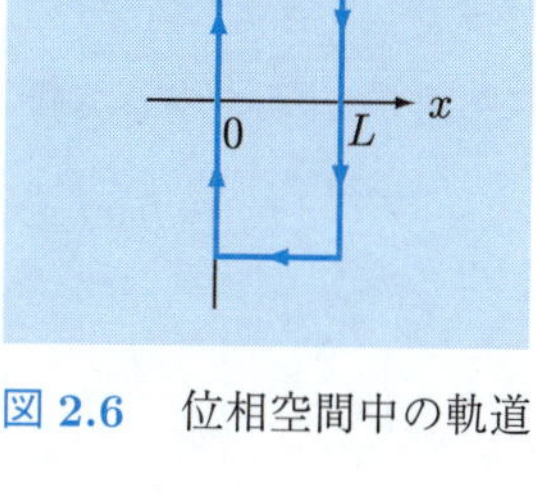

図 2.6　位相空間中の軌道

2.5 1次元調和振動子

● 調和振動 ● 原点O，質量 m の粒子の座標 x, y, z を決めたとき，粒子に働くポテンシャル $U(x, y, z)$ が

$$U(x, y, z) = \frac{m\omega^2}{2}(x^2 + y^2 + z^2) \tag{2.23}$$

と書けるなら，粒子はOを中心とする角振動数 ω の**単振動**を行う．単振動は別名，**調和振動**ともよばれ，この振動を行う体系を**調和振動子**という（図2.7）．格子振動，分子の振動などは振動の振幅が小さいとき調和振動子として記述される．

● 1次元調和振動子 ● 3次元調和振動子のシュレーディンガー方程式を解くには1次元調和振動子を解けば十分である（例題5）．そこで x 軸上の1次元調和振動子を考え，エネルギー固有値を E，これに対する波動関数（固有関数）を X とすれば

$$-\frac{\hbar^2}{2m}\frac{d^2X}{dx^2} + \frac{m\omega^2 x^2}{2}X = EX \tag{2.24}$$

が得られる．(2.24) を見やすい形に直すため

$$x = b\xi, \quad X(x) = f(\xi) \tag{2.25}$$

と変換すると，f に対する方程式は

$$-\frac{\hbar^2}{2mb^2}\frac{d^2f}{d\xi^2} + \frac{m\omega^2 b^2 \xi^2}{2}f = Ef \tag{2.26}$$

となる（問題5.1）．ここで

$$b = \left(\frac{\hbar}{m\omega}\right)^{1/2}, \quad E = \frac{\hbar\omega}{2}\lambda \tag{2.27}$$

と選べば

$$-\frac{d^2f}{d\xi^2} + \xi^2 f = \lambda f \tag{2.28}$$

という式が求まる（問題5.2）．λ は f が $\xi \to \pm\infty$ で有限という条件から

$$\lambda = 2n + 1 \quad (n = 0, 1, 2, \cdots) \tag{2.29}$$

と決められ（例題6），したがって量子数 n に対応するエネルギー固有値 E_n は

$$E_n = \hbar\omega\left(n + \frac{1}{2}\right) \quad (n = 0, 1, 2, \cdots) \tag{2.30}$$

と表される．

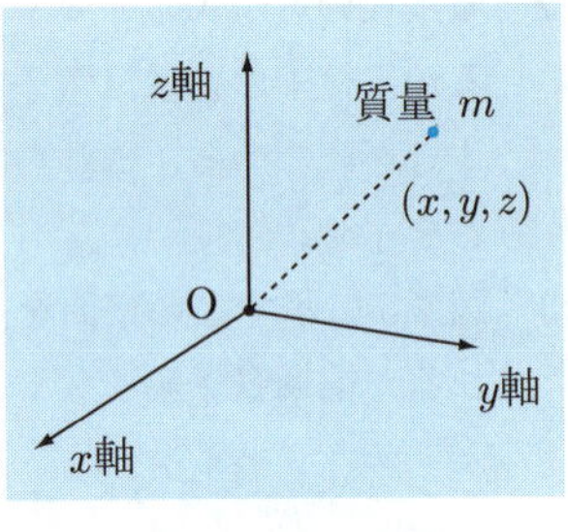

図 2.7 調和振動子

例題 5　**調和振動子**

3次元調和振動子の問題は1次元調和振動子のそれに帰着することを証明せよ．

解答　3次元調和振動子のハミルトニアン H は

$$H = \frac{1}{2m}({p_x}^2 + {p_y}^2 + {p_z}^2) + \frac{m\omega^2}{2}(x^2 + y^2 + z^2)$$

で与えられる．したがって，エネルギー固有値 E を決めるべきシュレーディンガー方程式 $H\psi = E\psi$ は

$$-\frac{\hbar^2}{2m}\left(\frac{\partial^2\psi}{\partial x^2} + \frac{\partial^2\psi}{\partial y^2} + \frac{\partial^2\psi}{\partial z^2}\right) + \frac{m\omega^2}{2}(x^2 + y^2 + z^2) = E\psi$$

と書ける．変数分離の方法を利用し

$$\psi = X(x)Y(y)Z(z)$$

と仮定すると

$$-\frac{\hbar^2}{2m}\frac{X''}{X} + \frac{m\omega^2x^2}{2} - \frac{\hbar^2}{2m}\frac{Y''}{Y} + \frac{m\omega^2y^2}{2} - \frac{\hbar^2}{2m}\frac{Z''}{Z} + \frac{m\omega^2z^2}{2} = E$$

が得られる．左辺は，x の関数，y の関数，z の関数の和であるからそれぞれが定数に等しい．これらの定数を F, G, H とすれば $E = F + G + H$ が成り立ち，また

$$-\frac{\hbar^2}{2m}\frac{d^2X}{dx^2} + \frac{m\omega^2x^2}{2}X = FX$$

$$-\frac{\hbar^2}{2m}\frac{d^2Y}{dy^2} + \frac{m\omega^2y^2}{2}Y = GY$$

$$-\frac{\hbar^2}{2m}\frac{d^2Z}{dz^2} + \frac{m\omega^2z^2}{2}Z = HZ$$

となる．X, Y, Z に対する方程式はそれぞれ1次元調和振動子のシュレーディンガー方程式である．この最上式で $F \to E$ とおけば (2.24) が導かれる．

問　題

5.1　(2.24) に (2.25) の変換を行ったとき (2.26) が導かれることを確かめよ．

5.2　(2.26) で $d^2f/d\xi^2$ と f の係数が等しくなるよう b を決めるとする．その結果，(2.27), (2.28) が得られることを示せ．

5.3　(2.24) の基底状態の波動関数は A, c を定数として

$$\psi = Ae^{-cx^2}$$

と表される．シュレーディンガー方程式を満たすよう c を求め，基底状態 $(n = 0)$ のエネルギーが得られることを確かめよ．また，$-\infty < x < \infty$ で ψ が規格化されているとして A を決めよ．

例題 6　**(2.28) の解法**

(2.28) で $f(\xi) = u(\xi)e^{-\xi^2/2}$ とおき u を定義する．$u = \sum_{s=0}^{\infty} c_s \xi^s$ と展開し c_s に対する方程式を求めよ．また，$\xi \to \pm\infty$ の極限を考え λ を決定せよ．

解答　u に対する方程式は次のようになる（問題 6.1）．

$$\frac{d^2u}{d\xi^2} - 2\xi\frac{du}{d\xi} + (\lambda - 1)u = 0 \tag{1}$$

u に対する展開式を上式に代入し，ξ^s $(s = 0, 1, 2, \cdots)$ の係数がすべて 0 になるという条件から

$$(s+1)(s+2)c_{s+2} = (2s+1-\lambda)c_s \tag{2}$$

の関係が得られる（問題 6.2）．(2) を使うと c_{s+2} は c_s で書ける．このため，c_0 を与えると $c_0 \to c_2 \to c_4 \to \cdots$ というように $c_2, c_4, \cdots$ などは c_0 で表される．同様に，$c_3, c_5, \cdots$ などは c_1 で表され，u は

$$u(\xi) = c_0 u_{偶}(\xi) + c_1 u_{奇}(\xi) \tag{3}$$

と書ける．(3) で $u_{偶}(\xi)$ は ξ の偶数次だけを含む ξ の偶関数，$u_{奇}(\xi)$ は ξ の奇数次だけを含む ξ の奇関数である．最初の数項を具体的に計算すると次のようになる．

$$u_{偶}(\xi) = 1 + \frac{1-\lambda}{2!}\xi^2 + \frac{(1-\lambda)(5-\lambda)}{4!}\xi^4 + \cdots \tag{4}$$

$$u_{奇}(\xi) = \xi + \frac{3-\lambda}{3!}\xi^3 + \frac{(3-\lambda)(7-\lambda)}{5!}\xi^5 + \cdots \tag{5}$$

λ が (2.29) の条件を満たさないと，(4), (5) の形からわかるように $u_{偶}(\xi)$ も $u_{奇}(\xi)$ も無限級数となる．$u_{奇}(\xi)$ は $u_{偶}(\xi)$ と同様に扱えるので以下 $u_{偶}(\xi)$ を考えていく．無限級数の振舞いは $s \to \infty$ の極限における c_s の漸近形で決まる．$u_{偶}(\xi)$ を考慮しているので c_{2r} が問題になるが $r \to \infty$ の極限で $c_{2(r+1)} \simeq c_{2r}/(r+1)$ と評価され（問題 6.3），この関係を繰り返し使い c_0 が (4) でわかるように 1 に等しいとすれば $c_{2r} \simeq 1/r!$ が得られる．このため $u_{偶}(\xi)$ は

$$u_{偶}(\xi) = \sum_{r=0}^{\infty} c_{2r}\xi^{2r} \simeq \sum_{r=0}^{\infty} \frac{1}{r!}\xi^{2r} = e^{\xi^2} \tag{6}$$

で $f(\xi) = u(\xi)e^{-\xi^2/2}$ に (6) を代入すると $f(\xi) = e^{\xi^2/2}$ となり $\xi \to \pm\infty$ で $f \to \infty$ となってしまう．このため，(4) または (5) は有限級数で (2.29) が成立する．

問　題

6.1　(1) を導け．

6.2　(1) を使い c_s に対する (2) を証明せよ．

6.3　(2) で $s = 2r$ とし $r \to \infty$ での漸近形について論じよ．

2.6 エルミート多項式

• エルミート多項式 •　例題 6 の (1) に (2.29) の $\lambda = 2n+1$ を代入し，その解のうち ξ の n 次の多項式を**エルミート多項式**という．これを $H_n(\xi)$ とすれば

$$\frac{d^2 H_n}{d\xi^2} - 2\xi\frac{dH_n}{d\xi} + 2nH_n = 0 \tag{2.31}$$

が成り立つ．エルミート多項式は数学的には**母関数** $S(\xi, t)$ を使い

$$S(\xi, t) = e^{-t^2+2\xi t} = \sum_{n=0}^{\infty}\frac{H_n(\xi)}{n!}t^n \tag{2.32}$$

と定義され，最初の数項は次のようになる（例題 7）．

$$H_0(\xi) = 1, \quad H_1(\xi) = 2\xi, \quad H_2(\xi) = 4\xi^2 - 2$$

(2.32) で定義されるエルミート多項式は実際 (2.31) の解である（問題 7.4）．

• 規格化された固有関数 •　1 次元調和振動子の n 番目の規格化された固有関数は

$$\psi_n(x) = \frac{1}{(2^n n!)^{1/2}\pi^{1/4}}\left(\frac{m\omega}{\hbar}\right)^{1/4} H_n(\xi)e^{-\xi^2/2} \tag{2.33}$$

$$x = \left(\frac{\hbar}{m\omega}\right)^{1/2}\xi \tag{2.34}$$

となる（例題 8）．$n = 0, 1$ に対する $\psi(x)$ と粒子の存在確率 $\psi^2(x)$ を図 2.8 に示す．

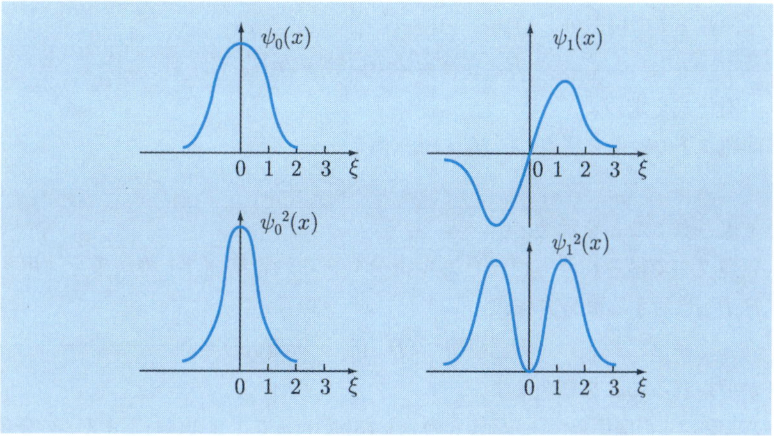

図 2.8　$n = 0, 1$ に対する固有関数と粒子の存在確率

例題 7 　　**エルミート多項式に対する母関数**

(2.32) で定義される $H_n(\xi)$ が ξ の n 次の多項式であることを証明し，$n=0,1,2$ に対するエルミート多項式を求めよ．

解答 母関数

$$S(\xi,t)=e^{-t^2+2\xi t}$$

を展開すると

$$\begin{aligned} S(\xi,t) &= 1+(-t^2+2\xi t)+\frac{1}{2!}(-t^2+2\xi t)^2+\cdots \\ &= 1+2\xi t+\frac{1}{2!}(4\xi^2-2)t^2+\cdots \end{aligned}$$

となる．一般に $S(\xi,t)$ を ξ,t で展開すると $t^{2m}(\xi t)^l$ という項が現れ，一般項は $c_{pq}\xi^p t^q$ という形をもち $p\le q$ である．このため，(2.32) で定義される $H_n(\xi)$ は ξ の n 次の多項式となる．(2.32) と上記の $S(\xi,t)$ に対する展開式を比べ $H_0(\xi)=1$, $H_1(\xi)=2\xi$, $H_2(\xi)=4\xi^2-2$ といった結果が求まる．

問　題

7.1 母関数 $S(\xi,t)$ に対する式を ξ で偏微分することにより

$$H_n{}'(\xi)=2nH_{n-1}(\xi)$$

の関係を導け．ただし，ダッシュは微分を表すとする．ちなみに，このように n の異なるエルミート多項式の間の関係式を**漸化式**という．

7.2 母関数を t で偏微分し

$$H_{n+1}(\xi)=2\xi H_n(\xi)-2nH_{n-1}(\xi)$$

の漸化式を求めよ．

7.3 問題 7.2 の結果を利用し，$H_3(\xi)$ が

$$H_3(\xi)=8\xi^3-12\xi$$

と表されることを示せ．

7.4 問題 7.2 で得られた方程式を ξ で微分し，これに問題 7.1 の結果を適用すれば $H_n(\xi)$ に対する微分方程式

$$H_n{}''(\xi)-2\xi H_n{}'(\xi)+2nH_n(\xi)=0$$

が導かれることを証明せよ．

7.5 $\lambda=2n+1$ の関係を使い，例題 6 の (4), (5) で $n=0,1,2,3$ に対応する ξ の多項式をそれぞれ $u_0(\xi),u_1(\xi),u_2(\xi),u_3(\xi)$ とする．$u_j(\xi)$ は $H_j(\xi)$ の定数倍 $(j=0,1,2,3)$ で，$u_j(\xi)=A_jH_j(\xi)$ となる．A_0,A_1,A_2,A_3 を求めよ．

例題 8 **固有関数の規格化**

エルミート多項式に対する

$$\int_{-\infty}^{\infty} H_m(\xi)H_n(\xi)e^{-\xi^2}d\xi = 0 \quad (m \neq n)$$

$$\int_{-\infty}^{\infty} [H_n(\xi)]^2 e^{-\xi^2}d\xi = 2^n n!\sqrt{\pi}$$

の関係を証明し，1 次元調和振動子に対する固有関数を規格化せよ．

解答 次の積分

$$G(s,t) = \int_{-\infty}^{\infty} S(\xi,s)S(\xi,t)e^{-\xi^2}d\xi \tag{1}$$

に (2.32) を代入すると

$$G(s,t) = \sum_{m=0}^{\infty}\sum_{n=0}^{\infty}\frac{s^m t^n}{m!\,n!}\int_{-\infty}^{\infty} H_m(\xi)H_n(\xi)e^{-\xi^2}d\xi \tag{2}$$

となる．一方，(2.32) の 2 番目の式を (1) に代入すると

$$G(s,t) = \sqrt{\pi}\,e^{2st} = \sum_{m=0}^{\infty}\frac{2^m s^m t^n}{m!} \tag{3}$$

と計算され（問題 8.1），(2), (3) の $s^m t^n$ の係数を比較すれば与式が得られる．固有関数は規格化のための定数を A_n として

$$\psi_n(x) = A_n H_n(\xi)e^{-\xi^2/2}, \quad x = b\xi, \quad b = (\hbar/m\omega)^{1/2}$$

で与えられる．A_n は実数とすると，規格化の条件は

$$\int_{-\infty}^{\infty} |\psi_n(x)|^2 dx = 1 \qquad \therefore \quad {A_n}^2 b\int_{-\infty}^{\infty}[H_n(\xi)]^2 e^{-\xi^2}d\xi = 1$$

と表される．前述の積分に対する結果を用いると (2.33), (2.34) が導かれる．

問 題

8.1 母関数 $S(\xi,t)$ に対する定義式 (2.32) の 2 番目の式を利用し，$G(s,t)$ は

$$G(s,t) = \sqrt{\pi}\,e^{2st}$$

と計算されることを証明せよ．

8.2 (2.33), (2.34) の 1 次元調和振動子の固有関数に対する次の**規格直交性**

$$\int_{-\infty}^{\infty} {\psi_m}^*(x)\psi_n(x)dx = \delta_{mn} = \begin{cases} 1 & (m = n) \\ 0 & (m \neq n) \end{cases}$$

を示せ．ちなみに δ を**クロネッカーの $\boldsymbol{\delta}$** という．

8.3 (2.33), (2.34) で基底状態を表す固有関数を考え，問題 5.3 の結果と一致することを確かめよ．

3 量子力学の一般原理

3.1 物理量と演算子

• 古典物理学と量子力学の違い • 古典物理学ではすべての物理量は適当な単位を決めれば通常の数（c 数）として表される．この数は実数であり，それが複素数であることはあり得ない．古典物理学で複素数表示を使う場合もあるが，それは単なる数学的な便法で物理量自体は観測量で実数である．これに対し，量子力学では，物理量は適当な**演算子**（あるいは**作用素**という）で表されるとする．このように物理量を c 数とするか，演算子とするかが古典物理学と量子力学の決定的な違いである．

• 固有値と固有関数 • 物理量を表す演算子を Q としたとき，もし

$$Q\psi = \lambda\psi \tag{3.1}$$

が成立すれば（λ は c 数），ψ で表される状態で Q の測定を行ったとき，Q は確定値 λ をもつと考える．λ を Q の**固有値**，ψ をそれに対応する**固有関数**という．シュレーディンガー方程式 $H\psi = E\psi$ は (3.1) で Q としてハミルトニアン（力学的エネルギー）H をとったことに相当し，この場合の E はエネルギー固有値となる．

• Q の線形性 • 物理量を表す演算子は全く勝手なものではなく，これにはいくつかの条件が課せられる．まず，演算子は**線形**でなければならない．すなわち任意の関数 ψ_1, ψ_2 に対し

$$Q(\psi_1 + \psi_2) = Q\psi_1 + Q\psi_2 \tag{3.2}$$

が成り立つ．また，任意定数 c に対して次式が成立せねばならない．

$$Q(c\psi) = cQ\psi \tag{3.3}$$

• 位置を表す演算子 • 古典物理学では粒子の位置を x, y, z 座標で指定するが，量子力学では粒子の x, y, z 座標は単なる掛け算として表される．すなわち，波動関数に x, y, z 座標を作用させたものは

$$x\psi, \quad y\psi, \quad z\psi \tag{3.4}$$

となる．この場合の固有関数は**ディラックの $\boldsymbol{\delta}$ 関数**で

$$x\delta(x - x') = x'\delta(x - x') \tag{3.5}$$

が成り立つ（例題 1）．ベクトル記号を使い $\boldsymbol{r} = (x, y, z)$，$\boldsymbol{r}' = (x', y', z')$ として 3 次元の δ 関数は次のように定義される．

$$\delta(\boldsymbol{r} - \boldsymbol{r}') = \delta(x - x')\delta(y - y')\delta(z - z') \tag{3.6}$$

例題 1　　**ディラックの δ 関数**

図 3.1 のように $x' < x < x' + \varepsilon$ の領域で $1/\varepsilon$ という値をもち（ε は正の微小量），この領域外では 0 となるような関数を想定し，$\varepsilon \to 0$ の極限の関数を $\delta(x - x')$ と書く．これを**ディラックの δ 関数**という．この関数の次の性質を確かめよ．

(a)
$$\delta(x - x') = \begin{cases} \infty & (x = x') \\ 0 & (x \neq x') \end{cases} \tag{1}$$

(b)
$$\int \delta(x - x')dx = 1 \tag{2}$$

(2) の積分範囲は x' を含む任意の領域としてよい．

(c)　$f(x)$ が x の連続関数であれば

$$f(x)\delta(x - x') = f(x')\delta(x - x') \tag{3}$$

である．特に

$$x\delta(x - x') = x'\delta(x - x') \tag{4}$$

が成り立つ．(4) は $\delta(x - x')$ が x の固有関数でその固有値が x' であることを示す．また，(2) に対応し，次式が成り立つ．

$$\int f(x)\delta(x - x')dx = f(x') \tag{5}$$

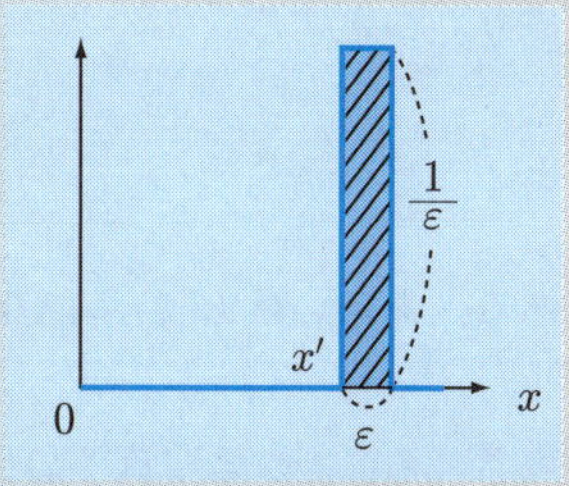

図 3.1　δ 関数

解答　(a)　δ 関数の構成法から (1) が求まる．

(b)　問題の積分は図の斜線部の面積に等しく，これは ε と無関係で 1 に等しい．

(c)　$\varepsilon \to 0$ の極限では x' 以外で $\delta(x - x')$ は 0 であるから，(3) の $f(x)$ は $f(x')$ としてよい．(3) を x に関して積分し (2) を使えば (5) が導かれる．

問　題

1.1　Q が線形演算子の場合，任意定数 $c_1, c_2, \cdots, c_n$ に対し次の関係を示せ．

$$Q(c_1\psi_1 + c_2\psi_2 + \cdots + c_n\psi_n) = c_1Q\psi_1 + c_2Q\psi_2 + \cdots + c_nQ\psi_n$$

1.2　3 次元の δ 関数 $\delta(\boldsymbol{r} - \boldsymbol{r}')$ を $\boldsymbol{r}$ の関数とみなした場合，$\boldsymbol{r}$ が $\boldsymbol{r}'$ に等しいときには ∞ でこれ以外は 0 である．$f(\boldsymbol{r})$ を連続関数とし，$\boldsymbol{r}'$ を含む任意の積分領域 Ω にわたる体積積分について次式が成り立つことを示せ．

$$\int_\Omega f(\boldsymbol{r})\delta(\boldsymbol{r} - \boldsymbol{r}')dV = f(\boldsymbol{r}')$$

1.3　2 つの演算子 P, Q があるとき，その和 $P + Q$ は $(P + Q)\psi = P\psi + Q\psi$ で定義される．このような和が実現するのはどんな場合か．

3.2 演算子の積と不確定性関係

• 演算子の積 • 2つの演算子 P, Q に関して

$$Q\psi = \psi_1, \quad P\psi_1 = \psi_2 \tag{3.7}$$

が成り立つとする．このとき，ψ から ψ_2 への変換は1つの演算子 R で表されるとし

$$\psi_2 = R\psi \tag{3.8}$$

と書く．この R が P と Q の積で

$$R = PQ \tag{3.9}$$

である．あるいは (3.7)～(3.9) から

$$(PQ)\psi = P(Q\psi) \tag{3.10}$$

と表される．3つの演算子の積も同様に定義される．この積に対し

$$P(QR) = (PQ)R \tag{3.11}$$

という結合則が成り立つ（問題 2.1）．

• 交換関係 • 演算子の積では，結果が演算の順序によって異なり，一般には

$$PQ \neq QP \tag{3.12}$$

である．たまたま $PQ = QP$ が成り立つとき，P と Q とは**交換可能**あるいは簡単に**可換**という．(3.12) の一例として運動量の x 成分 p_x と座標 x を考える．任意の ψ に対して

$$p_x x\psi = \frac{\hbar}{i}\frac{\partial}{\partial x}(x\psi) = \frac{\hbar}{i}\left(x\frac{\partial\psi}{\partial x} + \psi\right) = xp_x\psi + \frac{\hbar}{i}\psi$$

すなわち $(p_x x - xp_x)\psi = (\hbar/i)\psi$ となる．ψ は全く任意であるから

$$p_x x - xp_x = \frac{\hbar}{i} \tag{3.13}$$

が成り立つ．このような式を**交換関係**という．

• 不確定性関係 • 波動関数 ψ で記述される状態があるとする．この状態で2つの物理量（演算子）A, B を測定したとき確定値 α, β をもつとすれば $A\psi = \alpha\psi$, $B\psi = \beta\psi$ となる．これから $(AB - BA)\psi = 0$ となり，A, B が可換であればこのような状態が存在し得る．逆にいうと，A, B が可換でない（非可換な）場合，A と B を同時に正確に測定することはできない．(3.13) からわかるように，p_x と x とは非可換であるから両者を同時に正確には測定できない．それぞれの不確定さを $\Delta p_x, \Delta x$ とすれば，次の**ハイゼンベルクの不確定性関係**

$$\Delta p_x \cdot \Delta x \sim h \tag{3.14}$$

が成り立つ．例題2で上式の物理的な意味について学ぶ．

例題 2 ——— **不確定性関係**

X 線顕微鏡で x 軸上の電子の位置と運動量を測定する実験を行ったとし (3.14) を導け．ちなみに，頭の中で仮想的に実行する実験を**思考実験**という．

解答　X 線顕微鏡とは，通常の光のかわりに波長のごく短い電磁波を使うような顕微鏡である．一般に光は回折現象を示すので，顕微鏡で区別できる 2 点間の距離は，その光の波長程度である．このため，電子に波長 λ の X 線を x 方向に当て電子の位置を調べるとき，電子の x 座標の不確定さは $\Delta x \sim \lambda$ となる（図 3.2）．一方，電子に X 線を当てると，電子に運動量 h/λ の光子を当てることになるので，電子の運動量の x 成分にはそれと同程度の不確定さが生じ $\Delta p_x \sim h/\lambda$ と表される．Δp_x と Δx の積を作ると

$$\Delta p_x \cdot \Delta x \sim h$$

となって不確定性原理が導かれる．

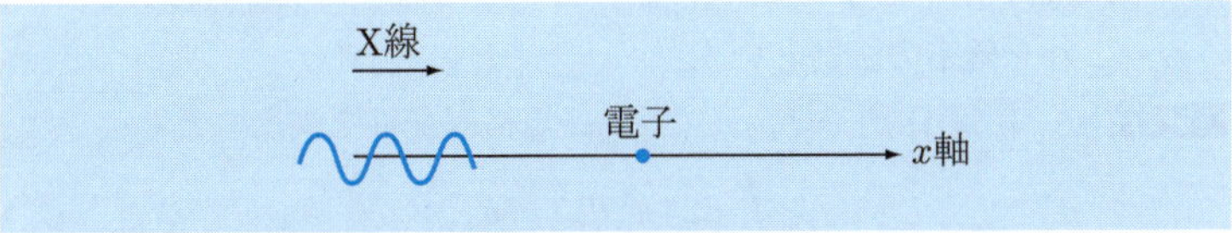

図 3.2　X 線顕微鏡による電子の測定

問　題

2.1　3 つの演算子 P, Q, R の積について (3.11) のような結合則が成り立つことを証明せよ．

2.2　交換関係を表すのに

$$[A, B] \equiv AB - BA$$

と定義し，これを A と B との**交換子**という．次の関係を導け．

$$[p_x, x] = \frac{\hbar}{i}, \quad [p_x, p_y] = 0, \quad [p_x, y] = 0, \quad [x, y] = 0$$

また，それぞれの関係の物理的な意味を考えよ．

2.3　交換子に関して

$$[A + B, C] = [A, C] + [B, C]$$

$$[A, BC] = [A, B]C + B[A, C]$$

の等式が成り立つことを示せ．

2.4　$f(x)$ が x のべき級数で展開できるとして $[p_x, f(x)]$ を求めよ．また，左ページで (3.13) を導いたような方法を利用して，同じ結果が得られることを確かめよ．

3.3 量子力学的な平均値

• **離散的な固有値** • $Q\psi = \lambda\psi$ を満たす λ が演算子 Q の固有値である．Q の性質により λ が離散的であったり，連続的であったり，両者が混在したりする．ここでは，簡単のため λ が離散的であるとする．λ が連続的な場合には，これを適当な区間に分割して離散的な分布とみなし最後に極限をとればよい（例題 3）．固有値の集合が離散的であるからこれに適当な番号がつけられる．

• **確率の法則** • 演算子 Q で表される物理量の固有値が離散的と仮定して，それらを $\lambda_1, \lambda_2, \lambda_3, \cdots$ で表し，これに対応する固有関数を $\psi_1, \psi_2, \psi_3, \cdots$ とする．ψ_n の一次結合で与えられる

$$\psi = \sum c_n \psi_n \quad (n = 1, 2, 3, \cdots) \tag{3.15}$$

という状態 ψ で Q の測定を行うとその測定値は $\lambda_1, \lambda_2, \lambda_3, \cdots$ のいずれかになる．すなわち Q の測定値は確率分布するが，λ_n の得られる確率は $|c_n|^2$ に比例することが知られている．これを**確率の法則**という．

• **規格直交性** • 領域 Ω 内 $\psi_1, \psi_2, \psi_3, \cdots$ は規格直交性を満たすとし

$$\int_\Omega \psi_m{}^* \psi_n dV = \delta_{mn} \tag{3.16}$$

が成り立つとする．ψ が領域 Ω 内で規格化されていれば

$$\int_\Omega \psi^* \psi dV = 1 \tag{3.17}$$

で，(3.15) を代入し (3.16) を利用すれば

$$\sum c_m{}^* c_n \int_\Omega \psi_m{}^* \psi_n dV = \sum c_m{}^* c_n \delta_{mn} = \sum |c_n|^2 = 1 \tag{3.18}$$

となる．よって，λ_n の得られる（相対的でない）真の確率は $|c_n|^2$ に等しい．

• **量子力学的な平均値** • 状態 ψ における Q の量子力学的な平均値は

$$\langle Q \rangle = \sum \lambda_n |c_n|^2 \tag{3.19}$$

と書ける．Q の線形性を使うと（問題 1.1，p.29）

$$Q\psi = Q\left(\sum c_n \psi_n\right) = \sum c_n Q\psi_n = \sum \lambda_n c_n \psi_n \tag{3.20}$$

が得られる．したがって，問題 3.1 で示すように

$$\langle Q \rangle = \int_\Omega \psi^* Q \psi dV \tag{3.21}$$

と表され，第 2 章の問題 3.3（p.19）の結果は Q が演算子のときにも成立することがわかる．

例題 3 **確率の法則と波動関数**

x 軸上を運動する粒子の波動関数が $\psi(x)$ で与えられるとする．粒子が $x \sim x + dx$ の間に入る存在確率と確率の法則との関係について考察せよ．

解答 粒子が x' に存在することを表す固有関数は 3.1 節で学んだディラックの δ 関数であるが，いきなり連続的な場合を扱うのは難しいので次のようにして離散化しよう．まず，図 3.3 の (a) のように $0 < x < L$ の領域を ε の間隔で N 等分すれば $\varepsilon N = L$ となる．同図 (b) のような x の関数 $\varepsilon_n(x)$ は例題 1 で学んだように $\varepsilon \to 0$ の極限で δ 関数になるので，粒子の x 座標が $(n-1)\varepsilon$ であるような固有関数 $\psi_n(x)$ は $\varepsilon_n(x)$ に比例する．m と n が違えば $\varepsilon_m(x)\varepsilon_n(x) = 0$ となり，これを x に関して積分したものは 0 となる．また，${\varepsilon_n}^2(x)$ は $(n-1)\varepsilon < x < n\varepsilon$ で $1/\varepsilon^2$ となり，0 でない x の間隔は ε であるため，${\varepsilon_n}^2(x)$ を x に関して積分した結果は $1/\varepsilon$ となる．よって

$$\psi_n(x) = \sqrt{\varepsilon}\,\varepsilon_n(x) \quad (n = 1, 2, \cdots, N)$$

は規格直交系を構成する．いまの場合，$\varepsilon_n(x)$ は実数としているので $\psi^* = \psi$ である．(3.16) が成立すると，c_n は $\psi(x)$ から求まり（問題 3.2），$c_n = \psi(n\varepsilon)\sqrt{\varepsilon}$ と計算される．同図 (c) のような dx の領域を考え dx は十分小さくこの中で $\psi(x)$ は一定とする．また，ε は十分小さく dx 内の点の数は dx/ε であるとすれば，x と $x + dx$ との間の粒子の存在確率は $|\psi(x)|^2 dx$ に比例する．この議論は容易に 3 次元の場合に拡張できる．

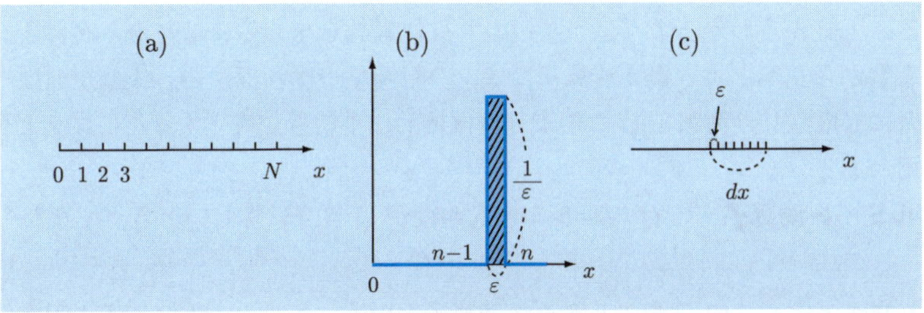

図 3.3 粒子の存在確率

問　題

3.1 (3.21) は (3.19) と一致することを示せ．

3.2 (3.16) の規格直交性を前提として，ψ を (3.15) のように展開するときの展開係数 c_n に対する表式を導け．

3.4 ブラとケット

• ブラ・ベクトルとケット・ベクトル • 量子力学における記号として，波動関数 ψ を $|\psi\rangle$，その共役複素数 ψ^* を $\langle\psi|$ で記すことがある．前者を**ケット・ベクトル**（略して**ケット**），後者を**ブラ・ベクトル**（略して**ブラ**）と称する．また，領域 Ω を決めたとき演算子 Q に対し次のように書く．

$$\int_\Omega \varphi^* Q\psi dV = \langle\varphi\,|\,Q\,|\,\psi\rangle \tag{3.22}$$

英語で括弧を bracket というがcの前半，後半をとり bra, ket という用語を用いる．この種の記号はディラックが導入したものである．

• エルミート共役 • (3.22) で $Q\psi$ は1つの関数とみなされるが，これをケットで表すと $|Q\psi\rangle$ となる．この共役複素数を

$$|Q\psi\rangle^* = \langle\psi\,|\,Q^\dagger \tag{3.23}$$

と表し $Q^\dagger$ を Q に**エルミート共役**な演算子という．なお，$\dagger$ はダガーとよばれ，また固有関数に相当し固有ケットという用語を使う．通常の記号を用いると $Q^\dagger$ の定義式は

$$\left(\int \varphi^*(Q\psi)dV\right)^* = \int (Q\psi)^*\varphi dV = \int \psi^* Q^\dagger \varphi dV \tag{3.24}$$

と書ける．ブラとケットの記号を使うと (3.24) は

$$\langle\varphi\,|\,Q\,|\,\psi\rangle^* = \langle\psi\,|\,Q^\dagger\,|\,\varphi\rangle \tag{3.25}$$

となる．上式からわかるように，左辺の共役複素数を求めるには左から右に並んでいる量を右から左へと書き換え演算子には $\dagger$ の記号をつければよい．この規則は一般的な場合にも成立し（例題4），このような機械的な手続きが成立する点にブラとケットの効用がある．

• エルミート演算子 • Q のエルミート共役が Q 自身に等しいとき，すなわち

$$Q^\dagger = Q \tag{3.26}$$

が成り立つとき，この Q を**エルミート演算子**という．エルミート演算子の固有値は実数である．ケット表示を使い Q の固有値を λ として $Q\,|\,\psi\rangle = \lambda\,|\,\psi\rangle$ の関係に注目する．$|\psi\rangle$ が規格化されていれば

$$\langle\psi\,|\,Q\,|\,\psi\rangle = \lambda \tag{3.27}$$

となる．(3.27) の共役複素数をとり Q がエルミート演算子であることに注意すると $\lambda^\dagger = \lambda$ となって λ は実数であることがわかる（問題4.1）．物理量は観測可能な量であり，その固有値は実数でなければならない．すなわち，物理量を記述する演算子はエルミート演算子であることが要求される．

例題 4 **エルミート共役の性質**

A, B が任意の演算子のとき $(AB)^\dagger = B^\dagger A^\dagger$ が成り立つことを示せ．また，この性質を使い任意の演算子 $A_1, A_2, \cdots, A_n$ に対する次の等式

$$\langle \varphi \,|\, A_1 A_2 \cdots A_n \,|\, \psi \rangle^* = \langle \psi \,|\, A_n{}^\dagger \cdots A_2{}^\dagger A_1{}^\dagger \,|\, \varphi \rangle$$

を証明せよ．

解答 (3.25) で $Q = AB$ とおけば

$$\langle \varphi \,|\, AB \,|\, \psi \rangle^* = \langle \psi \,|\, (AB)^\dagger \,|\, \varphi \rangle \tag{1}$$

である．$AB \,|\, \psi \rangle$ は $|\, B\psi \rangle$ に A を演算したもので $AB \,|\, \psi \rangle = A \,|\, B\psi \rangle$ となる．よって，$\langle \varphi \,|\, AB \,|\, \psi \rangle = \langle \varphi \,|\, A \,|\, B\psi \rangle$ となり，この共役複素数をとり

$$\langle \varphi \,|\, AB \,|\, \psi \rangle^* = \langle B\psi \,|\, A^\dagger \,|\, \varphi \rangle \tag{2}$$

が得られる．一方，(3.23) は $\langle Q\psi \,| = \langle \psi \,|\, Q^\dagger$ と書けるので，ブラの中で演算子を縦線の外に出すと $\dagger$ の記号をつけることになる．したがって，(2) は

$$\langle \varphi \,|\, AB \,|\, \psi \rangle^* = \langle \psi \,|\, B^\dagger A^\dagger \,|\, \varphi \rangle \tag{3}$$

となる．(1), (3) から $\langle \psi \,|\, (AB)^\dagger \,|\, \varphi \rangle = \langle \psi \,|\, B^\dagger A^\dagger \,|\, \varphi \rangle$ の等式が導かれる．φ, ψ は任意であるから $(AB)^\dagger = B^\dagger A^\dagger$ が求まる．さらに $B \to BC$ とおけば $(ABC)^\dagger = (BC)^\dagger A^\dagger = C^\dagger B^\dagger A^\dagger$ となり，同様な方法によって n 個の演算子に対し次の関係が成立する．

$$(A_1 A_2 \cdots A_n)^\dagger = A_n{}^\dagger \cdots A_2{}^\dagger A_1{}^\dagger$$

$\langle \varphi \,|\, A_1 A_2 \cdots A_n \,|\, \psi \rangle^* = \langle \psi \,|\, (A_1 A_2 \cdots A_n)^\dagger \,|\, \varphi \rangle$ であるから与式が成り立つ．

問 題

4.1 $\lambda^* = \lambda$ が成立するとき，λ は実数であることを証明せよ．

4.2 Q のエルミート共役のエルミート共役は Q 自身に等しいこと，すなわち

$$(Q^\dagger)^\dagger = Q$$

の関係を導け．

4.3 次の等式が成り立つことを示せ．ただし，A, B は任意の演算子，c は通常の数（一般には複素数）である．

$$(cA)^\dagger = c^* A^\dagger, \quad (A + B)^\dagger = A^\dagger + B^\dagger$$

4.4 粒子の座標 x, y, z を表す演算子，運動量を表す $\boldsymbol{p} = (\hbar/i)\nabla$ はともにエルミート演算子であることを証明せよ．

4.5 A, B をエルミート演算子，i を虚数単位とするとき

$$AB + BA, \quad \frac{AB - BA}{i}$$

はエルミート演算子であることを示せ．

3.5　固有関数の完全性

• 固有関数の直交性 •　Q はエルミート演算子であるとする．2 つの固有値 λ_m, λ_n の固有関数 ψ_m, ψ_n に対する方程式は

$$Q\psi_m = \lambda_m \psi_m, \quad Q\psi_n = \lambda_n \psi_n \tag{3.28}$$

と表される．(3.28) の右式に ${\psi_m}^*$ を掛け領域 Ω で積分すると

$$\int_\Omega {\psi_m}^* Q\psi_n dV = \lambda_n \int_\Omega {\psi_m}^* \psi_n dV \tag{3.29}$$

が得られる．(3.29) の左辺を $\langle \psi_m | Q | \psi_n \rangle$ と書き，同じような記号を右辺に適用すると $\langle \psi_m | Q | \psi_n \rangle = \lambda_n \langle \psi_m | \psi_n \rangle$ となる．同じように (3.28) の左式から $\langle \psi_n | Q | \psi_m \rangle = \lambda_m \langle \psi_n | \psi_m \rangle$ であるが，この式の共役複素数をとり Q がエルミート演算子であること，λ_m が実数であることに注意すると $\langle \psi_m | Q | \psi_n \rangle = \lambda_m \langle \psi_m | \psi_n \rangle$ となる．このようにして $(\lambda_m - \lambda_n)\langle \psi_m | \psi_n \rangle = 0$ が得られ，$\lambda_m \neq \lambda_n$ だと

$$\langle \psi_m | \psi_n \rangle = 0 \quad (\lambda_m \neq \lambda_n) \tag{3.30}$$

となる．すなわち，違った固有値に対する固有関数は（エルミート）直交する．

• 縮退 •　同じ固有値に対し独立な固有関数が 2 個以上あるとき，状態は**縮退**しているという．例えば，固有値 λ に対し

$$Q\psi_1 = \lambda\psi_1, \quad Q\psi_2 = \lambda\psi_2, \quad \cdots, \quad Q\psi_n = \lambda\psi_n \tag{3.31}$$

を満たす独立な n 個の固有関数が存在すれば，この状態は n 重に縮退しているといい，n を**縮退度**という．ここで独立という意味は，$\psi_1, \psi_2, \cdots, \psi_n$ のうちのどの 1 つをとっても，他の関数の一次結合では表せないということである．3 次元空間中の x, y, z 軸に沿う基本ベクトル $\boldsymbol{i}, \boldsymbol{j}, \boldsymbol{k}$ が独立であるのと同様な意味であると考えてよい．(3.31) の固有値は共通であるから，(3.30) のような直交性が満たされるとは限らない．しかし適当な方法（**シュミットの方法**）でこれらを直交するように選べる（例題 5）．したがって，Q の固有関数は規格直交系を構成するとして一般性を失わない．

• 完全性 •　ケット記号を用い任意のケット $|\psi\rangle$ がケットの系 $|1\rangle, |2\rangle, \cdots$ により

$$|\psi\rangle = \sum c_n |n\rangle \tag{3.32}$$

と書けるとき，この系は**完全系**であるという．ケットの系が規格直交系を構成する場合，$c_m = \langle m | \psi \rangle$ と表される．これを (3.32) に代入すると $|\psi\rangle = \sum |n\rangle\langle n|\psi\rangle$ となり，次の**完全性の条件**が成り立つ．

$$\sum |n\rangle\langle n| = 1 \tag{3.33}$$

量子力学では物理量に対応する演算子の固有関数は完全系であると仮定している．

例題 5 **シュミットの方法**

$\psi_1, \psi_2 \cdots, \psi_n$ が (3.31) を満たすとき，これらの一次結合を適当に選び，規格直交系を構成する方法について述べよ．

解答 Q の線形性により $Q\left(\sum c_m\psi_m\right) = \sum \lambda c_m\psi_m$ が成り立つので $\psi_1, \psi_2 \cdots, \psi_n$ の一次結合は固有値 λ をもつ固有関数である．そこで，まず

$$\psi_1{}' = c\psi_1$$

とおき

$$\langle \psi_1{}' \,|\, \psi_1{}' \rangle = 1$$

となるよう定数 c を決める．次に，$\psi_2{}'$ を

$$\psi_2{}' = c_1\psi_1{}' + c_2\psi_2$$

とし

$$\langle \psi_1{}' \,|\, \psi_2{}' \rangle = c_1 + c_2\langle \psi_1{}' \,|\, \psi_2 \rangle = 0$$

$$\langle \psi_2{}' \,|\, \psi_2{}' \rangle = 1$$

の条件から定数 c_1, c_2 を決める．さらに

$$\psi_3{}' = d_1\psi_1{}' + d_2\psi_2{}' + d_3\psi_3$$

とおき

$$\langle \psi_1{}' \,|\, \psi_3{}' \rangle = d_1 + d_3\langle \psi_1{}' \,|\, \psi_3 \rangle = 0$$

$$\langle \psi_2{}' \,|\, \psi_3{}' \rangle = d_2 + d_3\langle \psi_2{}' \,|\, \psi_3 \rangle = 0$$

$$\langle \psi_3{}' \,|\, \psi_3{}' \rangle = 1$$

の条件から d_1, d_2, d_3 を決定する．以下，このような手続きを繰り返すのがシュミットの方法であり，最終的にダッシュのついた関数について

$$\langle \psi_i{}' \,|\, \psi_j{}' \rangle = \delta_{ij}$$

を満足させることができる．簡単のためダッシュをとったとすれば，固有関数は規格直交性を満たすとして一般性を失わない．

問　題

5.1 1 辺の長さ L の立方体がある．各辺に沿って x, y, z 軸をとり周期的な境界条件が課せられているとする．関数の平面波による展開について論じよ．

5.2 (3.22) で $Q = 1$, $\langle \boldsymbol{r} \,|\, \psi \rangle = \psi(\boldsymbol{r})$ とおく．連続変数の場合，(3.33) に相当する完全性の条件はどのように書けるか．

5.3 粒子の x 座標が x' に存在するときの固有関数は $\delta(x - x')$ と表される．一方，ブラ・ケットの立場では，これに対応するケット・ベクトルは $|x'\rangle$ と表され $x\,|x'\rangle = x'\,|x'\rangle$ が成り立つとする．$\delta(x - x') = \langle x \,|\, x' \rangle$ と書けることを示せ．

3.6 行列による表現

• **Q に対する行列** • 演算子 Q を決めるには任意の関数 ψ に演算した $Q\psi$ がわかればよい．$\psi_1, \psi_2, \psi_3, \cdots$ が完全系であれば，ψ はこれらで展開でき $\psi = \sum_n c_n\psi_n$ と表される．Q の線形性により

$$Q\psi = \sum_n c_n Q\psi_n \tag{3.34}$$

となる．ψ が与えられると c_n は既知の量で，(3.34) からわかるように $Q\psi$ を決めるには $Q\psi_n$ がわかればよい．これを $\psi_1, \psi_2, \psi_3, \cdots$ の完全系で展開し次のように書く．

$$Q\psi_n = \sum_m Q_{mn}\psi_m \tag{3.35}$$

結局，Q を決めるには Q_{mn} を与えればよい．この Q_{mn} を

$$\begin{bmatrix} Q_{11} & Q_{12} & Q_{13} & \cdots \\ Q_{21} & Q_{22} & Q_{23} & \cdots \\ Q_{31} & Q_{32} & Q_{33} & \cdots \\ \cdots & \cdots & \cdots & \cdots \\ \cdots & \cdots & \cdots & \cdots \end{bmatrix} \tag{3.36}$$

と並べ，これを Q の行列という．また，Q_{mn} を m 行 n 列の**行列要素**という．

• **ブラ・ケットによる表現** • $\psi_1, \psi_2, \psi_3, \cdots$ が規格直交系であると (3.35) から

$$Q_{mn} = \int_\Omega {\psi_m}^* Q\psi_n dV \tag{3.37}$$

と表される．あるいはブラ・ケットの記号を使うと (3.37) は

$$Q_{mn} = \langle \psi_m \,|\, Q \,|\, \psi_n \rangle \tag{3.38}$$

と書ける．簡単のため，(3.38) を次のように書くこともある．

$$Q_{mn} = \langle m \,|\, Q \,|\, n \rangle \tag{3.39}$$

• **共役転置行列** • 一般に $Q^\dagger$ の行列要素に対し

$$(Q^\dagger)_{mn} = \langle m \,|\, Q^\dagger \,|\, n \rangle = \langle n \,|\, Q \,|\, m \rangle^* = (Q_{nm})^*$$

が成り立つ．すなわち，$Q^\dagger$ に相当した行列を求めるには元来の行列を転置し $(m \rightleftarrows n)$，各行列要素の共役複素数をとればよい．こうして得られる行列を**共役転置行列**という．演算子 Q を行列で表現した場合，$Q^\dagger$ はその共役転置行列で表される．したがって，Q がエルミート演算子のとき，その行列は共役転置行列に等しい．よって Q がエルミート演算子の場合，対角要素は実数となり，(3.36) で対角線に対し対称な行列要素は互いに共役複素数の関係である．このような性質をもつ行列を**エルミート行列**という．

例題 6 **1 次元調和振動子の x_{mn}**

1 次元調和振動子の規格化された固有関数を $\psi_n(x)$ $(n=0,1,2,\cdots)$ とするとき

$$x\psi_n(x) = b\left[\sqrt{\frac{n}{2}}\,\psi_{n-1}(x) + \sqrt{\frac{n+1}{2}}\,\psi_{n+1}(x)\right], \quad b = \sqrt{\frac{\hbar}{m\omega}}$$

が成り立つことを示し，x の行列要素 x_{mn} を求めよ．

解答 (2.33)（p.25）により

$$\psi_n(x) = A_n H_n(\xi) e^{-\xi^2/2}$$

と表される．$x = b\xi$ を用いると

$$x\psi_n(x) = bA_n \xi H_n(\xi) e^{-\xi^2/2}$$

である．第 2 章の問題 7.2（p.26）の漸化式により $\xi H_n(\xi) = nH_{n-1}(\xi) + (1/2)H_{n+1}(\xi)$ が成り立つ．したがって

$$\begin{aligned} x\psi_n(x) &= bA_n\left[nH_{n-1}(\xi) + \frac{1}{2}H_{n+1}(\xi)\right]e^{-\xi^2/2} \\ &= bA_n\left[n\frac{\psi_{n-1}(x)}{A_{n-1}} + \frac{1}{2}\frac{\psi_{n+1}(x)}{A_{n+1}}\right] \end{aligned}$$

となる．A_n は $A_n \propto 1/(2^n n!)^{1/2}$ であるから

$$\frac{A_n}{A_{n-1}} = \frac{1}{\sqrt{2n}}, \quad \frac{A_n}{A_{n+1}} = \sqrt{2(n+1)}$$

が成り立ち，与式が得られる．規格直交性を使うと次の結果が求まる．

$$\begin{aligned} x_{mn} &= \int_{-\infty}^{\infty} \psi_m{}^*(x) b\left[\sqrt{\frac{n}{2}}\,\psi_{n-1}(x) + \sqrt{\frac{n+1}{2}}\,\psi_{n+1}(x)\right]dx \\ &= \begin{cases} b\sqrt{\dfrac{n}{2}} & (m = n-1) \\ b\sqrt{\dfrac{n+1}{2}} & (m = n+1) \\ 0 & (m \neq n-1,\ n+1) \end{cases} \end{aligned}$$

問　題

6.1 演算子 P, Q の積が R で，$R = PQ$ と書けるとする．R の行列要素を P, Q の行列要素で表せ．

6.2 例題 6 で論じた x_{mn} を (3.36) のように表す行列 $\left[x\right]$ を求め，これがエルミート行列であることを示せ．

3.7　シュレーディンガー表示とハイゼンベルク表示

• 基礎関数系とシュレーディンガー表示 •　演算子を表現する完全系を基礎関数系とよぼう．基礎関数系は時間の関数でもよいが，個々の関数が

$$-\frac{\hbar}{i}\frac{\partial\psi}{\partial t} = H\psi \tag{3.40}$$

の時間を含んだシュレーディンガー方程式の解であるような表示をシュレーディンガー表示という．この表示では基礎関数系は時間に依存するので，次の行列要素

$$Q_{mn} = \int_\Omega \psi_m{}^* Q\psi_n dV \tag{3.41}$$

も当然時間 t の関数となる．

• ハイゼンベルク表示 •　次の演算子

$$e^{-iHt/\hbar} = \sum_{s=0}^{\infty}\frac{1}{s!}\left(-\frac{iHt}{\hbar}\right)^s \tag{3.42}$$

を考え，これを t で偏微分すると，通常の指数関数と同様

$$\frac{\partial}{\partial t}e^{-iHt/\hbar} = -\frac{i}{\hbar}He^{-iHt/\hbar} = -\frac{i}{\hbar}e^{-iHt/\hbar}H \tag{3.43}$$

が成り立つ．(3.43) を使うと，$t=0$ における ψ を $\psi(0)$ とし，(3.40) の解を

$$\psi(t) = e^{-iHt/\hbar}\psi(0) \tag{3.44}$$

と形式的に表すことができる．この場合，時間に依存しない $\psi_n(0)$ などによる表示をハイゼンベルク表示という．

• ハイゼンベルクの運動方程式 •　H がエルミート演算子であることを使うと

$$Q_{mn} = \int_\Omega \psi_m{}^*(0)e^{iHt/\hbar}Qe^{-iHt/\hbar}\psi_n(0)dV \tag{3.45}$$

と表すことができる（問題 7.1）．(3.45) の基礎関数系は $\psi_n(0)$ などであるから，これはハイゼンベルク表示である．Q_{mn} の時間依存性は演算子 Q が

$$Q(t) = e^{iHt/\hbar}Qe^{-iHt/\hbar} \tag{3.46}$$

という時間による演算子で表されるためと解釈できる．(3.46) を演算子のハイゼンベルク表示という．(3.46) を時間 t で微分すると Q があらわに t を含まないとき

$$\begin{aligned}\frac{dQ(t)}{dt} &= \frac{i}{\hbar}(He^{iHt/\hbar}Qe^{-iHt/\hbar} - e^{iHt/\hbar}Qe^{-iHt/\hbar}H)\\ &= \frac{i}{\hbar}[HQ(t) - Q(t)H]\end{aligned} \tag{3.47}$$

が得られる．これをハイゼンベルクの運動方程式という．

例題 7 **速度を表す演算子**

$U(x,y,z)$ のポテンシャル内を運動する質量 m の粒子のハミルトニアン H は

$$H = \frac{1}{2m}({p_x}^2 + {p_y}^2 + {p_z}^2) + U(x,y,z)$$

と表される．この粒子の x,y,z 座標に対するハイゼンベルクの運動方程式を求めよ．

解答 (3.47) の Q として x をとると，左辺は速度の x 成分を表すと考えられる．この場合，同式は

$$\frac{dx(t)}{dt} = \frac{i}{\hbar}[Hx(t) - x(t)H]$$

と書けるが，$e^{iHt/\hbar}$ あるいは $e^{-iHt/\hbar}$ が H と可換なことを用いると

$$\frac{dx(t)}{dt} = \frac{i}{\hbar}e^{iHt/\hbar}[H,x]e^{-iHt/\hbar}$$

となる．ここで，x は U, p_y, p_z と可換なので H と x の交換子に対して

$$[H,x] = \frac{1}{2m}[{p_x}^2, x]$$

が成り立つ．$[{p_x}^2, x] = p_x[p_x,x] + [p_x,x]p_x$，$[p_x,x] = \hbar/i$ を使うと

$$\frac{dx(t)}{dt} = \frac{e^{iHt/\hbar}p_x e^{-iHt/\hbar}}{m} = \frac{p_x(t)}{m}$$

が得られる．y,z も同様で結果をベクトルで表すと

$$\frac{d\boldsymbol{r}(t)}{dt} = \frac{\boldsymbol{p}(t)}{m}$$

となり，古典力学と同じ結果が求まる．

問　題

7.1 H がエルミート演算子の場合 $(e^{-iHt/\hbar})^\dagger = e^{iHt/\hbar}$ であることを示し，この関係を用いて (3.45) を導け．

7.2 次の等式が成り立つことを証明せよ．

$$e^{-iHt/\hbar}e^{iHt/\hbar} = 1$$

7.3 x^n のハイゼンベルク表示は x のハイゼンベルク表示の n 乗に等しいことを示せ．ただし，$n = 0, 1, 2, \cdots$ とする．

7.4 x,y,z の関数 $f(x,y,z)$ が x,y,z のべき級数で書けるとする．このとき $f(x,y,z)$ のハイゼンベルク表示はどのように表されるか．

7.5 粒子のハミルトニアンが例題 7 と同じとき，運動量に相当する演算子の時間変化を論じよ．

4 中心力場

4.1 二体問題

• 重心運動と相対運動 •　質量 m_1（位置ベクトル $\boldsymbol{r}_1$）の粒子 1 と質量 m_2（位置ベクトル $\boldsymbol{r}_2$）の粒子 2 から構成される体系を考える（図 4.1）．両粒子間には力が働くが，体系に外力は働かないとする．このような体系の力学的な問題を**二体問題**という．古典力学では太陽のまわりの惑星の運動，量子力学では水素原子が二体問題の典型的な例である．二体問題は基本的には一体問題に帰着するが，それを示すため，**重心運動**を表す重心 G の位置ベクトル $\boldsymbol{R}$ と粒子 2 から見た粒子 1 の**相対運動**を表す位置ベクトル $\boldsymbol{r}$ を導入する（M は体系全体の質量）．

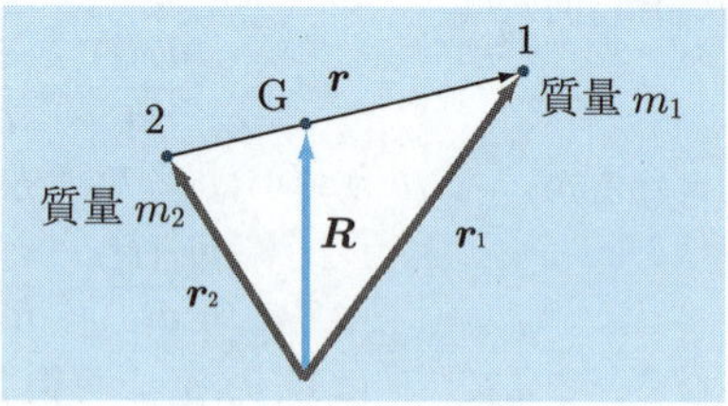

図 4.1　二体問題

$$\boldsymbol{R} = \frac{m_1\boldsymbol{r}_1 + m_2\boldsymbol{r}_2}{M}, \quad \boldsymbol{r} = \boldsymbol{r}_1 - \boldsymbol{r}_2, \quad M = m_1 + m_2 \tag{4.1}$$

• 二体問題のハミルトニアン •　粒子 1, 2 に対する全ハミルトニアン H は

$$H = -\frac{\hbar^2}{2m_1}\Delta_1 - \frac{\hbar^2}{2m_2}\Delta_2 + U(x, y, z) \tag{4.2}$$

と表される．ここで第 1, 2 項は粒子 1, 2 の運動エネルギーでラプラシアン Δ_1, Δ_2 はそれぞれ 1, 2 に対する演算子を意味する．また $U(x, y, z)$ は粒子間の相互作用を記述するポテンシャルである．ただし，x, y, z は (4.1) の相対運動を表す位置ベクトル $\boldsymbol{r}$ の各座標である．$U(x, y, z)$ を簡単に $U(\boldsymbol{r})$ と書く．

• 重心運動と相対運動の分離 •　例題 1 で示すように，重心運動，相対運動のラプラシアンを $\partial^2/\partial\boldsymbol{R}^2, \partial^2/\partial\boldsymbol{r}^2$ と書き，**換算質量** μ を

$$\frac{1}{\mu} = \frac{1}{m_1} + \frac{1}{m_2} \qquad \therefore \quad \mu = \frac{m_1 m_2}{m_1 + m_2} \tag{4.3}$$

で定義するとシュレーディンガー方程式 $H\psi = E\psi$ は次のように書ける．すなわち，重心運動と相対運動は分離して表される．

$$\psi = \psi_{\mathrm{G}}(\boldsymbol{R})\psi(\boldsymbol{r}), \qquad E = E_{\mathrm{G}} + E'$$

$$-\frac{\hbar^2}{2M}\frac{\partial^2\psi_{\mathrm{G}}}{\partial\boldsymbol{R}^2} = E_{\mathrm{G}}\psi_{\mathrm{G}}, \qquad \left[-\frac{\hbar^2}{2\mu}\frac{\partial^2}{\partial\boldsymbol{r}^2} + U(\boldsymbol{r})\right]\psi(\boldsymbol{r}) = E'\psi(\boldsymbol{r}) \tag{4.4}$$

例題 1 **重心運動と相対運動の分離**

二体問題では重心運動と相対運動とが分離できることを示せ．

解答 全系の波動関数は $\boldsymbol{R}, \boldsymbol{r}$ の x, y, z 成分 X, Y, Z, x, y, z の関数となる．$X = (m_1x_1 + m_2x_2)/M$, $x = x_1 - x_2$ を使うと，粒子 1 の運動量成分 p_{1x} に対し

$$p_{1x}\psi = \frac{\hbar}{i}\frac{\partial\psi}{\partial x_1} = \frac{\hbar}{i}\left(\frac{\partial\psi}{\partial X}\frac{\partial X}{\partial x_1} + \frac{\partial\psi}{\partial x}\frac{\partial x}{\partial x_1}\right) = \frac{\hbar}{i}\left(\frac{m_1}{M}\frac{\partial\psi}{\partial X} + \frac{\partial\psi}{\partial x}\right)$$

が成り立つ．y, z 成分でも同様の関係となり，重心運動，相対運動に対する運動量 $\boldsymbol{P}, \boldsymbol{p}$ を導入すると

$$\boldsymbol{p}_1 = \frac{m_1}{M}\boldsymbol{P} + \boldsymbol{p} \qquad (1)$$

が得られる．同じようにして

$$p_{2x}\psi = \frac{\hbar}{i}\frac{\partial\psi}{\partial x_2} = \frac{\hbar}{i}\left(\frac{\partial\psi}{\partial X}\frac{\partial X}{\partial x_2} + \frac{\partial\psi}{\partial x}\frac{\partial x}{\partial x_2}\right) = \frac{\hbar}{i}\left(\frac{m_2}{M}\frac{\partial\psi}{\partial X} - \frac{\partial\psi}{\partial x}\right)$$

$$\boldsymbol{p}_2 = \frac{m_2}{M}\boldsymbol{P} - \boldsymbol{p} \qquad (2)$$

となり，全系のハミルトニアン H は (1), (2) を使うと

$$H = \frac{{\boldsymbol{p}_1}^2}{2m_1} + \frac{{\boldsymbol{p}_2}^2}{2m_2} + U(\boldsymbol{r})$$

$$= \frac{1}{2m_1}\left(\frac{{m_1}^2}{M^2}\boldsymbol{P}^2 + \frac{2m_1\boldsymbol{P}\cdot\boldsymbol{p}}{M} + \boldsymbol{p}^2\right) + \frac{1}{2m_2}\left(\frac{{m_2}^2}{M^2}\boldsymbol{P}^2 - \frac{2m_2\boldsymbol{P}\cdot\boldsymbol{p}}{M} + \boldsymbol{p}^2\right) + U(\boldsymbol{r})$$

$$= \frac{1}{2M}\boldsymbol{P}^2 + \frac{1}{2\mu}\boldsymbol{p}^2 + U(\boldsymbol{r})$$

と計算される．ここで

$$\boldsymbol{P}^2 = -\hbar^2\frac{\partial^2}{\partial\boldsymbol{R}^2} = -\hbar^2\left(\frac{\partial^2}{\partial X^2} + \frac{\partial^2}{\partial Y^2} + \frac{\partial^2}{\partial Z^2}\right)$$

$$\boldsymbol{p}^2 = -\hbar^2\frac{\partial^2}{\partial\boldsymbol{r}^2} = -\hbar^2\left(\frac{\partial^2}{\partial x^2} + \frac{\partial^2}{\partial y^2} + \frac{\partial^2}{\partial z^2}\right)$$

と書き，変数分離の方法を利用すれば (4.4) が導かれる．

問 題

1.1 地球の質量を 1 とすれば，太陽，月の質量はそれぞれ 3.3×10^5, 1.2×10^{-2} である．地球と太陽，地球と月の二体問題における換算質量はそれぞれいくらとなるか．

1.2 陽子の質量は電子の 1840 倍である．水素原子の換算質量を μ，電子の質量を m として μ/m を求めよ．

4.2 中 心 力

• **相対運動のシュレーディンガー方程式** • 二体問題の重心運動は自由粒子と同じで，重心の波数ベクトルを $\boldsymbol{K}$ とすればそのエネルギーは

$$E_{\mathrm{G}} = \frac{\hbar^2 \boldsymbol{K}^2}{2M}$$

と表される．これに対し，相対運動のシュレーディンガー方程式は換算質量を使えば1個の粒子に対する式となり，簡単のため (4.4) で E' を E とすれば，それは次のように書ける．

$$-\frac{\hbar^2}{2\mu}\Delta\psi + U\psi = E\psi \tag{4.5}$$

• **中心力** • (4.5) で相互作用のポテンシャルは一般に x, y, z の関数であるが，U が次式で与えられる粒子 1, 2 間の距離 r

$$r = \sqrt{x^2 + y^2 + z^2} \tag{4.6}$$

だけに依存するとき，粒子 1 に働く力は原点 O（粒子 2 の位置）と粒子 1 を結ぶ線上にあるので，これを**中心力**という（図 4.2．問題 2.1）．

• **極座標** • 中心力の場合，粒子の位置を決めるのに図 4.3 で示した極座標 r, θ, φ を利用するのが便利である．r を**動径方向の長さ**，θ を**天頂角**，φ を**方位角**という．このような極座標により x, y, z 座標は

$$x = r\sin\theta\cos\varphi, \quad y = r\sin\theta\sin\varphi, \quad z = r\cos\theta \tag{4.7}$$

となる．また，ラプラシアンは極座標で

$$\Delta\psi = \frac{1}{r^2}\frac{\partial}{\partial r}\left(r^2\frac{\partial\psi}{\partial r}\right) + \frac{1}{r^2\sin\theta}\frac{\partial}{\partial\theta}\left(\sin\theta\frac{\partial\psi}{\partial\theta}\right) + \frac{1}{r^2\sin^2\theta}\frac{\partial^2\psi}{\partial\varphi^2} \tag{4.8}$$

と表される．例題 2 でラプラシアンの変換について学ぶが，結果を知っている読者はこの例題を読み飛ばし次節に進んでかまわない．

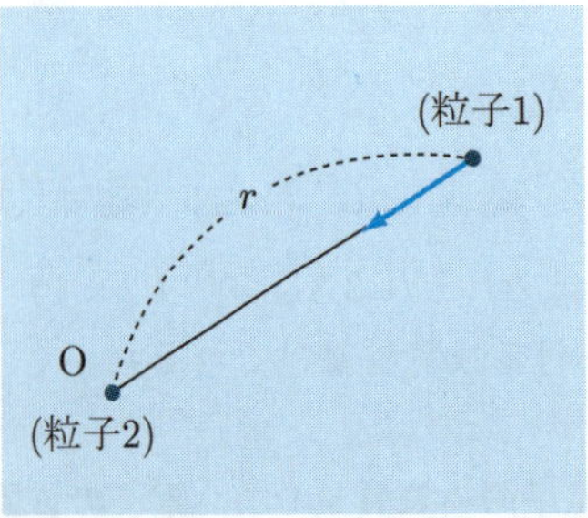

図 4.2 中心力

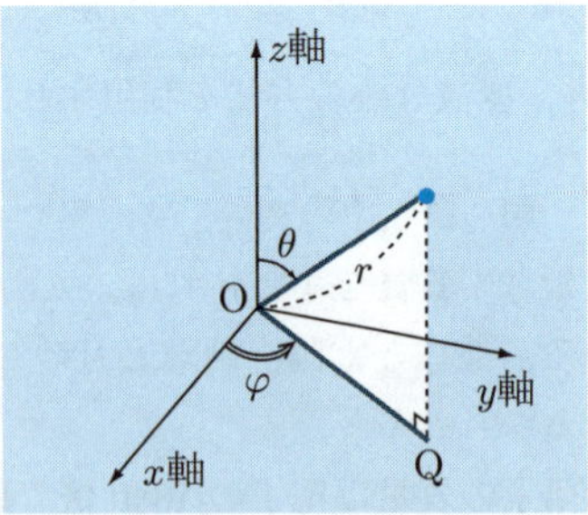

図 4.3 極座標

例題 2 **ラプラシアンの変換**

空間中の 1 点を表す直交座標 x, y, z を $x = x(s_1, s_2, s_3)$, $y = y(s_1, s_2, s_3)$, $z = z(s_1, s_2, s_3)$ と表したとする．$(ds)^2 = (dx)^2 + (dy)^2 + (dz)^2 = {g_1}^2(ds_1)^2 + {g_2}^2(ds_2)^2 + {g_3}^2(ds_3)^2$ が成立するとき s_1, s_2, s_3 を**直交曲線座標**という．直交曲線座標系で次の等式が成り立つことを示せ．

$$\Delta\psi = \frac{1}{g_1g_2g_3}\left[\frac{\partial}{\partial s_1}\left(\frac{g_2g_3}{g_1}\frac{\partial\psi}{\partial s_1}\right) + \frac{\partial}{\partial s_2}\left(\frac{g_3g_1}{g_2}\frac{\partial\psi}{\partial s_2}\right) + \frac{\partial}{\partial s_3}\left(\frac{g_1g_2}{g_3}\frac{\partial\psi}{\partial s_3}\right)\right]$$

解答 次のガウスの定理（問題 2.2）を利用する．

$$\int_\Omega \mathrm{div}\boldsymbol{A}dV = \int_\Sigma \boldsymbol{A}\cdot\boldsymbol{n}dS = \int_\Sigma A_n dS \qquad (1)$$

ここで Σ は空間中の閉曲面，Ω はその中の領域，$\boldsymbol{n}$ は閉曲線面の内側から外へ向く法線方向の単位ベクトルを表し，また発散 $\mathrm{div}\boldsymbol{A}$ は

$$\mathrm{div}\boldsymbol{A} = \frac{\partial A_x}{\partial x} + \frac{\partial A_y}{\partial y} + \frac{\partial A_z}{\partial z} \qquad (2)$$

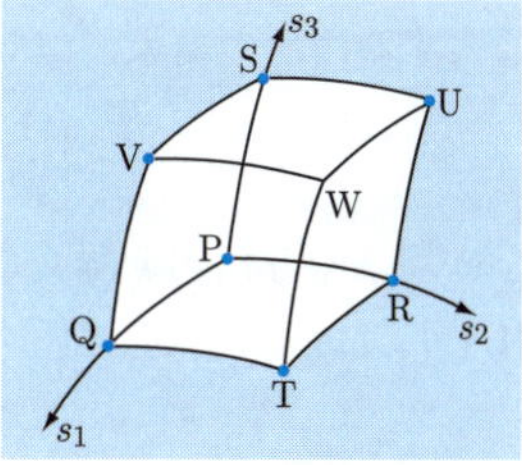

図 4.4　直交曲線座標系

と定義される．図 4.4 に示したような立体 PQRSTUVW にガウスの定理を適用する．(1) の左辺で $\mathrm{div}\boldsymbol{A}$ は Ω 内でほぼ一定とみなせば，(1) の左辺は $\mathrm{div}\boldsymbol{A}g_1g_2g_3ds_1ds_2ds_3$ となる（ただし，$g_1, g_2, g_3 > 0$ とする）．(1) の右辺の面積積分を求める際，図 4.4 で対面関係の 2 面をペアとする．例えば面 PRUS からの寄与は外向きの法線方向が s_1 軸の負方向であることに注意し $-g_2g_3A_1ds_2ds_3$ である．面 QTWV の寄与を求めるため，この式の符号を逆転し s_1 を $s_1 + ds_1$ とおく．ds_1 の 1 次までを考慮すると両者を加え

$$ds_1ds_2ds_3\partial(g_2g_3A_1)/\partial s_1$$

となる．他の面積積分も同様に処理し次式が導かれる．

$$\mathrm{div}\boldsymbol{A} = \frac{1}{g_1g_2g_3}\left(\frac{\partial(g_2g_3A_1)}{\partial s_1} + \frac{\partial(g_3g_1A_2)}{\partial s_2} + \frac{\partial(g_1g_2A_3)}{\partial s_3}\right)$$

$\boldsymbol{A} = \nabla\psi$ のとき，(2) は $\mathrm{div}\boldsymbol{A} = \Delta\psi$ に等しく，また $A_i = \partial\psi/g_i\partial s_i$ が成り立つので（$i = 1, 2, 3$，問題 2.3），与式が得られる．

問 題

2.1 U が r だけの関数のとき力は中心力であることを示せ．

2.2 ガウスの定理を導け．

2.3 $\boldsymbol{A}$ が $\boldsymbol{A} = \nabla\psi$ と与えられるとき，$A_i = \partial\psi/g_i\partial s_i$ の関係が成り立つことを証明せよ．

4.3 球面調和関数

• 動径方向と角度方向の分離 • 極座標では，r, θ, φ を s_1, s_2, s_3 にとると

$$g_1 = 1, \quad g_2 = r, \quad g_3 = r\sin\theta \tag{4.9}$$

となる（問題 3.1）．(4.9) を例題 2 の結果に代入すると (4.8) が導かれる．記号を簡単にするため，θ, φ だけを含む次の演算子，すなわち角度方向に依存する演算子

$$\Lambda = \frac{1}{\sin\theta}\frac{\partial}{\partial\theta}\left(\sin\theta\frac{\partial}{\partial\theta}\right) + \frac{1}{\sin^2\theta}\frac{\partial^2}{\partial\varphi^2} \tag{4.10}$$

を導入する．その結果，(4.5) のシュレーディンガー方程式は

$$-\frac{\hbar^2}{2\mu}\left[\frac{1}{r^2}\frac{\partial}{\partial r}\left(r^2\frac{\partial\psi}{\partial r}\right) + \frac{1}{r^2}\Lambda\psi\right] + U(r)\psi = E\psi \tag{4.11}$$

となる．この方程式を解くため，変数分離の方法を利用し，$\psi = R(r)Y(\theta, \varphi)$ とおく．これを (4.11) に代入し

$$\Lambda Y = -\lambda Y \tag{4.12}$$

と仮定すれば，R に対する方程式は次式のようになる．

$$-\frac{\hbar^2}{2\mu}\left[\frac{1}{r^2}\frac{d}{dr}\left(r^2\frac{dR}{dr}\right) - \frac{\lambda}{r^2}R\right] + U(r)R = ER \tag{4.13}$$

• 球面調和関数 • (4.12) は Y が演算子 Λ の固有関数であることを意味するが，これはすべての中心力に共通する．Y は 2 つのパラメーター l, m に依存しそれぞれ

$$l = 0, 1, 2, \cdots, \quad m = 0, \pm 1, \pm 2, \cdots, \pm l \tag{4.14}$$

という値をとる．Y を Y_{lm} と書き，これを**球面調和関数**という．固有値 λ は

$$\lambda = l(l+1) \tag{4.15}$$

と書ける．第 5 章で示すように，l は角運動量の大きさと関連しこれを**方位量子数**という．また，m は磁場が印加されたときエネルギー準位の分裂を表すため，これを**磁気量子数**という．普通 Y_{lm} という関数は

$$\int d\Omega Y_{lm}{}^* Y_{l'm'} = \delta_{ll'}\delta_{mm'}, \qquad \int d\Omega = \int_0^{2\pi} d\varphi \int_0^{\pi} \sin\theta d\theta \tag{4.16}$$

の規格直交性を満たすとする．ただし，$d\Omega$ は全立体角に対する積分を意味している．$(l = m = 0)$, $(l = 1,\ m = 0,\ \pm 1)$ の Y_{lm} を以下に示す．

$$Y_{00} = \frac{1}{\sqrt{4\pi}} \tag{4.17}$$

$$Y_{1,-1} = \sqrt{\frac{3}{8\pi}}\sin\theta e^{-i\varphi}, \quad Y_{1,0} = \sqrt{\frac{3}{4\pi}}\cos\theta, \quad Y_{1,1} = \sqrt{\frac{3}{8\pi}}\sin\theta e^{i\varphi} \tag{4.18}$$

例題 3 **Y に対する変数分離**

(4.12) で Y に再び変数分離の方法を適用し $Y(\theta,\varphi)=\Theta(\theta)\Phi(\varphi)$ と書けるとする．$\Phi(\varphi)$ に対する方程式を解き，$\Theta(\theta)$ に対する式を導け．

解答 (4.10), (4.12) により Y は

$$\frac{1}{\sin\theta}\frac{\partial}{\partial\theta}\left(\sin\theta\frac{\partial Y}{\partial\theta}\right)+\lambda Y+\frac{1}{\sin^2\theta}\frac{\partial^2 Y}{\partial\varphi^2}=0 \tag{1}$$

を満たす．Φ が

$$\frac{d^2\Phi}{d\varphi^2}=-\nu\Phi \tag{2}$$

の解であるとすれば，Θ に対する方程式は (1) により

$$\frac{1}{\sin\theta}\frac{d}{d\theta}\left(\sin\theta\frac{d\Theta}{d\theta}\right)+\left(\lambda-\frac{\nu}{\sin^2\theta}\right)\Theta=0 \tag{3}$$

となる．(2) の解は，任意定数を除き $\Phi=\exp(\pm i\sqrt{\nu}\,\varphi)$ と書ける．極座標の定義から，r, θ を固定しておき，φ を 2π だけ増加させると，空間中の同じ点を記述する．したがって，$\Phi(\varphi+2\pi)=\Phi(\varphi)$ の関係が成立し，これから $\exp(\pm 2\pi i\sqrt{\nu})=1$ となる．すなわち $\sqrt{\nu}=0,1,2,3,\cdots$ で，Φ は

$$\Phi=e^{im\varphi}\quad(m=0,\pm1,\pm2,\cdots) \tag{4}$$

で与えられる．また，$m=\pm\sqrt{\nu}\quad\therefore\nu=m^2$ で Θ に対する式は次のようになる．

$$\frac{1}{\sin\theta}\frac{d}{d\theta}\left(\sin\theta\frac{d\Theta}{d\theta}\right)+\left(\lambda-\frac{m^2}{\sin^2\theta}\right)\Theta=0 \tag{5}$$

問　題

3.1 極座標が直交曲線座標であることを図で示し，この場合の g_1, g_2, g_3 を計算して (4.9) を確かめよ．

3.2 (4.17), (4.18) に示した数例の調和関数の場合，(4.16) に示した規格直交性が実際に満たされていることを証明せよ．

3.3 例題 3 の (5) で導かれた Θ に対する微分方程式は

$$x=\cos\theta$$

という変数を使うと次のように変換されることを示せ．

$$\frac{d}{dx}\left[(1-x^2)\frac{d\Theta}{dx}\right]+\left(\lambda-\frac{m^2}{1-x^2}\right)\Theta=0$$

3.4 $\Theta=(1-x^2)^{m/2}y$ とおく．y に対する次の方程式を導け．

$$(1-x^2)\frac{d^2y}{dx^2}-2(m+1)x\frac{dy}{dx}+[\lambda-m(m+1)]y=0$$

例題 4 **y に対するべき級数展開**

Θ に対する方程式［例題 3 の (5)］は m^2 を含むから $m \geq 0$ と仮定し，$m < 0$ のときには m の絶対値をとり $|m|$ とすればよい．以下 $m \geq 0$ とし，問題 3.4 の y を

$$y = \sum_{n=0}^{\infty} a_n x^n \tag{1}$$

と x のべき級数で表したとする．次の問に答えよ．

(a) a_n に対する漸化式を導け．

(b) 無限級数の場合 $x \to \pm 1$ で Θ が発散することを示せ．

(c) (1) が有限級数であるという条件から固有値 λ を求めよ．

解答 (a) (1) を問題 3.4 の式に代入すると

$$\sum (1-x^2) n(n-1) a_n x^{n-2} - 2(m+1) x \sum n a_n x^{n-1}$$
$$+ [\lambda - m(m+1)] \sum a_n x^n = 0$$

となり，x^n の係数を 0 とおき

$$(n+1)(n+2) a_{n+2} + [\lambda - m(m+1) - 2n(m+1) - n(n-1)] a_n = 0$$

が得られる．ここで

$$\begin{aligned} m(m+1) + 2n(m+1) + n(n-1) &= m^2 + m + 2nm + n^2 + n \\ &= m(m+1+n) + n(m+1+n) \end{aligned}$$

の関係に注意すると

$$a_{n+2} = \frac{(m+n)(m+1+n) - \lambda}{(n+1)(n+2)} a_n \tag{2}$$

と表される．もし λ が $(m+n)(m+1+n)$ という形であれば $a_{n+2} = a_{n+4} = \cdots = 0$ となり (1) は多項式となる．

(b) 無限級数になる場合，$n \to \infty$ の極限で (2) から a_n は

$$a_n \sim c \frac{(m+n-1)!}{n!} \tag{3}$$

の程度であることがわかる．したがって，もし偶数べきだけが無限に続くとすれば

$$y \sim c(m-1)! \left[1 + \frac{m(m+1)}{2!} x^2 + \frac{m(m+1)(m+2)(m+3)}{4!} x^4 + \cdots \right]$$

が得られる．この級数を求めるため次の公式

$$(1-x)^{-m} = 1 + mx + \frac{m(m+1)}{2!} x^2 + \cdots + \frac{m(m+1)\cdots(m+n-1)}{n!} x^n + \cdots$$

に注目する．上の両式から

$$y \sim c(m-1)! \frac{1}{2} [(1-x)^{-m} + (1+x)^{-m}]$$

と書ける．θ 方向の解 Θ は問題 3.4 により

$$\Theta = (1-x^2)^{m/2} y \tag{4}$$

と表されるから，$m \geq 1$ であれば，$x \to \pm 1$ で Θ は ∞ となる．よってこの場合を除外しなければならない．以上，偶数べきが無限に続くとしたが，奇数べきが無限に続く場合も同様に除外する必要がある（問題 4.1）．

以上，$m \geq 1$ と仮定してきたが，$m = 0$ の場合には異なった方法を用いる．(3) の評価をそのまま使うと

$$a_n \sim c\frac{1}{n} \tag{5}$$

と書け，$n = 0$ で a_0 は ∞ になるように思える．しかし，これは評価の粗いためで $n = 0$ で (5) が使えないことを意味する．実際は，級数の発散を決めるのは n の大きい項であるから，例えば偶数べきが続くとし (5) で $n = 2, 4, 6, \cdots$ の項をとると

$$y \sim c\left(\frac{x^2}{2} + \frac{x^4}{4} + \frac{x^6}{6} + \cdots\right)$$

となる．ここで

$$\ln(1+x) = x - \frac{x^2}{2} + \frac{x^3}{3} - \frac{x^4}{4} + \cdots$$

の公式を使うと，次のようになり，やはり Θ は $x \to \pm 1$ で ∞ になってしまう．

$$y \sim -\frac{c}{2}[\ln(1-x) + \ln(1+x)]$$

奇数べきが続く場合も同様である（問題 4.2）．

(c)　λ は (1) が多項式であるという条件から決まる．$l = m + n$ とおけば

$$\lambda = l(l+1) \tag{6}$$

と書ける．$n = 0, 1, 2, \cdots$ と変わり得るので，l は

$$l = m,\ m+1,\ m+2,\ \cdots$$

で与えられる．

問　題

4.1　(1) の級数展開で奇数べきが無限に続く場合を除外しなければならないことを証明せよ．

4.2　$m = 0$ の場合，奇数べきが無限に続くとしたらどんな事態が生じるか．

4.3　(6) において l のとり得る値は $l = 0, 1, 2, 3, \cdots$ であることを示せ．

4.4　m が正負の値をとる一般の場合，l を固定すれば m のとり得る値は $m = 0, \pm 1, \pm 2, \cdots, \pm l$ の $(2l+1)$ 個であることを示せ．

4.4 ルジャンドル多項式

• ルジャンドルの微分方程式 • 問題 3.4（p.47）で論じた式で $m = 0,\ \lambda = l(l+1)$ とおいた次の

$$(1-x^2)\frac{d^2y}{dx^2} - 2x\frac{dy}{dx} + l(l+1)y = 0 \tag{4.19}$$

をルジャンドルの微分方程式という．また，この解で x の l 次の多項式をルジャンドル多項式という．この多項式は次式で与えられる（例題 5）．

$$P_l(x) = \frac{1}{2^l l!}\frac{d^l}{dx^l}(x^2-1)^l \tag{4.20}$$

• ルジャンドル多項式の例 • 具体的に (4.20) で $l = 0, 1, 2$ とおくと

$$P_0(x) = 1, \quad P_1(x) = x, \quad P_2(x) = \frac{1}{2}(3x^2-1)$$

が得られる（問題 5.1）．

• ルジャンドル多項式の直交性 • ルジャンドル多項式は $-1 \leq x \leq 1$ の区間で直交し

$$\int_{-1}^{1} P_l(x)P_m(x)dx = 0 \quad (l \neq m) \tag{4.21}$$

が成り立つ．また次式のようになる（問題 5.2）．

$$\int_{-1}^{1} [P_l(x)]^2 dx = \frac{2}{2l+1} \tag{4.22}$$

• ルジャンドルの陪関数 • m を 0 あるいは正の整数として

$$P_l{}^m(x) = (1-x^2)^{m/2}\frac{d^m P_l(x)}{dx^m} \tag{4.23}$$

で定義される関数をルジャンドルの陪関数という．ルジャンドル多項式 P_l は (4.19) を満たすので微分をダッシュで表せば $(1-x^2)P_l'' - 2xP_l' + l(l+1)P_l = 0$ が成り立つ．これを x に関して m 回微分すると次式が得られる（問題 5.3）．

$$(1-x^2)P_l{}^{(m+2)} - 2(m+1)xP_l{}^{(m+1)} + [l(l+1) - m(m+1)]P_l{}^{(m)} = 0$$

上記の方程式は問題 3.4（p.47）で得られた結果で $\lambda = l(l+1),\ y \propto P_l{}^{(m)}$ とおいたものと一致する．このため $\Theta(x) = AP_l{}^m(x)$ と書け，A は規格化の条件から決められる．その結果，球面調和関数は $m < 0$ の場合も含め

$$Y_{lm}(\theta, \varphi) = \sqrt{\frac{2l+1}{4\pi}\frac{(l-|m|)!}{(l+|m|)!}}\,P_l{}^{|m|}(\cos\theta)e^{im\varphi} \tag{4.24}$$

と書ける（問題 6.2）．

例題 5　**ルジャンドルの微分方程式とルジャンドル多項式**

(4.20) で定義されるルジャンドル多項式が実際 (4.19) のルジャンドルの微分方程式の解であることを証明せよ．

解答　$u = (x^2-1)^l$ とおく．両辺の対数をとると $\ln u = l\ln(x^2-1)$ で，これを x で微分すれば $u'/u = 2lx/(x^2-1)$ となる．これから

$$u'(x^2-1) = 2lxu \tag{1}$$

が得られる．微分に関する次の公式

$$\frac{d^n}{dx^n}(uv) = u^{(n)}v + \binom{n}{1}u^{(n-1)}v' + \binom{n}{2}u^{(n-2)}v'' + \cdots$$

に注意しよう．ただし，$u^{(n)} = d^n u/dx^n$ といった記号を使った．(1) を x に関して $(l+1)$ 回微分すると

$$\begin{aligned} &u^{(l+2)}(x^2-1) + \binom{l+1}{1}u^{(l+1)}(2x) + \binom{l+1}{2}u^{(l)}\cdot 2 \\ &= 2l\left[u^{(l+1)}x + \binom{l+1}{1}u^{(l)}\right] \end{aligned}$$

となる．次の関係

$$\binom{l+1}{1} = l+1, \quad \binom{l+1}{2} = \frac{(l+1)l}{2}$$

を利用すると

$$(1-x^2)u^{(l+2)} - 2xu^{(l+1)} + l(l+1)u^{(l)} = 0 \tag{2}$$

が導かれる．適当な定数 c により (4.20) の P_l は $u^{(l)} = cP_l$ と書けるので，上の (2) と (4.19) と比べ，P_l がルジャンドルの微分方程式の解であることがわかる．

問　題

5.1　(4.20) の定義式で $l = 0, 1, 2$ とおいて，$P_0(x)$, $P_1(x)$, $P_2(x)$ の具体的な形を計算せよ．

5.2　ルジャンドルの微分方程式が

$$\frac{d}{dx}[(1-x^2)P_l'] + l(l+1)P_l = 0$$

と書けることを利用し，(4.21) の直交性を証明せよ．また，P_l が実際 x の l 次の多項式であることを示し，x^l の係数を求めて，(4.22) の積分に対する結果を導出せよ．

5.3　ルジャンドル多項式を x に関して m 回微分したものを $P_l{}^{(m)}$ と書く．$P_l{}^{(m)}$ が満たすべき微分方程式を導け．

例題 6 **ルジャンドル陪関数の積分**

$m \geq 0$ とし，(4.23) のルジャンドル陪関数に関する次の結果を証明せよ．

$$\int_{-1}^{1} P_l{}^m(x) P_n^m(x) dx = \frac{2}{2l+1} \frac{(l+m)!}{(l-m)!} \delta_{ln}$$

解答 l, n を固定し上式左辺を m の関数と考えてこれを $I(m)$ とおく．(4.23) を代入すると

$$I(m) = \int_{-1}^{1} (1-x^2)^m \frac{d^m P_n}{dx^m} \frac{d^m P_l}{dx^m} dx \tag{1}$$

となる．部分積分を適用すると次のように書ける．

$$I(m) = \left[(1-x^2)^m \frac{d^{m-1} P_n}{dx^{m-1}} \frac{d^m P_l}{dx^m}\right]_{-1}^{1} - \int_{-1}^{1} \frac{d^{m-1} P_n}{dx^{m-1}} \frac{d}{dx}\left[(1-x^2)^m \frac{d^m P_l}{dx^m}\right] dx \tag{2}$$

(2) 右辺の第 1 項は 0 となる．問題 5.3 で得られた結果で $m \to (m-1)$ とすると

$$(1-x^2) P_l{}^{(m+1)} - 2mx P_l{}^{(m)} + [l(l+1) - (m-1)m] P_l{}^{(m-1)} = 0$$

が得られる．上式中の［ ］内は

$$l^2 + l - m^2 + m = (l-m)(l+m) + (l+m) = (l+m)(l-m+1)$$

と変形され，よって

$$(1-x^2) P_l{}^{(m+1)} - 2mx P_l^{(m)} + (l+m)(l-m+1) P_l{}^{(m-1)} = 0$$

となる．これに $(1-x^2)^{m-1}$ を掛け，整理すると

$$\frac{d}{dx}[(1-x^2)^m P_l{}^{(m)}] = -(l+m)(l-m+1)(1-x^2)^{m-1} P_l{}^{(m-1)}$$

が成り立つ．このため (2) を使うと $I(m)$ は

$$\begin{aligned} I(m) &= (l+m)(l-m+1) \int_{-1}^{1} (1-x^2)^{m-1} \frac{d^{m-1} P_l}{dx^{m-1}} \frac{d^{m-1} P_n}{dx^{m-1}} dx \\ &= (l+m)(l-m+1) I(m-1) \end{aligned}$$

と表され，この漸化式を利用すれば与式が得られる (問題 6.1).

問 題

6.1 上記の漸化式を利用し，また (4.21), (4.22) の結果を用いて例題 6 の積分の公式を証明せよ．

6.2 球面調和関数が (4.24) のように表されることを示せ．

6.3 $l = m = 0$ の場合と $l = 1$ で $m = -1, 0, 1$ の場合を考慮することにより，(4.17), (4.18) の結果（p.46）を導け．

4.5 水素原子

● 動径方向の波動関数 ● (4.13)(p.46)の動径方向の波動関数 R に対する方程式で λ は $\lambda = l(l+1)$ と与えられるから同式は

$$-\frac{\hbar^2}{2\mu}\frac{1}{r^2}\frac{d}{dr}\left(r^2\frac{dR}{dr}\right) + \frac{\hbar^2}{2\mu}\frac{l(l+1)}{r^2}R + U(r)R = ER \tag{4.25}$$

と書ける．(4.25) からわかるように，本来のポテンシャル $U(r)$ に遠心力の効果を表す $(\hbar^2/2\mu)l(l+1)/r^2$ という項が付け加わる．

● 水素原子 ● 水素原子の場合，電子に働くポテンシャル $U(r) = -e^2/4\pi\varepsilon_0 r$ を (4.25) に代入し，方程式を簡単にするため $\rho = \alpha r$ の変数変換を行う．水素原子の束縛状態を考えるので $E = -|E|$ とおく．α を

$$\alpha = \frac{(8\mu|E|)^{1/2}}{\hbar} \tag{4.26}$$

と決めると R に対する次の結果が得られる（問題 7.1）．

$$\frac{d^2R}{d\rho^2} + \frac{2}{\rho}\frac{dR}{d\rho} + \left(\frac{\lambda}{\rho} - \frac{1}{4} - \frac{l(l+1)}{\rho^2}\right)R = 0 \tag{4.27}$$

ここで，λ は

$$|E| = \frac{e^2}{8\pi\varepsilon_0 a}\frac{\mu}{m}\frac{1}{\lambda^2} \tag{4.28}$$

と定義され，a は $a = 4\pi\varepsilon_0\hbar^2/me^2$ のボーア半径である．同じ λ という記号を用いたが，ここでの λ は 4.3 節の (4.12) での λ と異なる点に注意せよ．

● 水素原子のエネルギー準位 ● $R(r)$ が $r \to \infty$ で発散しないという条件から固有値 λ が決まる（例題 7）．λ は**全量子数**とよばれ

$$\lambda = 1, 2, 3, \cdots \tag{4.29}$$

という値をとる．λ は角度方向の波動関数（球面調和関数）と関係していて一般に

$$\lambda = l + n \quad (l = 0, 1, 2, \cdots,\ n = 1, 2, 3, \cdots) \tag{4.30}$$

となる．(4.28) によりエネルギー固有値は

$$E = -\frac{e^2}{8\pi\varepsilon_0 a}\frac{\mu}{m}\frac{1}{\lambda^2} \tag{4.31}$$

と表される．エネルギー準位は λ の値と l で指定されるが，$l = 0, 1, 2$ に対応して s, p, d といって記号を用い，例えば 2s というように書く．この記号は元来，分光学の分野で導入されたもので，一般には表 4.1 のように表す．

表 4.1 l の値とこれに対する記号

l	0	1	2	3	4	5	6	7
記号	s	p	d	f	g	h	i	k

例題 7 **動径方向の波動関数**

(4.27) の微分方程式で $R(\rho) = F(\rho)e^{-\rho/2}$ とおく．次の問に答えよ．

(a) $F(\rho)$ に対する微分方程式を導け．

(b) $\rho = 0$ が微分方程式の正則特異点であることに注目し $\rho = 0$ の近傍の解を論じよ．

(c) $\rho \to \infty$ での $R(\rho)$ の振る舞いを考察して λ を求めよ．

解答 (a) 微分を表すのにダッシュの記号を導入する．$R = Fe^{-\rho/2}$ から

$$\frac{dR}{d\rho} = \left(F' - \frac{F}{2}\right)e^{-\rho/2}$$

$$\frac{d^2R}{d\rho^2} = \left(F'' - F' + \frac{F}{4}\right)e^{-\rho/2}$$

となり，以上を (4.27) に代入すると次式が導かれる．

$$F'' + \left(\frac{2}{\rho} - 1\right)F' + \left(\frac{\lambda - 1}{\rho} - \frac{l(l+1)}{\rho^2}\right)F = 0 \tag{1}$$

(b) (1) の F'' の係数は 1 であるが，$\rho = 0$ の近傍で F' の係数は $1/\rho$ の程度，F の係数は $1/\rho^2$ の程度である．このような点を**正則特異点**という．微分方程式の解は正則特異点のまわりで単純なべき数にはならず，$\rho^s \times$（ρ のべき級数）と表されることが知られている．よって

$$\begin{aligned} F(\rho) &= \rho^s(a_0 + a_1\rho + a_2\rho^2 + \cdots) \qquad (a_0 \neq 0) \\ &= \sum_{n=0}^{\infty} a_n\rho^{s+n} \end{aligned} \tag{2}$$

とおく．(2) から

$$F'(\rho) = \sum a_n(s+n)\rho^{s+n-1}, \quad F''(\rho) = \sum a_n(s+n)(s+n-1)\rho^{s+n-2}$$

となるので，(1) に代入すると

$$\begin{aligned} &\sum a_n(s+n)(s+n-1)\rho^{s+n-2} + 2\sum a_n(s+n)\rho^{s+n-2} \\ &- \sum a_n(s+n)\rho^{s+n-1} + (\lambda - 1)\sum a_n\rho^{s+n-1} - l(l+1)\sum a_n\rho^{s+n-2} = 0 \end{aligned}$$

が得られる．ρ^{s+n-2} の係数を 0 とおき

$$\begin{aligned} a_n(s+n)(s+n-1) &+ 2a_n(s+n) - a_{n-1}(s+n-1) \\ &+ (\lambda - 1)a_{n-1} - l(l+1)a_n = 0 \end{aligned} \tag{3}$$

が導かれる．上式で $n = 0$ とすれば，a_{-1} は元来の展開式に存在しないので $a_{-1} = 0$ とする．こうして $[s(s-1) + 2s - l(l+1)]a_0 = 0$ となる．$a_0 \neq 0$ と仮定しているので [ ] は 0 となり，これから s が決まる．すなわち $s^2 - s - l(l+1) = 0$ $\therefore (s+l+1)(s-l) = 0$ で s は l または $-(l+1)$ と求まる．後者では $F(\rho)$ が $\rho \to 0$ で発散するので除外する．すなわち s は $s = l$ と決定される．

(c) $s=l$ を (3) に代入すると

$$a_n[(l+n)(l+n-1)+2(l+n)-l(l+1)] = a_{n-1}(l+n-\lambda)$$

である．[ ] 内の量は $(l+n)(l+n+1)-l(l+1) = ln+n(l+1)+n^2 = n(2l+1+n)$ と変形される．よって

$$a_n = \frac{l+n-\lambda}{n(2l+1+n)}a_{n-1} \quad (n=1,2,3,\cdots) \tag{4}$$

が得られる．もし，$F(\rho)$ が無限級数になれば，n が十分大きいとき，(4) により

$$a_n \sim \frac{a_{n-1}}{n} \qquad \therefore\ a_n \sim \frac{1}{n!}$$

の程度となる．このため (2) から $F(\rho) \sim \rho^l e^\rho$ と書け，$R = Fe^{-\rho/2}$ により $R(\rho) \sim \rho^l e^{\rho/2}$ が得られる．この波動関数は $\rho \to \infty$ すなわち $r \to \infty$ で発散するので物理的に不合理である．したがって，$F(\rho)$ が無限級数になる場合を除外しなければならない．この事情は 1 次元調和振動子や球面調和関数のときと同様である．(4) を使うと $F(\rho)$ が有限級数になるのは $\lambda = l+n$ が成立するときである．$l = 0,1,2,\cdots$ でまた $n = 1,2,3,\cdots$ であるから，λ は

$$\lambda = 1,2,3,\cdots$$

といった値をとる．

問 題

7.1 水素原子の動径方向の波動関数に対する方程式で，$\rho = \alpha r$ とおき，α を $\alpha = (8\mu|E|)^{1/2}/\hbar$ で定義する．ρ は無次元な量であることを示し，(4.27) の方程式を導け．

7.2 (4.31) を前期量子論で得られた結果と比較せよ．

7.3 (4.31) では陽子・電子間の相対運動を考慮し m の代わりに換算質量 μ を用いている．陽子の質量を無限大にとったときのリュードベリ定数を R_∞，換算質量を用いたときのリュードベリ定数を R_H とする．R_H は R_∞ の何倍となるか．

7.4 水素原子の波動関数は主量子数 λ，球面調和関数の l, m に依存する．(4.31) のエネルギー固有値は λ だけに依存するから縮退が存在する．さらに，第 6 章で示すように，電子にはスピンという内部自由度があり，スピンが上を向くか，下を向くかの 2 つの可能性がある．このようなスピンの効果を考慮し，主量子数 λ の状態の縮退度は $2\lambda^2$ であることを示せ．

7.5 主量子数が 4 の場合にはどのような状態が可能か．各状態を表す表 4.1 のような記号を用いてこれらの状態を列記せよ．また，問題 7.4 で計算した縮退度を確認せよ．

イギリスの超大国ぶり

19 世紀の物理学者は，ニュートンの力学とマクスウェルの電磁気学ですべての物理現象が説明できると信じていた．この 2 つを現在では**古典物理学**とよんでいる．ニュートン (1642-1727) もマクスウェル (1831-1879) もイギリスの物理学者で，両人は物理学史上の巨人であるが，彼らの偉大な業績は 17 世紀から 19 世紀にかけてのイギリスの超大国ぶりを反映しているといえるだろう．

ニュートンがニュートン力学の基礎ともいうべきプリンキピアを発刊したのは 1687 年である．それから約 180 年後，1864 年にマクスウェルは電磁気学の基礎方程式を提唱した．この方程式から真空中の電場や磁場は光速をもって波の形で空間中を伝わることが理論的に予想される．この波は電磁波とよばれるが，電磁波は当時の物理学としては革新的なものであった．ただし，革新的な考えがすぐに世の中に受け入れられるとは限らない．電磁波の存在は 1888 年，ドイツの物理学者ヘルツ (1857-1894) により実験的に検証されマクスウェル方程式が信頼されるにいたった．マクスウェルはガンのため 48 歳という若さで亡くなったが，せめて 60 歳まで長生きしていれば電磁波の実証に遭遇できた．皮肉なことに，ヘルツは電磁波の実証と同時に，その実験中，光電効果のはしりともいうべき現象を発見した．第 1 章で学んだように光電効果は光の波動説を否定するという結果になった．

1960 年代にイギリスで BBC のような国営放送を利用して高等教育を行うという考えが出され，それは公開大学 (Open University) の実現という結実をもたらした．日本でも公開大学をモデルにした放送大学が発足し，1989 年に第 1 回の卒業生が誕生している．現在では放送大学に大学院も設置され，それは生涯教育の中核としての機能をもっている．著者は 1991 年に東京大学を定年退職後，放送大学に移り，1995 年から 4 年間副学長を務めた．当時の放送大学の重要目標は全国化で 1 つは電波を全国津々浦々に送ること，もう 1 つは各都道府県に最低 1 カ所の学習センターを設置することであった．全国化は現在実現されているが，学習センターは通常の大学のキャンパスに相当するもので，科目の試験，自然科学の実験，面接授業，学生相談，サークル活動などは学習センターで実施されている．

1997 年に先輩格である公開大学を訪問する機会に恵まれた．その本部はミルトン・ケインズ (Milton Keynes) というロンドンとバーミンガムのほぼ中間点にある．ちょうど訪問時に単位認定の試験が行われていた．放送大学では，全国いっせいに例えば「量子力学」の試験が実施され，その規模は大学入試センター試験に相当する．しかし，公開大学ではシンガポールや香港にも学生がいるため，時差を設けて試験をすると聞かされた．かつては 7 つの海を支配したイギリスである．英国領という領土は第二次大戦後少なくなったが，日本の放送大学では全国化が問題であるのに，本家の公開大学では全世界化が課題であることを知り彼我の差にびっくりしたのを覚えている．

5 角運動量

5.1 角運動量の定義

● 軌道角運動量 ●　点 O から見た粒子 P の位置ベクトルを $\boldsymbol{r}$，P の運動量を $\boldsymbol{p}$ とするとき

$$\boldsymbol{l} = \boldsymbol{r} \times \boldsymbol{p} \tag{5.1}$$

で定義される $\boldsymbol{l}$ を粒子が点 O のまわりにもつ角運動量という（図 5.1）．この定義は古典力学でも量子力学でも共通である．しかし，量子力学では粒子の内部自由度スピンのもつ角運動量と区別するため，(5.1) のような角運動量を**軌道角運動量**という．通常，1 個の粒子の角運動量は小文字の $\boldsymbol{l}$ で表す．何個かの粒子が存在するとき，個々の粒子の角運動量の和を**全角運動量**という．全角運動量を表すには大文字の $\boldsymbol{L}$ という記号を使う．

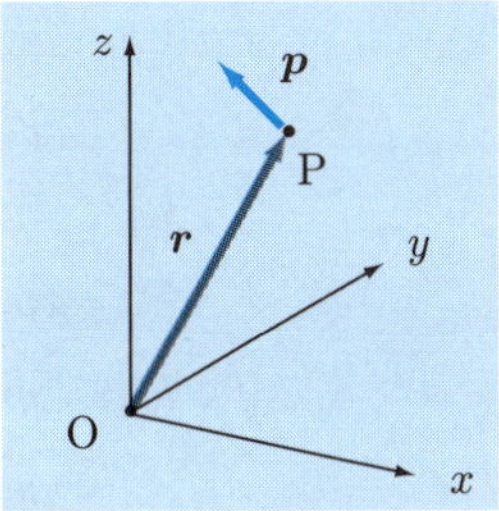

図 5.1　角運動量の定義

● 角運動量の交換関係 ●　(5.1) の成分をとると

$$l_x = yp_z - zp_y, \quad l_y = zp_x - xp_z, \quad l_z = xp_y - yp_x \tag{5.2}$$

と書ける．量子力学では座標と運動量とは必ずしも可換ではないため，角運動量の各成分も必ずしも可換とはならない．例題 1 で示すように次の交換関係が成り立つ．

$$[l_y,\ l_z] = i\hbar l_x, \quad [l_z,\ l_x] = i\hbar l_y, \quad [l_x,\ l_y] = i\hbar l_z \tag{5.3}$$

以上の 3 つの交換関係を次のように書くこともある．

$$\boldsymbol{l} \times \boldsymbol{l} = i\hbar \boldsymbol{l} \tag{5.4}$$

古典力学では (5.4) の左辺は 0 となるが，量子力学では必ずしも 0 にはならない点に量子力学的な特徴がある．なお，角運動量の各成分はエルミート演算子である．

● 角運動量の大きさの 2 乗 ●　角運動量の大きさの 2 乗 $\boldsymbol{l}^2$ は

$$\boldsymbol{l}^2 = {l_x}^2 + {l_y}^2 + {l_z}^2 \tag{5.5}$$

で定義される．$\boldsymbol{l}^2$ は l_x, l_y, l_z と可換で

$$[\boldsymbol{l}^2,\ l_x] = [\boldsymbol{l}^2,\ l_y] = [\boldsymbol{l}^2,\ l_z] = 0 \tag{5.6}$$

が成り立つ．このため，l_x と l_y とは同時に正確に測定できないが，l_x と $\boldsymbol{l}^2$ とは同時に正確に測定できる．全角運動量でも (5.4) と (5.6) と同様の関係が成り立つ．

例題 1 **角運動量の性質**

角運動量に関する次の問題に答えよ．

(a) $\boldsymbol{l}$ の各成分に対する交換関係を導け．

(b) $\boldsymbol{l}^2$ は l_x, l_y, l_z と可換であることを証明せよ．

解答 (a) 座標と運動量に対する交換関係は $[x,\ p_x]=[y,\ p_y]=[z,p_z]=i\hbar$ と表され，他の成分同士は可換である．角運動量の各成分の交換関係は

$$[l_y,\ l_z]=[zp_x-xp_z,\ xp_y-yp_x]=[zp_x,\ xp_y]+[xp_z,\ yp_x]$$
$$=zp_y[p_x,\ x]+yp_z[x,\ p_x]=i\hbar(yp_z-zp_y)=i\hbar l_x$$
$$[l_z,\ l_x]=[xp_y-yp_x,\ yp_y-zp_y]=[xp_y,\ yp_z]+[yp_x,\ zp_y]$$
$$=xp_z[p_y,\ y]+zp_x[y,\ p_y]=i\hbar(zp_x-xp_z)=i\hbar l_y$$
$$[l_x,\ l_y]=[yp_z-zp_y,\ zp_x-xp_z]=[yp_z,\ zp_x]+[zp_y,\ xp_z]$$
$$=yp_x[p_z,\ z]+xp_y[z,\ p_z]=i\hbar(xp_y-yp_x)=i\hbar l_z$$

となって，(5.3) が導かれる．

(b) $\boldsymbol{l}^2$ と l_x との交換関係は

$$[\boldsymbol{l}^2,\ l_x]=[{l_x}^2+{l_y}^2+{l_z}^2,\ l_x]=[{l_y}^2+{l_z}^2,\ l_x]$$
$$=l_y[l_y,\ l_x]+[l_y,\ l_x]l_y+l_z[l_z,\ l_x]+[l_z,\ l_x]l_z$$
$$=-i\hbar l_yl_z-i\hbar l_zl_y+i\hbar l_zl_y+i\hbar l_yl_z=0$$

となり，同様にして $\boldsymbol{l}^2$ は l_y, l_x と可換であることが示される．上と同様な計算を行えばこのことがわかる．しかし $(x,y,z)\to(y,z,x)\to(z,x,y)$ という変換を実行し，$\boldsymbol{l}^2$ が不変であることを利用しても同じ結果が得られる．なお，角運動量の各成分の交換関係も同じ変換で理解できる．

問題

1.1 角運動量の各成分はエルミート演算子であることを示せ．

1.2 (5.3) の交換関係の右辺には純虚数 i が現れる．それは何故であろうか，理由について考察せよ．

1.3 n 個の粒子があり，原点 O に関する個々の粒子の角運動量を，$\boldsymbol{l}_1,\boldsymbol{l}_2,\cdots,\boldsymbol{l}_n$ とする．全角運動量 $\boldsymbol{L}$ を $\boldsymbol{L}=\boldsymbol{l}_1+\boldsymbol{l}_2+\cdots+\boldsymbol{l}_n$ で定義したとし，次の事実を証明せよ．

(a) $\boldsymbol{L}$ の各成分は (5.3) と同じ交換関係を満足する．

(b) $\boldsymbol{L}^2$ は L_x, L_y, L_z と可換である．すなわち，(5.6) は小文字の l を大文字の L に置き換えても成立する．

5.2 電磁場中の荷電粒子

• 荷電粒子に働く力 • 前節で述べた角運動量の物理的な意味を調べるため，質量 μ，電荷 q の粒子が電磁場中を運動する場合を考える．ただし，磁気量子数 m と区別するため質量を μ と書く．また，時間 t に関する微分を $\dot{}$ で表す．例えば，粒子の位置ベクトルを $\boldsymbol{r}$ とすればその速度 $\boldsymbol{v}$ は $\boldsymbol{v} = \dot{\boldsymbol{r}}\ (= d\boldsymbol{r}/dt)$ と書ける．また，電場や磁場を表すのに国際単位系を用いる．粒子に働く力は電場による $q\boldsymbol{E}$ と磁場中の**ローレンツ力** $q(\boldsymbol{v} \times \boldsymbol{B})$ の和となる．ただし，$\boldsymbol{E}$ は電場の強さ，$\boldsymbol{B}$ は磁束密度を表す．すなわち，粒子に働く力は次のようになる．

$$\boldsymbol{F} = q\boldsymbol{E} + q(\boldsymbol{v} \times \boldsymbol{B}) \tag{5.7}$$

• 粒子のハミルトニアン • 粒子に対するニュートンの運動方程式は

$$\mu\ddot{\boldsymbol{r}} = q\boldsymbol{E} + q(\boldsymbol{v} \times \boldsymbol{B}) \tag{5.8}$$

と書ける．電磁場はスカラーポテンシャル ϕ，ベクトルポテンシャル $\boldsymbol{A}$ で記述されるとし，次の関係が成り立つとする．

$$\boldsymbol{E} = -\nabla\phi - \frac{\partial \boldsymbol{A}}{\partial t}, \quad \boldsymbol{B} = \mathrm{rot}\,\boldsymbol{A} \tag{5.9}$$

(5.8) の運動方程式が求まるようにラグランジアンを導入し解析力学の手法によりハミルトニアン H が得られる（例題 2）．その結果，H は次のように書ける．

$$H = \frac{1}{2\mu}(\boldsymbol{p} - q\boldsymbol{A})^2 + q\phi \tag{5.10}$$

• 一様な磁場中の電子 • z 方向に一様な磁束密度 B があるとし $\boldsymbol{B} = (0, 0, B)$ とする．例えば

$$A_x = -\frac{1}{2}By, \quad A_y = \frac{1}{2}Bx, \quad B_z = 0 \tag{5.11}$$

とおけばいまの $\boldsymbol{B}$ が求まる（問題 2.1）．(5.11) を (5.10) に代入し $q = -e$ とすれば

$$H = \frac{{p_x}^2 + {p_y}^2 + {p_z}^2}{2\mu} - e\phi + \frac{eB}{2\mu}l_z + \frac{e^2B^2}{8\mu}(x^2 + y^2) \tag{5.12}$$

が得られる（問題 2.2）．B は十分小さいとして B^2 の項を無視する．一般に，磁束密度 $\boldsymbol{B}$ の磁場中に磁気モーメント $\boldsymbol{\mu}$ があると

$$-\boldsymbol{\mu} \cdot \boldsymbol{B} \tag{5.13}$$

のエネルギーが発生する．$\boldsymbol{B}$ は z 方向を向くとしたから (5.12), (5.13) を比べ $\mu_z = -el_z/2\mu$ であることがわかる．これを一般化すれば $\boldsymbol{l}$ に伴い次の $\boldsymbol{\mu}$ が生じる．

$$\boldsymbol{\mu} = -\frac{e\boldsymbol{l}}{2\mu} \tag{5.14}$$

例題 2 **電磁場中の荷電粒子に対するハミルトニアン**

電磁場中を運動する荷電粒子に対するハミルトニアンを求めよ．

解答 粒子の運動方程式 (5.8) の例えば x 成分をとり (5.9) を代入すれば

$$\mu\ddot{x} = -q\frac{\partial\phi}{\partial x} - q\frac{\partial A_x}{\partial t} + q\left[\dot{y}\left(\frac{\partial A_y}{\partial x} - \frac{\partial A_x}{\partial y}\right) - \dot{z}\left(\frac{\partial A_x}{\partial z} - \frac{\partial A_z}{\partial x}\right)\right] \tag{1}$$

が得られ，y, z 成分に対しても同様な方程式となる．ここでラグランジアンとして

$$L = \frac{\mu}{2}(\dot{x}^2 + \dot{y}^2 + \dot{z}^2) - q\phi + q(\dot{x}A_x + \dot{y}A_y + \dot{z}A_z) \tag{2}$$

とすればラグランジュの運動方程式

$$\frac{d}{dt}\left(\frac{\partial L}{\partial \dot{x}}\right) - \frac{\partial L}{\partial x} = 0 \tag{3}$$

は (1) と同じになる．実際，(2) を使うと (3) の左辺は

$$\mu\ddot{x} + q\frac{dA_x}{dt} + q\frac{\partial\phi}{\partial x} - q\left(\dot{x}\frac{\partial A_x}{\partial x} + \dot{y}\frac{\partial A_y}{\partial x} + \dot{z}\frac{\partial A_z}{\partial x}\right) \tag{4}$$

と書ける．A_x は x, y, z, t の関数であるから (4) は

$$\mu\ddot{x} + q\left(\frac{\partial A_x}{\partial t} + \frac{\partial A_x}{\partial x}\dot{x} + \frac{\partial A_x}{\partial y}\dot{y} + \frac{\partial A_x}{\partial z}\dot{z}\right) + q\frac{\partial\phi}{\partial x} - q\left(\dot{x}\frac{\partial A_x}{\partial x} + \dot{y}\frac{\partial A_y}{\partial x} + \dot{z}\frac{\partial A_z}{\partial x}\right)$$

となり，上式を 0 とおいた結果は (1) と一致する．y, z 成分についても同様である．x に共役な運動量 p_x は解析力学の一般論により

$$p_x = \frac{\partial L}{\partial \dot{x}} = \mu\dot{x} + qA_x$$

と表される．y, z 成分も同様でベクトル記号を使うと

$$\boldsymbol{p} = \mu\dot{\boldsymbol{r}} + q\boldsymbol{A} \qquad \therefore \quad \boldsymbol{p} = \mu\boldsymbol{v} + q\boldsymbol{A} \tag{5}$$

と書ける．すなわち，粒子の運動量は $\mu\boldsymbol{v}$ の他に電磁場による影響が付け加わる．系のハミルトニアン H は

$$H = \dot{x}p_x + \dot{y}p_y + \dot{z}p_z - L$$

で与えられる．あるいはベクトル記号で書くと，上式は

$$H = \boldsymbol{v}\cdot\boldsymbol{p} - L \tag{6}$$

と表される．ベクトルで記述すると (2) は

$$L = \frac{\mu}{2}\boldsymbol{v}^2 - q\phi + q\boldsymbol{v}\cdot\boldsymbol{A}$$

となる．また (5) により

$$\boldsymbol{v} = \frac{1}{\mu}(\boldsymbol{p} - q\boldsymbol{A}) \tag{7}$$

が成り立つ．したがって，ハミルトニアンは

$$\begin{aligned}H &= \boldsymbol{v}\cdot\boldsymbol{p}-L\\ &= \frac{1}{\mu}(\boldsymbol{p}-q\boldsymbol{A})\cdot\boldsymbol{p}-\frac{\mu}{2\mu^2}(\boldsymbol{p}-q\boldsymbol{A})^2+q\phi-q\frac{1}{\mu}(\boldsymbol{p}-q\boldsymbol{A})\cdot\boldsymbol{A}\\ &= \frac{1}{2\mu}(\boldsymbol{p}-q\boldsymbol{A})^2+q\phi \qquad (8)\end{aligned}$$

と表され，(5.10) が導かれる．(8) の結果は通常のハミルトニアンの式で運動量が

$$\boldsymbol{p}\to\boldsymbol{p}-q\boldsymbol{A}$$

に変わったと思ってもよいし

$$H=\frac{\boldsymbol{v}^2}{2}\mu+e\phi$$

の $\boldsymbol{v}$ に (7) を代入したものと思ってもよい．

問　題

2.1　ベクトルポテンシャル

$$A_x=-\frac{1}{2}By,\quad A_y=\frac{1}{2}Bx,\quad A_z=0\quad (B\text{ は定数})$$

から導かれる磁束密度は次のように書けることを示せ．

$$\boldsymbol{B}=(0,0,B)$$

2.2　ベクトルポテンシャルが問題 2.1 のように書け，電子を考えるとし $q=-e$ とおく．この場合のハミルトニアンは

$$H=\frac{1}{2\mu}\left[\left(p_x-\frac{eB}{2}y\right)^2+\left(p_y+\frac{eB}{2}x\right)^2+{p_z}^2\right]-e\varphi$$

と表される．以上のハミルトニアンを計算し，その結果が (5.12) のようになることを確かめよ．

2.3　一様な磁束密度の中にある水素原子の場合，B が小さいとして体系を表すハミルトニアンを求めよ．

2.4　電磁気学では磁気モーメントを次のように考えることがある．接近する 2 つの点磁荷があるとし磁気量 $-q_{\mathrm{m}}$ の点磁荷から磁気量 q_{m} の点磁荷に向かう位置ベクトルを $\boldsymbol{\delta}$ とする．このとき

$$\boldsymbol{\mu}'=q_{\mathrm{m}}\boldsymbol{\delta}$$

で磁気モーメント $\boldsymbol{\mu}'$ を定義する．この $\boldsymbol{\mu}'$ と (5.13) で述べた磁気モーメント $\boldsymbol{\mu}$ との関係について論じよ．

5.3　極座標による表示

● 軌道角運動量の各成分と $\boldsymbol{l}^2$ の極座標による表示 ●　極座標では次のようになる．

$$l_x = i\hbar\left(\sin\varphi\frac{\partial}{\partial\theta} + \cot\theta\cos\varphi\frac{\partial}{\partial\varphi}\right) \tag{5.15}$$

$$l_y = i\hbar\left(-\cos\varphi\frac{\partial}{\partial\theta} + \cot\theta\sin\varphi\frac{\partial}{\partial\varphi}\right) \tag{5.16}$$

$$l_z = \frac{\hbar}{i}\frac{\partial}{\partial\varphi} \tag{5.17}$$

$$\boldsymbol{l}^2 = {l_x}^2 + {l_y}^2 + {l_z}^2 = -\hbar^2\Lambda \tag{5.18}$$

Λ は (4.10)（p.46）で定義される．

● 中心力の場合 ●　中心力のとき波動関数 ψ は

$$\psi = R(r)Y_{lm}(\theta,\varphi), \quad Y_{lm}(\theta,\varphi) = \Theta(\theta)e^{im\varphi} \tag{5.19}$$

と書ける．したがって

$$l_z\psi = m\hbar\psi \tag{5.20}$$

となる．また，$\Lambda Y_{lm}(\theta,\varphi) = -l(l+1)Y_{lm}(\theta,\varphi)$ から次式が成り立つ．

$$\boldsymbol{l}^2\psi = \hbar^2 l(l+1)\psi \tag{5.21}$$

● ゼーマン効果 ●　磁束密度が 0 のときの水素原子のハミルトニアンを H_0 と書けば，B が小さいときのハミルトニアン H は $H = H_0 + eBl_z/2\mu$ となる．H_0 の固有関数 ψ は λ, l, m で記述され，l の状態は $(2l+1)$ 重に縮退している．ψ は (5.20) からわかるように l_z の固有関数であるから $B \neq 0$ のときのエネルギー準位は

$$E = E_0 + \frac{e\hbar B}{2\mu}m \tag{5.22}$$

と表される．$B \neq 0$ のとき上記の縮退が解けることを**ゼーマン効果**，エネルギー準位が磁場のため分裂する現象を**ゼーマン分裂**という．図 5.2 に 4p に対する結果を示す．$B \neq 0$ のときの分裂の幅は $\mu_B B$ と書ける．μ は電子の質量 m に等しいとすれば

$$\mu_B = \frac{e\hbar}{2m} \tag{5.23}$$

となる．μ_B を**ボーア磁子**といい国際単位系では次のような値をもつ．

$$\mu_B = 9.27 \times 10^{-24}\,\mathrm{A\cdot m^2} \tag{5.24}$$

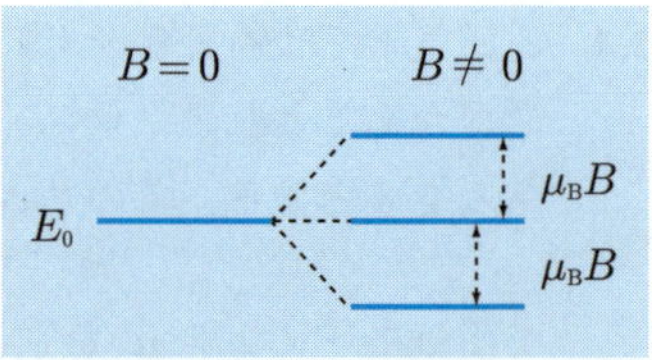

図 5.2　ゼーマン分裂

例題 3 **角運動量の z 成分**

粒子の位置を決めるのに図 4.3 (p.44) で示したような極座標を導入すると

$$x = r\sin\theta\cos\varphi, \quad y = r\sin\theta\sin\varphi, \quad z = r\cos\theta$$

が成り立つ．このような極座標を使ったとき，角運動量の z 成分 l_z は

$$l_z = \frac{\hbar}{i}\frac{\partial}{\partial\varphi}$$

と表されることを示せ．

解答 $\boldsymbol{l} = \boldsymbol{r}\times\boldsymbol{p}$ の定義から $l_z = xp_y - yp_x$ と書ける．量子力学では $\boldsymbol{p}$ は演算子で $\boldsymbol{p} = (\hbar/i)\nabla$ と表される．したがって

$$l_z = \frac{\hbar}{i}\left(x\frac{\partial}{\partial y} - y\frac{\partial}{\partial x}\right)$$

となる．F が x, y, z の任意関数とすれば，この F は r, θ, φ の関数で

$$\begin{aligned}\frac{\partial F}{\partial\varphi} &= \frac{\partial F}{\partial x}\frac{\partial x}{\partial\varphi} + \frac{\partial F}{\partial y}\frac{\partial y}{\partial\varphi} + \frac{\partial F}{\partial z}\frac{\partial z}{\partial\varphi}\\ &= -r\sin\theta\sin\varphi\frac{\partial F}{\partial x} + r\sin\theta\cos\varphi\frac{\partial F}{\partial y}\\ &= \left(x\frac{\partial}{\partial y} - y\frac{\partial}{\partial x}\right)F\end{aligned}$$

が得られる．したがって，

$$l_zF = \frac{\hbar}{i}\left(x\frac{\partial}{\partial y} - y\frac{\partial}{\partial x}\right)F = \frac{\hbar}{i}\frac{\partial}{\partial\varphi}F$$

と書け，F は任意であるから題意のようになる．

問 題

3.1 極座標 r, θ, φ と x, y, z との間の次の関係を示せ．

$$r = \sqrt{x^2+y^2+z^2}, \quad \theta = \cos^{-1}\frac{z}{\sqrt{x^2+y^2+z^2}}, \quad \varphi = \tan^{-1}\frac{y}{x}$$

3.2 次の等式が成立することを証明せよ．

(a) $$\frac{\partial}{\partial x} = \sin\theta\cos\varphi\frac{\partial}{\partial r} + \frac{\cos\theta\cos\varphi}{r}\frac{\partial}{\partial\theta} - \frac{\sin\varphi}{r\sin\theta}\frac{\partial}{\partial\varphi}$$

(b) $$\frac{\partial}{\partial y} = \sin\theta\sin\varphi\frac{\partial}{\partial r} + \frac{\cos\theta\sin\varphi}{r}\frac{\partial}{\partial\theta} + \frac{\cos\varphi}{r\sin\theta}\frac{\partial}{\partial\varphi}$$

(c) $$\frac{\partial}{\partial z} = \cos\theta\frac{\partial}{\partial r} - \frac{\sin\theta}{r}\frac{\partial}{\partial\theta}$$

3.3 l_x, l_y に対する (5.15), (5.16) を導け．

例題 4 **$\boldsymbol{l}^2$ に対する表式**

(5.18) の $\boldsymbol{l}^2$ に対する表式を導け.

解答 (5.15), (5.16) を利用すると

$$
\begin{aligned}
-\frac{l_x{}^2 + l_y{}^2}{\hbar^2} &= \frac{\partial^2}{\partial\theta^2} + \cot^2\theta\left[\cos\varphi\frac{\partial}{\partial\varphi}\left(\cos\varphi\frac{\partial}{\partial\varphi}\right) + \sin\varphi\frac{\partial}{\partial\varphi}\left(\sin\varphi\frac{\partial}{\partial\varphi}\right)\right] \\
&\quad + \sin\varphi\frac{\partial}{\partial\theta}\left(\cot\theta\cos\varphi\frac{\partial}{\partial\varphi}\right) + \cot\theta\cos\varphi\frac{\partial}{\partial\varphi}\left(\sin\varphi\frac{\partial}{\partial\theta}\right) \\
&\quad - \cos\varphi\frac{\partial}{\partial\theta}\left(\cot\theta\sin\varphi\frac{\partial}{\partial\varphi}\right) - \cot\theta\sin\varphi\frac{\partial}{\partial\varphi}\left(\cos\varphi\frac{\partial}{\partial\theta}\right) \qquad (1)
\end{aligned}
$$

となる（問題 4.1）. これを変形すると

$$
l_x{}^2 + l_y{}^2 = -\hbar^2\left(\frac{\partial^2}{\partial\theta^2} + \cot^2\theta\frac{\partial^2}{\partial\varphi^2} + \cot\theta\frac{\partial}{\partial\theta}\right) \qquad (2)
$$

が導かれる（問題 4.2）. 一方, (5.17) により

$$
l_z{}^2 = -\hbar^2\frac{\partial^2}{\partial\varphi^2} \qquad (3)
$$

が成り立つ. (2), (3) の和をとると

$$
\boldsymbol{l}^2 = l_x{}^2 + l_y{}^2 + l_z{}^2 = -\hbar^2\left[\frac{\partial^2}{\partial\theta^2} + \cot\theta\frac{\partial}{\partial\theta} + (\cot^2\theta + 1)\frac{\partial^2}{\partial\varphi^2}\right]
$$

が求まる. 次の関係

$$
\frac{\partial^2}{\partial\theta^2} + \cot\theta\frac{\partial}{\partial\theta} = \frac{1}{\sin\theta}\frac{\partial}{\partial\theta}\left(\sin\theta\frac{\partial}{\partial\theta}\right)
$$

$$
\cot^2\theta + 1 = \frac{\cos^2\theta + \sin^2\theta}{\sin^2\theta} = \frac{1}{\sin^2\theta}
$$

に注意すると題意が示される.

問 題

4.1 (5.15), (5.16) を利用して $-(l_x{}^2 + l_y{}^2)/\hbar^2$ を計算し (1) が成り立つことを確かめよ.

4.2 (1) を変形して (2) を導け.

4.3 e = 電気素量 = 1.60×10^{-19} C, h = プランク定数 = 6.63×10^{-34} J・s, m = 電子の質量 = 9.11×10^{-31}kg の数値を用いてボーア磁子の値を求めよ.

4.4 水素原子が 1 T の磁束密度中にあるとき, 4p のエネルギー準位のゼーマン分裂のエネルギー幅は何 J か. また, これを温度に換算すると何 K となるか. ただし, ボルツマン定数を $k_{\mathrm{B}} = 1.38 \times 10^{-23}$ J・K^{-1} とする.

6 スピンと量子統計

6.1 量子力学的な角運動量

• 角運動量の交換関係 •　1個の粒子に対する軌道角運動量の古典力学的な定義をそのまま量子力学に拡張すると，(5.3), (5.6)（p.57）のような交換関係が得られる．前章の問題1.3（p.58）で示したように，全角運動量でも同じ関係が成立し量子力学的な角運動量はこの種の交換関係に従うと考えられる．以下，一般的な場合を扱うという意味で，従来の小文字の代わりに大文字の記号を使うことにすれば $\boldsymbol{L}$ の x, y, z 成分は

$$[L_y, L_z] = i\hbar L_x, \quad [L_z, L_x] = i\hbar L_y, \quad [L_x, L_y] = i\hbar L_z \tag{6.1}$$

の交換関係を満足する．また

$$\boldsymbol{L}^2 = {L_x}^2 + {L_y}^2 + {L_z}^2 \tag{6.2}$$

の $\boldsymbol{L}^2$ に対し，次の関係が成り立つ．

$$[\boldsymbol{L}^2, L_x] = [\boldsymbol{L}^2, L_y] = [\boldsymbol{L}^2, L_z] = 0 \tag{6.3}$$

• 昇降演算子 •　次式で定義される

$$L_+ = L_x + iL_y, \quad L_- = L_x - iL_y \tag{6.4}$$

は L_z の固有値を $\hbar$ だけ増加させたり，減少させる演算子なのでこれらを**昇降演算子**という（例題1）．昇降演算子に関して以下の交換関係が成り立つ．

$$[\boldsymbol{L}^2, L_+] = [\boldsymbol{L}^2, L_-] = 0 \tag{6.5}$$

$$[L_z, L_+] = [L_z, L_x + iL_y] = i\hbar L_y + i(-i\hbar)L_x = \hbar L_+ \tag{6.6}$$

$$[L_z, L_-] = [L_z, L_x - iL_y] = i\hbar L_y - i(-i\hbar)L_x = -\hbar L_- \tag{6.7}$$

$$[L_+, L_-] = [L_x + iL_y, L_x - iL_y] = \hbar L_z + \hbar L_z = 2\hbar L_z \tag{6.8}$$

• 無次元化 •　L_x, L_y, L_z は $\hbar$ の次元をもつ．したがって

$$L_x = \hbar D_x, \quad L_y = \hbar D_y, \quad L_z = \hbar D_z \tag{6.9}$$

により無次元の演算子を導入するのが便利である．D 同士の交換関係は

$$[D_z, D_+] = D_+, \quad [D_z, D_-] = -D_-, \quad [D_+, D_+] = 2D_z \tag{6.10}$$

と書け，次式が成り立つ．

$$D_+D_z - D_zD_+ = -D_+ \tag{6.11a}$$

$$D_-D_z - D_zD_- = D_- \tag{6.11b}$$

$$D_+D_- - D_-D_+ = 2D_z \tag{6.11c}$$

例題 1 **昇降演算子の性質**

D_z の固有値を M，これに対応する固有関数を ψ_M とし

$$D_z\psi_M = M\psi_M$$

が成り立つとする．このとき，次の性質を示せ．

(a) $D_+\psi_M$が恒等的に0でないと$D_+\psi_M$はD_zの固有値$(M+1)$の固有関数である．

(b) $D_-\psi_M$が恒等的に0でないと$D_-\psi_M$はD_zの固有値$(M-1)$の固有関数である．

解答 (a) (6.11a) から

$$(D_+D_z - D_zD_+)\psi_M = -D_+\psi_M$$

となる．$D_+D_z\psi_M = D_+(D_z\psi_M) = D_+(M\psi_M) = MD_+\psi_M$ と書けるので

$$MD_+\psi_M - D_zD_+\psi_M = -D_+\psi_M \qquad \therefore\ D_z(D_+\psi_M) = (M+1)D_+\psi_M$$

が成り立ち，$D_+\psi_M$ が恒等的に 0 でないとこれは D_z の固有関数で固有値は $(M+1)$ である．こうして，$M, M+1, M+2, \cdots$ という系列ができる．

(b) (a) と同様で，(6.11b) から

$$(D_-D_z - D_zD_-)\psi_M = D_-\psi_M \qquad \therefore\ D_z(D_-\psi_M) = (M-1)D_-\psi_M$$

となって題意のようになる．これから $M, M-1, M-2, \cdots$ という系列ができる．

問 題

1.1 L_+, L_- は互いにエルミート共役で $L_+{}^\dagger = L_-$, $L_-{}^\dagger = L_+$ であることを示せ．

1.2 $[L_z, L_+] = \hbar L_+$ のエルミート共役をとり $[L_z, L_-] = -\hbar L_-$ の関係を導け．

1.3 D_z の固有値の最大値を J，その固有関数を ψ_J とすれば，これ以上固有値は増やせないから $D_+\psi_J = 0$ である．ψ_J に D_- を作用させ，固有値を 1 だけ減らし，以下同じような操作を繰り返すと最後に固有値の最小値 $J-n$ に達し $D_-\psi_{J-n} = 0$ となる．こうして $\psi_J, \psi_{J-1}, \psi_{J-2}, \cdots, \psi_{J-n}$ の関数系ができ D_z をこのような関数系で表現すると次のようになる．すなわち行列で表現すると，D_z は対角線的で対角線上以外の行列要素はすべて 0 である．このような表示を利用したとき D_+, D_- はどのように書けるか．

$$D_z = \begin{array}{c} \\ J \\ J-1 \\ \\ \\ \\ J-n \end{array} \begin{array}{c} \begin{array}{ccccc} J & J-1 & & & J-n \end{array} \\ \begin{bmatrix} J & & & & \\ & J-1 & & & \\ & & \cdot & & \\ & & & \cdot & \\ & & & & \cdot \\ & & & & J-n \end{bmatrix} \end{array}$$

6.2　昇降演算子の行列

• D_+, D_- の構造 •　ψ_M をケットで表し $|\, M\rangle$ と書き，$\langle M \,|\, M'\rangle = \delta_{M,M'}$ の規格直交性が成り立つとする．演算子 X を表現するのに $X_{M,M'} = \langle M \,|\, X \,|\, M'\rangle$ とすれば D_+ は M を 1 だけ増やす演算子であるから，$M = M' + 1$ 以外の行列要素は 0 となり（問題 1.3），$M' = M - 1$ のとき $(D_+)_{M,M'} \neq 0$ である．このため D_+ は下記のような構造をもつ．ここで × は 0 でない行列要素を表す．

$$
D_+ = \begin{array}{r} \\ J \\ J-1 \\ \\ \\ J-n \end{array}
\begin{array}{c} \begin{array}{ccccc} J & J-1 & J-2 & & J-n \end{array} \\
\left[\begin{array}{ccccc}
0 & \times & 0 & \cdots & 0 \\
0 & 0 & \times & \cdots & 0 \\
0 & 0 & 0 & \ddots & 0 \\
\cdot & \cdot & \cdot & \cdots & \times \\
0 & 0 & 0 & \cdots & 0
\end{array}\right] \end{array}
$$

同様に，$M' = M + 1$ のとき $(D_-)_{M,M'} \neq 0$ と書け，その構造は次のようになる．

$$
D_- = \begin{array}{r} \\ J \\ J-1 \\ \\ \\ J-n \end{array}
\begin{array}{c} \begin{array}{ccccc} J & J-1 & J-2 & & J-n \end{array} \\
\left[\begin{array}{ccccc}
0 & 0 & 0 & \cdots & 0 \\
\times & 0 & 0 & \cdots & 0 \\
0 & \times & 0 & \cdots & 0 \\
\cdot & \cdot & \ddots & \cdots & 0 \\
0 & 0 & 0 & \times & 0
\end{array}\right] \end{array}
$$

• D_+, D_- の行列要素 •　$f_M = (D_+)_{M,M-1}(D_-)_{M-1,M}$ とおくと $f_{J+1} = f_{J-n} = 0$ となる．この条件から $J = n/2$ であることがわかる（問題 2.2）．また

$$(D_+)_{M,M-1}(D_-)_{M-1,M} = (J + M)(J - M + 1) \tag{6.12}$$

と求まる（例題 2）．$(D_+)_{M,M-1}$ と $(D_-)_{M-1,M}$ とは互いに共役複素数であり，上式はその絶対値の 2 乗に対する結果である．通常，$(D_+)_{M,M-1}$ と $(D_-)_{M-1,M}$ は実数とし

$$(D_+)_{M,M-1} = (D_-)_{M-1,M} = \sqrt{(J + M)(J - M + 1)} \tag{6.13}$$

とする．(6.13) は次の関係と等価である (問題 2.1).

$$D_+\psi_M = \sqrt{(J + M + 1)(J - M)}\ \psi_{M+1} \tag{6.14}$$

$$D_-\psi_M = \sqrt{(J + M)(J - M + 1)}\ \psi_{M-1} \tag{6.15}$$

また，次の結果

$$\boldsymbol{D}^2\psi_M = ({D_x}^2 + {D_y}^2 + {D_z}^2)\psi_M = J(J + 1)\psi_M \tag{6.16}$$

が導かれる（問題 2.3）．

例題 2 **D_+, D_- の行列要素**

D_+, D_- の行列要素を求め，また J と n との関係を導け．

解答 次の交換関係

$$D_+D_- - D_-D_+ = 2D_z$$

の M, M 要素をとると

$$(D_+)_{M,M-1}(D_-)_{M-1,M} - (D_-)_{M,M+1}(D_+)_{M+1,M} = 2M$$

となる．ここで $f_M = (D_+)_{M,M-1}(D_-)_{M-1,M}$ とおくと，上式は

$$f_M - f_{M+1} = 2M$$

と書ける．ここで $f_{J+1} = 0$ に注意すると

$$\begin{aligned} f_J &= 2J \\ f_{J-1} - f_J &= 2(J-1) \\ &\vdots \\ f_M - f_{M+1} &= 2M \end{aligned}$$

が得られる．これらの方程式を加えると

$$\begin{aligned} f_M &= 2[J + (J-1) + \cdots + M] = 2[M + (M+1) + \cdots + J] \\ &= [(J+M) + (J+M) + \cdots + (J+M)] \end{aligned}$$

となる．$(J+M)$ という項は $(J-M+1)$ 個あるから

$$f_M = (J+M)(J-M+1)$$

となり，(6.12) が導かれる．上式からわかるように，$f_{J+1} = 0$ の条件は確かに満たされている．また，$f_{J-n} = 0$ から次の関係が導かれる（問題 2.2）．

$$J = n/2$$

問　題

2.1 (6.14), (6.15) は (6.13) と等価であることを証明せよ．なお，(6.13) を導くとき $(D_+)_{M,M-1}$ は実数であると仮定したが，それが複素数の場合にはどんな結果が得られるか．

2.2 $f_{J-n} = 0$ の条件から $J = n/2$ であることを示せ．

2.3 $\boldsymbol{D}^2 = ({D_x}^2 + {D_y}^2 + {D_z}^2)$ とおく．次の問に答えよ．

(a) 次の関係を証明せよ．

$$\boldsymbol{D}^2 = D_+D_- - D_z + {D_z}^2$$

(b) 次の等式を導け．

$$\boldsymbol{D}^2\psi_M = J(J+1)\psi_M$$

6.3 スピン

• $L_z, \boldsymbol{L}^2$ の固有値 • $D_z, \boldsymbol{D}^2$ をそれぞれ $\hbar$ 倍，$\hbar^2$ 倍すれば $L_z, \boldsymbol{L}^2$ となる．前節の問題 2.2 で学んだように $J = n/2$ で，$n = 0, 1, 2, \cdots$ であるから

$$J = 0,\ \frac{1}{2},\ 1,\ \frac{3}{2},\ 2,\ \cdots \tag{6.17}$$

などの値が可能である．D_z の固有値 M は最大値が J で，1 ずつだけ減少し，最小値は $J - 2n = -J$ となる．したがって，結果を表すと次のようになる．

$$L_z\text{の固有値} = \hbar M \qquad M = J, J-1, \cdots, -J \tag{6.18}$$

$$\boldsymbol{L}^2\text{の固有値} = \hbar^2 J(J+1) \tag{6.19}$$

$L_z, \boldsymbol{L}^2$ を表す行列は $(n+1)$ 次元であるから，この次元数は $(2J+1)$ に等しい．

• スピン角運動量 • 前章で論じた 1 個の粒子の軌道角運動量は $J = l = 0, 1, 2, \cdots$, $M = m$ に相当する．しかし，交換関係から論じる限りそれ以外に $J = 1/2, 3/2, \cdots$ などの値が可能となる．これは，量子力学的な角運動量は軌道角運動量だけでなく粒子の自転に対応する角運動量を含むためでこの角運動量を**スピン角運動量**（あるいは単にスピン）という．$\boldsymbol{L}$ と区別するため，スピン角運動量を通常 $\boldsymbol{S}$ の記号で表す．S_z の固有値は $\hbar$ の単位で

$$S, S-1, \cdots, -S+1, -S \quad (S = 0, 1/2, 1, 3/2, \cdots) \tag{6.20}$$

で与えられる．素粒子はその粒子特有のスピンをもっていて，質量，電荷などとともに素粒子を特徴づける物理量である．

• $S = 1/2$ の場合 • 陽子，中性子，電子，ニュートリノなどの S はいずれも 1/2 である．$\boldsymbol{S}$ を表す行列は 2 行 2 列で，次のように書ける（例題 3）．

$$\boldsymbol{S} = \frac{\hbar}{2}\boldsymbol{\sigma} \tag{6.21}$$

$$\sigma_x = \begin{bmatrix} 0 & 1 \\ 1 & 0 \end{bmatrix}, \quad \sigma_y = \begin{bmatrix} 0 & -i \\ i & 0 \end{bmatrix}, \quad \sigma_z = \begin{bmatrix} 1 & 0 \\ 0 & -1 \end{bmatrix} \tag{6.22}$$

$\sigma_x, \sigma_y, \sigma_z$ を**パウリ行列**という．

• g 因子 • (5.14)（p.59）で述べたように軌道角運動量 $\boldsymbol{l}$ をもつ電子（質量 m，電荷 $-e$）の磁気モーメントは $\boldsymbol{\mu} = -e\boldsymbol{l}/2m$ と表される．一方，電子の場合，スピン $\boldsymbol{S}$ に伴う磁気モーメントは

$$\boldsymbol{\mu} = -\frac{ge}{2m}\boldsymbol{S} \tag{6.23}$$

となる．g を **g 因子**といい，ディラックの理論によると $g = 2$ である．

例題 3 **$\boldsymbol{S}=1/2$ の場合の $\boldsymbol{S}$**

$S=1/2$ の場合の $\boldsymbol{S}$ が (6.21), (6.22) のように表されることを証明せよ．

解答 $J=1/2$ のとき，$M=1/2,-1/2$ である．$D_z\psi_M=M\psi_M$ により

$$D_z\psi_{1/2}=\frac{1}{2}\psi_{1/2},\quad D_z\psi_{-1/2}=-\frac{1}{2}\psi_{-1/2}$$

が成り立つ．$M=1/2$ の状態はそれ以上 M を増やせないので $D_+\psi_{1/2}=0$ となる．また，(6.14) で $J=1/2, M=-1/2$ とし

$$D_+\psi_{-1/2}=\sqrt{\left(\frac{1}{2}-\frac{1}{2}+1\right)\left(\frac{1}{2}+\frac{1}{2}\right)}\,\psi_{1/2}=\psi_{1/2}$$

となる．同様に (6.15) で $J=1/2, M=1/2$ とし

$$D_-\psi_{1/2}=\sqrt{\left(\frac{1}{2}+\frac{1}{2}\right)\left(\frac{1}{2}-\frac{1}{2}+1\right)}\,\psi_{-1/2}=\psi_{-1/2}$$

が得られる．こうして，D_z, D_+, D_- は次のように書ける．

$$D_z=\begin{bmatrix}1/2 & 0\\ 0 & -1/2\end{bmatrix},\quad D_+=\begin{bmatrix}0 & 1\\ 0 & 0\end{bmatrix},\quad D_-=\begin{bmatrix}0 & 0\\ 1 & 0\end{bmatrix}$$

$S_x=(\hbar/2)(D_++D_-)$, $S_y=(\hbar i/2)(D_--D_+)$, $S_z=\hbar D_z$ に注意すれば題意が示される．

問題

3.1 スピンが 1/2 のとき，$S_z=1/2$ または $S_z=-1/2$ の状態をスピン上向きまたは下向きと称し α あるいは β の記号で表す．α,β は $\psi_{1/2},\psi_{-1/2}$ に相当するが，$\boldsymbol{S}$ を表現する空間で α,β はどのように書けるか．またそれらの規格直交性はどのようになるか．

3.2 パウリの行列に関する次の性質を証明せよ．

$$\sigma_x{}^2=\sigma_y{}^2=\sigma_z{}^2=\mathbf{1}$$

$$\sigma_x\sigma_y+\sigma_y\sigma_x=\mathbf{0},\quad \sigma_y\sigma_z+\sigma_z\sigma_y=\mathbf{0},\quad \sigma_z\sigma_x+\sigma_x\sigma_z=\mathbf{0}$$

ここで $\mathbf{1},\mathbf{0}$ はそれぞれ 2×2 の単位行列，零行列を意味する．ただし，すべての行列要素が 0 である行列を零行列という．

3.3 任意の 2×2 の行列は $\mathbf{1},\sigma_x,\sigma_y,\sigma_z$ の一次結合で表されること，すなわち A,B,C,D を適当な定数とするときそれは次のように書けることを証明せよ．

$$A\mathbf{1}+B\sigma_x+C\sigma_y+D\sigma_z$$

3.4 $J=1$ に対する角運動量を表現する空間は何次元か．また $L_x, L_y, L_z, \boldsymbol{L}^2$ を行列の形で求めよ．

6.4　量子統計

• ボース統計とフェルミ統計 •　スピンの大きさ S が

$$S = 0,\ 1,\ 2,\ \cdots \tag{6.24a}$$

というように0あるいは正の整数をもつ粒子は**ボース統計**に従い，その粒子を**ボース粒子**または**ボソン**という．ヘリウム4原子は $S=0$，光子は $S=1$ の値をもち，いずれもボース粒子である．これに対し

$$S = \frac{1}{2},\ \frac{3}{2},\ \cdots \tag{6.24b}$$

といった半整数（奇数を2で割ったもの）の S をもつ粒子は**フェルミ統計**に従い，その粒子を**フェルミ粒子**または**フェルミオン**という．陽子，中性子，電子，ヘリウム3原子などはフェルミ粒子である．ボース統計とフェルミ統計をまとめて**量子統計**という．

• 波動関数の対称性 •　同じ量子統計に従う多数の粒子があるとき，全体の波動関数は粒子の交換に対しある種の対称性をもつ．空間座標 $\boldsymbol{r}$ とスピン座標 s をまとめて x で表し，さらに例えば粒子1に対する x_1 を1と書く．2個の粒子を考えたとき

$$\psi(2,1) = \psi(1,2) \qquad \text{（ボース）} \tag{6.25a}$$

$$\psi(2,1) = -\psi(1,2) \qquad \text{（フェルミ）} \tag{6.25b}$$

となる．一般に P は $1, 2, \cdots, N$ を $i_1, i_2, \cdots, i_N$ に置き換える操作を表すとすれば

$$P\psi(1,2,\cdots,N) = \psi(1,2,\cdots,N) \qquad \text{（ボース）} \tag{6.26a}$$

$$P\psi(1,2,\cdots,N) = (-1)^{\delta(P)}\psi(1,2,\cdots,N) \qquad \text{（フェルミ）} \tag{6.26b}$$

である．ただし，$\delta(P)$ は P が偶置換なら偶数，P が奇置換なら奇数を表す．

• 自由粒子の場合 •　(6.26a), (6.26b) は粒子間に相互作用があっても成り立つ関係である．特に自由粒子の場合には，系のハミルトニアン H は粒子の質量を m とし $H = -(\hbar^2/2m)(\Delta_1 + \Delta_2 + \cdots + \Delta_N)$ と表される．シュレーディンガー方程式 $H\psi = E\psi$ の数学的な解は

$$\psi = \psi_{r_1}(1)\psi_{r_2}(2)\cdots\psi_{r_N}(N) \tag{6.27}$$

で与えられる．ここで $-(\hbar^2/2m)\Delta_i\psi_{r_i} = (\hbar^2\boldsymbol{k}^2/2m)\psi_{r_i}$ を意味し，r は波数 $\boldsymbol{k}$ とスピンの状態をまとめて表す記号である．r で決められる状態を**一粒子状態**という．(6.27) の波動関数に対する全系のエネルギー E は

$$E = e_{r_1} + e_{r_2} + \cdots + e_{r_N} \tag{6.28}$$

と書ける．ここで e_r は一粒子状態 r に対するエネルギーである．フェルミ統計の場合，対称性を満たす波動関数は**スレーター行列式**で表され，1つの量子状態に収容できる粒子数は高々1である．これを**パウリの原理**という．

例題 4 **スレーター行列式**

N 個のフェルミ粒子が $r_1, r_2, \cdots, r_N$ の一粒子状態を占めるとする．これらの粒子は自由粒子であると仮定したとき，以下のスレーター行列式

$$\psi(1,2,\cdots,N) = \frac{1}{\sqrt{N!}} \begin{vmatrix} \psi_{r_1}(1) & \cdots & \psi_{r_1}(N) \\ \vdots & & \vdots \\ \psi_{r_N}(1) & \cdots & \psi_{r_N}(N) \end{vmatrix}$$

は (6.28) のエネルギー固有値をもつ全系のシュレーディンガー方程式の解であり，かつ量子統計の要求を満たすことを示せ．またこの波動関数は規格化されていること，すなわち

$$\int \psi^*(1,2,\cdots,N)\psi(1,2,\cdots,N)d\tau_1 d\tau_2 \cdots d\tau_N = 1$$

が成り立つことを証明せよ．ただし，個々の一粒子状態を表す波動関数は

$$\int \psi_{r_i}{}^*(1)\psi_{r_j}(1)d\tau_1 = \delta_{ij}$$

の規格直交性を満たすとする．ここで $d\tau$ は空間座標に関する積分とスピン座標に対する和で

$$\int d\tau = \int \sum_s dV$$

と定義される．$\psi_r(1)$ の具体的な例については問題 4.1 を参照せよ．

解答 粒子の質量を m とすれば全系のハミルトニアンは

$$H = -\frac{\hbar^2}{2m}(\Delta_1 + \Delta_2 + \cdots + \Delta_N)$$

と書ける．これは $1, 2, \cdots, N$ を入れ替える変換 P に対して不変である．したがって，(6.27) の $1, 2, \cdots, N$ を入れ替えた

$$P\psi_{r_1}(1)\psi_{r_2}(2)\cdots\psi_{r_N}(N)$$

も同じ $E = e_{r_1} + e_{r_2} + \cdots + e_{r_N}$ のエネルギー固有値をもつ全系のシュレーディンガー方程式の解となる．スレーター行列式はこのような解の一次結合であるからシュレーディンガー方程式を満たす．$3, 4, \cdots, N$ をそのままに保ち $1 \rightleftarrows 2$ の交換を行うとスレーター行列式で第 1 行と第 2 行が入れ替わり行列式の性質により $\psi(1,2,\cdots,N)$ は符号を変える．一般の場合でも同じで (6.26b) の性質が満足されている．

スレーター行列式の規格性をみるため次式で定義される I を考察する．

$$I = \int \psi^*(1,2,\cdots,N)\psi(1,2,\cdots,N)d\tau_1 d\tau_2 \cdots d\tau_N$$

スレーター行列式の定義を代入すれば

$$I = \frac{1}{N!}\int \begin{vmatrix} \psi_{r_1}^*(1) & \cdots & \psi_{r_1}^*(N) \\ \vdots & & \vdots \\ \psi_{r_N}^*(1) & \cdots & \psi_{r_N}^*(N) \end{vmatrix} \begin{vmatrix} \psi_{r_1}(1) & \cdots & \psi_{r_1}(N) \\ \vdots & & \vdots \\ \psi_{r_N}(1) & \cdots & \psi_{r_N}(N) \end{vmatrix} d\tau_1 \cdots d\tau_N$$

となる．右側の行列式を定義式に従い展開すれば，上式は

$$\frac{1}{N!}\int \begin{vmatrix} \psi_{r_1}^*(1) & \cdots & \psi_{r_1}^*(N) \\ \vdots & & \vdots \\ \psi_{r_N}^*(1) & \cdots & \psi_{r_N}^*(N) \end{vmatrix} \sum_P (-1)^{\delta(P)} \psi_{r_1}(i_1)\cdots\psi_{r_N}(i_N) d\tau_1 \cdots d\tau_N$$

に等しい．P として例えば $3, 4, \cdots, N$ はそのままで $1 \rightleftarrows 2$ の交換の場合を考えると，P は奇置換であるから $(-1)^{\delta(P)}$ は -1 となる．一方，積分変数の変換を行い $1 \rightleftarrows 2$ の交換を導入すれば左側の行列式の符号が変わり，上の -1 が結局 $+1$ となる．同じことが上式の $N!$ 個のすべての項に成り立ちこれは分母の $N!$ と打ち消しあう．こうして

$$I = \int \begin{vmatrix} \psi_{r_1}^*(1) & \cdots & \psi_{r_1}^*(N) \\ \vdots & & \vdots \\ \psi_{r_N}^*(1) & \cdots & \psi_{r_N}^*(N) \end{vmatrix} \psi_{r_1}(1)\psi_{r_2}(2)\cdots\psi_{r_N}(N) d\tau_1 \cdots d\tau_N$$

が得られる．ここで，上の行列式を展開すれば

$$I = \sum_P (-1)^{\delta(P)} \int \psi_{r_1}^*(i_1)\cdots\psi_{r_N}^*(i_N)\psi_{r_1}(1)\cdots\psi_{r_N}(N) d\tau_1 \cdots d\tau_N$$

となる．一粒子状態の直交性を考慮すると上記の P で積分結果が 0 とならないのは P が恒等変換，すなわち

$$P = \begin{pmatrix} 1 & 2 & \cdots & N \\ 1 & 2 & \cdots & N \end{pmatrix}$$

のときだけで，一粒子状態の規格性によりこのとき $I = 1$ となる．

問　題

4.1　立方体の箱中を運動する自由電子の場合，一粒子状態を表す $\psi_r(1)$ は具体的にどのように書けるか．

4.2　ボース粒子では一粒子状態に収容される粒子数に制限はない．ψ_r という一粒子状態に 3 個の粒子が入るときの全系の波動関数を求めよ．

例題 5 **フェルミ面**

一粒子状態のスピンを除くエネルギー準位が図 6.1 のように与えられているとする．スピンが 1/2 の場合，基底状態を求めるには 1 つの準位に上向きスピン，下向きスピンを収納し，エネルギーの低い方から順に詰めていけばよい．固体中の電子は十分な近似で自由電子で記述することができ，上記のような方法で基底状態が決められる．その結果，電子の詰まった部分と電子の空の部分の境界は波数空間である種の曲面を形成する．これを**フェルミ面**という．体積 V の立方体の箱中に N 個の自由電子が存在するときのフェルミ面を求めよ．

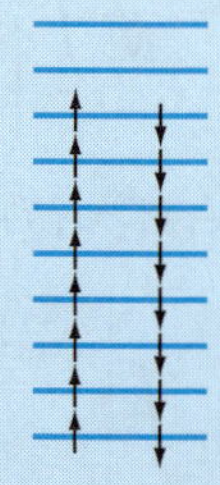

図 6.1 基底状態

解答 自由電子のエネルギーは $\hbar^2\boldsymbol{k}^2/2m$ と表され（m は電子の質量），波数空間で原点を中心として球対称で k の増加関数となる．よって，適当な波数 k_F が存在し，$k < k_\mathrm{F}$ で電子は詰まり，$k > k_\mathrm{F}$ で電子は空となる．このためフェルミ面は原点 O を中心とする半径 k_F の球面となる．k_F を**フェルミ波数**という．自由電子の波動関数は平面波として表され，1 辺の長さ L の箱（体積 $V = L^3$）で周期的境界条件を導入すると波数空間中の微小体積 $d\boldsymbol{k}$ 中の状態数は $Vd\boldsymbol{k}/(2\pi)^3$ で与えられる（p.5）．箱中に N 個の電子が存在するとすれば，上向き，下向きの 2 つのスピンの可能性を考慮し

$$N = \frac{2V}{(2\pi)^3}\int_{k<k_\mathrm{F}} d\boldsymbol{k}$$

が成り立つ．上の積分は半径 k_F の球の体積に等しい．よって $N = Vk_\mathrm{F}{}^3/3\pi^2$ となり，k_F は $k_\mathrm{F} = (3\pi^2\rho)^{1/3}$, $\rho = N/V$ と表される（ρ は電子の数密度である）．

問 題

5.1 フェルミ面上の電子のエネルギーを**フェルミエネルギー**といい，普通 E_F と書く．E_F を $m, \hbar, \rho$ の関数として求めよ．

5.2 自由電子の基底状態のエネルギーは 1 電子当たり $(3/5)E_\mathrm{F}$ であることを証明せよ．

5.3 1 モルの銀（108 g）は 10.3 cm³ の体積を占める．この事実を利用して銀中の自由電子のフェルミ波数，フェルミエネルギーを求めよ．

5.4 フェルミエネルギーを温度に換算し $E_\mathrm{F} = k_\mathrm{B}T_\mathrm{F}$ で定義される T_F を**フェルミ温度**あるいは**縮退温度**という（k_B はボルツマン定数）．$T \ll T_\mathrm{F}$ の場合，事実上 $T = 0$ とみなしてよい．銀の T_F を求めよ．

7 近似方法

7.1 定常，非縮退の場合の摂動論

● 摂動論の基本的な考え方 ● エネルギー固有値を決めるべきシュレーディンガー方程式が厳密に解けるのは少数の例だけである．ハミルトニアン H が

$$H = H_0 + \lambda H' \tag{7.1}$$

という形に書け，パラメーター λ が小さいとき固有関数や固有値は λ のべき級数展開で表されると考えられる．このような前提のもとで問題を処理する考え方を一般に**摂動論**，H_0 を**非摂動系のハミルトニアン**，H' を**摂動ハミルトニアン**という．

● 摂動展開 ● (7.1) のハミルトニアンに対するシュレーディンガー方程式は

$$H\psi = W\psi \qquad \therefore \quad (H_0 + \lambda H')\psi = W\psi \tag{7.2}$$

と表される．ただし，以下，非摂動系のエネルギー固有値を E と書くので，これと区別するため H に対するエネルギー固有値を W と記した．摂動論では ψ, W は λ のべき級数で**摂動展開**できるとし次のように書く．

$$\psi = \psi_0 + \lambda\psi_1 + \lambda^2\psi_2 + \cdots \tag{7.3}$$

$$W = W_0 + \lambda W_1 + \lambda^2 W_2 + \cdots \tag{7.4}$$

● 0 次の項 ● $\lambda = 0$ のとき $H_0\psi_0 = W_0\psi_0$ が成り立ち，ψ_0 は H_0 の固有関数である．議論の出発点として $\psi_0 = u_n$, $W_0 = E_n$ とする．ただし，u_n は H_n の固有関数で，領域 Ω 内で規格直交系を構成し

$$(u_j, u_k) = \int_\Omega {u_j}^* u_k dV = \delta_{jk} \tag{7.5}$$

を満たすとする．E_n は H_0 のエネルギー固有値でこれを**非摂動エネルギー**という．また，状態 n は縮退していないと仮定する．さらに，H' の行列要素を次式で定義する．

$$H'_{jk} = \int_\Omega {u_j}^* H' u_k dV \tag{7.6}$$

● 1 次，2 次の摂動項 ● (7.4) で W_1, W_2 は次式のようになる（例題 1）．

$$W_1 = H'_{nn} \tag{7.7}$$

$$W_2 = {\sum_m}' \frac{H'_{nm}H'_{mn}}{E_n - E_m} \tag{7.8}$$

ただし，(7.8) で $\sum$ につけた $'$ は m で和をとるとき $m \neq n$ であることを意味する．

例題 1 — **摂動展開の最初の数項**

非摂動系に縮退がない場合，エネルギーの摂動展開を λ^2 の項まで，固有関数の摂動展開を λ の項まで求めよ．

解答 (7.3), (7.4) を (7.2) に代入すれば

$$(H_0 + \lambda H')(\psi_0 + \lambda\psi_1 + \lambda^2\psi_2 + \cdots)$$
$$= (W_0 + \lambda W_1 + \lambda^2 W_2 + \cdots)(\psi_0 + \lambda\psi_1 + \lambda^2\psi_2 + \cdots)$$

となる．上式両辺の $\lambda^0, \lambda, \lambda^2$ の項を比較して次式が得られる．

$$H_0\psi_0 = W_0\psi_0 \tag{1}$$
$$H_0\psi_1 + H'\psi_0 = W_0\psi_1 + W_1\psi_0 \tag{2}$$
$$H_0\psi_2 + H'\psi_1 = W_0\psi_2 + W_1\psi_1 + W_2\psi_0 \tag{3}$$

(1) から $\psi_0 = u_n$, $W_0 = E_n$ となる．また，$u_1, u_2, \cdots$ が完全系を構成すると仮定すれば ψ_1 は

$$\psi_1 = \sum_m a_m u_m \tag{4}$$

と展開され，(2) に代入して次式が導かれる（問題 1.1）．

$$(E_n - E_k)a_k + W_1\delta_{nk} = H'_{kn} \tag{5}$$

$k = n$ とおけば $W_1 = H'_{nn}$ となって (7.7) が得られる．また $k \neq n$ として (5) から $a_k = H'_{kn}/(E_n - E_k)$ が求まる．(5) からは a_n は決まらず，これは不定な量となる．同様に

$$\psi_2 = \sum_m b_m u_m \tag{6}$$

として (3) から次式が得られる（問題 1.1）．

$$(E_n - E_k)b_k + W_1 a_k + W_2\delta_{nk} = \sum_m a_m H'_{km} \tag{7}$$

(7) で $k = n$ とすれば，次のように (7.8) が導かれる．

$$W_2 = \sum_m a_m H'_{nm} - W_1 a_n = \sum_m a_m H'_{nm} - H'_{nn}a_n = \sum_m{}' a_m H'_{nm} = \sum_m{}' \frac{H'_{nm}H'_{mn}}{E_n - E_m}$$

問 題

1.1 例題 1 中の (5) と (7) を導け．

1.2 上記の議論からわかるように a_n は不定であるが，この不定さは W_2 の結果に影響を与えない．a_n を決めるには ψ の規格化を利用すればよい．a_n が実数とすれば $a_n = 0$ であることを示せ．

1.3 前問と同様 (7) だけでは b_n は不定だが規格化からこれはどのように決まるか．

1.4 非摂動系の基底状態に対し $W_2 \leq 0$ が成り立つことを証明せよ．

例題 2 ─── **1 次元非調和振動子**

一直線（x 軸）上を運動する質量 m の粒子のハミルトニアンが

$$H = \frac{p^2}{2m} + \frac{m\omega^2 x^2}{2} + \lambda x^4$$

で与えられるとする．このような 1 次元非調和振動子のエネルギー固有値の 1 次の摂動項を求めよ．

解答　粒子に働くポテンシャル $U(x)$ は

$$U(x) = \frac{m\omega^2 x^2}{2} + \lambda x^4 \qquad (1)$$

と書け，(1) で $\lambda = 0$ の場合は図 7.1 の実線のような調和振動子のポテンシャルとなる．λ が正のときにはポテンシャルは図のような点線で表される．非摂動系のハミルトニアンは調和振動子のもので

$$H_0 = \frac{p^2}{2m} + \frac{m\omega^2 x^2}{2} \qquad (2)$$

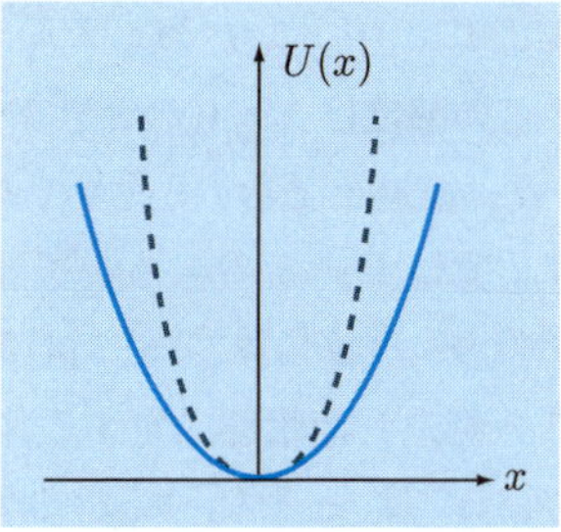

図 7.1　粒子に働くポテンシャル

で与えられる．これに対するエネルギー固有値は

$$E_n = \hbar\omega\left(n + \frac{1}{2}\right) \qquad (3)$$

と書ける．一方，非摂動系での固有関数 $u_n(x)$ は

$$u_n(x) = N_n H_n(\xi) e^{-\xi^2/2}, \quad \xi = \frac{x}{b}, \quad b = \left(\frac{\hbar}{m\omega}\right)^{1/2} \qquad (4)$$

である．u_n に対する量子力学的な平均値を $\langle\ \rangle_n$ で表す．すなわち

$$\langle A \rangle_n = \int_{-\infty}^{\infty} u_n{}^* A u_n dx \qquad (5)$$

とする．その結果，$W_1 = \langle x^4 \rangle_n$ となり，量子数 n に相当するエネルギー固有値 W_n は

$$W_n = \hbar\omega\left(n + \frac{1}{2}\right) + \lambda\left(\frac{\hbar}{m\omega}\right)^2 \frac{3}{4}(2n^2 + 2n + 1) \qquad (6)$$

と計算される（問題 2.2）.

問　題

2.1　$\lambda > 0$ のときエネルギー準位が上がることを直観的に説明せよ．

2.2　1 次元調和振動子に対する $\langle x^4 \rangle_n$ を求め (6) の結果を確かめよ．

2.3　1 次元調和振動子に λx の摂動が加わるときシュレーディンガー方程式は厳密に解けることを示し，摂動論でも同じ結果が求まることを証明せよ．

7.2 定常，縮退の場合の摂動論

• エネルギー分母の消失 •　シュレーディンガー方程式のエネルギー固有値を求める際，非摂動系の定常状態には縮退がないとした．縮退があると，摂動ハミルトニアンが加わるとき，一般に縮退が解け縮退度に相当するエネルギー準位の分裂が起こる（図 7.2）．ハミルトニアン $H_0+\lambda H'$ のエネルギー固有値を $W_{n\alpha}$ と書き，この準位は $\lambda=0$ のとき k 重に縮退しているとする．α は縮退を記述する記号である（$\alpha=1,2,\cdots,k$）．図 7.2 では $k=3$ のエネルギー準位が示されている．縮退のある準位には (7.8)（p.75）は適用できない．なぜなら縮退した状態に対する非摂動系のエネルギー分母は 0 となり H'_{nm} が 0 でない限り，W_2 は ∞ となってしまうからである．

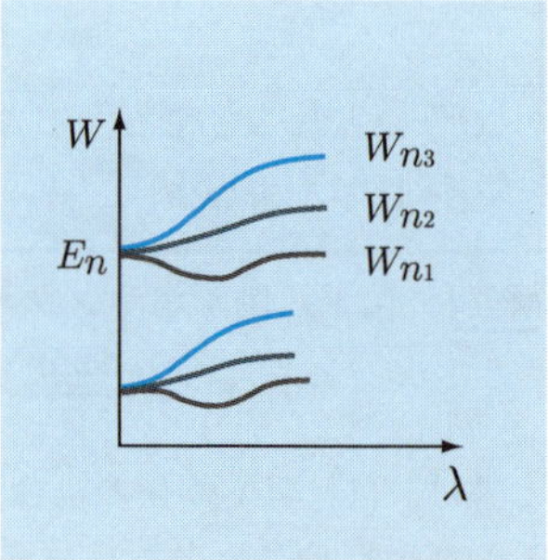

図 7.2　縮退があるときのエネルギー準位

• 第 0 近似の固有関数 •　$W_{n\alpha}$ を λ で展開したとき

$$W_{n\alpha}=E_n+\lambda W^{(1)}_{n\alpha}+\lambda^2 W^{(2)}_{n\alpha}+\cdots \tag{7.9}$$

と書けるとする．注目する体系では H_0 に対するシュレーディンガー方程式

$$H_0 u = E_0 u \tag{7.10}$$

の解は $u_{n1},u_{n2},\cdots,u_{nk}$ であるが，これらの一次結合

$$v_{n\alpha}=\sum_\beta C_{\alpha\beta}u_\beta \tag{7.11}$$

も u と同様，固有値 E_0 をもつ H の固有関数である．これらは**第 0 近似の固有関数**といえるが，係数 $C_{\alpha\beta}$ を適当に選び摂動展開ができるようにする．

• 永年方程式 •　$\psi_{n\alpha}$ を

$$\psi_{n\alpha}=v_{n\alpha}+\lambda\psi^{(1)}_{n\alpha}+\cdots \tag{7.12}$$

とおく．その結果，$W^{(1)}_{n\alpha}$ は例題 3 で証明するように次の方程式を満たすことがわかる．

$$\begin{vmatrix} H'_{11}-W^{(1)} & H'_{12} & \cdots & H'_{1k} \\ H'_{21} & H'_{22}-W^{(1)} & \cdots & H'_{2k} \\ \vdots & \vdots & \cdots & \vdots \\ H'_{k1} & H'_{k2} & \cdots & H'_{kk}-W^{(1)} \end{vmatrix}=0 \tag{7.13}$$

(7.13) を**永年方程式**という．

例題 3　**縮退があるときの摂動計算**

エネルギーの 1 次の摂動項を求める (7.13) の永年方程式を導け．

解答　ハミルトニアンは

$$H = H_0 + \lambda H' \tag{1}$$

エネルギー固有値は

$$W_{n\alpha} = E_n + \lambda W_{n\alpha}^{(1)} + \cdots \tag{2}$$

固有関数は

$$\psi_{n\alpha} = v_{n\alpha} + \lambda \psi_{n\alpha}^{(1)} + \cdots \tag{3}$$

という (1), (2), (3) の関係を

$$H\psi_{n\alpha} = W_{n\alpha}\psi_{n\alpha} \tag{4}$$

の定常状態を求めるべきシュレーディンガー方程式に代入すると

$$\begin{aligned}(H_0 + \lambda H')&(v_{n\alpha} + \lambda \psi_{n\alpha}^{(1)} + \cdots)\\ &= (E_n + \lambda W_{n\alpha}^{(1)} + \cdots)(v_{n\alpha} + \lambda \psi_{n\alpha}^{(1)} + \cdots)\end{aligned} \tag{5}$$

が得られる．λ^0 次の項は左辺と右辺で打ち消し合う．λ の項は

$$H_0\psi_{n\alpha}^{(1)} + H'v_{n\alpha} = W_{n\alpha}^{(1)}v_{n\alpha} + E_n\psi_{n\alpha}^{(1)}$$

となり，これを変形すれば

$$(H_0 - E_n)\psi_{n\alpha}^{(1)} = W_{n\alpha}^{(1)}v_{n\alpha} - H'v_{n\alpha} \tag{6}$$

が得られる．(6) に左側から ${u_{n\gamma}}^*$ を掛け，領域 Ω 内で積分すると

$$\langle u_{n\gamma} \,|\, H' \,|\, v_{n\alpha}\rangle - W_{n\alpha}^{(1)}\langle u_{n\gamma} \,|\, v_{n\alpha}\rangle = 0 \tag{7}$$

となる（問題 3.1）．(7.11) を代入し，u は規格直交系を構成すると仮定すれば

$$\sum_\beta C_{\alpha\beta}\langle u_{n\gamma} \,|\, H' \,|\, u_{n\beta}\rangle - W_{n\alpha}^{(1)}C_{\alpha\gamma} = 0 \qquad \therefore \quad \sum_\beta C_{\alpha\beta}H'_{\gamma\beta} - W_{n\alpha}^{(1)}C_{\alpha\gamma} = 0$$

と表される（$H'_{\gamma\beta}$ で記号 n は省略した）．α を一定にし $\gamma = 1, 2, \cdots, k$ とおけば

$$\begin{aligned}
[H'_{11} - W_{n\alpha}^{(1)}]C_{\alpha1} + H'_{12}C_{\alpha2} + \cdots + H'_{1k}C_{\alpha k} &= 0\\
H'_{21}C_{\alpha1} + [H'_{22} - W_{n\alpha}^{(1)}]C_{\alpha2} + \cdots + H'_{2k}C_{\alpha k} &= 0\\
\cdots&\\
H'_{k1}C_{\alpha1} + H'_{k2}C_{\alpha2} + \cdots + [H'_{kk} - W_{n\alpha}^{(1)}]C_{\alpha k} &= 0
\end{aligned}$$

と書け，$C_{\alpha1}, C_{\alpha2}, \cdots, C_{\alpha k}$ は同時に 0 でないため係数の作る行列式は 0 となり (7.13) が求まる．

問　題

3.1　(6) から (7) を導け．

3.2　摂動展開は数学的にどのような意味をもつか．この展開が収束しないときエネルギー固有値は λ の関数としてどのように振る舞うと期待されるか．

例題 4 **水素原子のシュタルク効果**

原子に電場をかけると，エネルギー準位が分裂し縮退が解ける．この現象を一般に**シュタルク効果**という．水素原子で陽子は十分重いとし，換算質量 μ は電子の質量 m に等しいとする．ボーア半径を a として水素原子に関する次の問に答えよ．

(a) 全量子数 λ が 2 であるような水素原子の（全空間内で）規格化された波動関数は，極座標を用いると次のように表されることを示せ．

$$\psi_{2\mathrm{s}} = \frac{1}{\sqrt{8a^3}} e^{-r/2a} \left(\frac{r}{a} - 2\right) \frac{1}{\sqrt{4\pi}}, \quad \psi_{2\mathrm{p}0} = \frac{1}{\sqrt{24a^3}} e^{-r/2a} \frac{r}{a} \sqrt{\frac{3}{4\pi}} \cos\theta$$

$$\psi_{2\mathrm{p}\pm} = \frac{1}{\sqrt{24a^3}} e^{-r/2a} \frac{r}{a} \sqrt{\frac{3}{8\pi}} \sin\theta \, e^{\pm i\varphi}$$

(b) z 軸に沿い一様な大きさ E の電場に対しスカラーポテンシャルは $\phi = -Ez$ となる．電子の電荷を $-e$ とすれば電子の位置エネルギーは eEz でこれが摂動ハミルトニアンとなる．全量子数 2 の場合のシュタルク効果を E の 1 次の範囲内で論じよ．

解答 (a) $\mu = m$ とおけば，(4.28)（p.53）により $|E| = e^2/8\pi\varepsilon_0 a\lambda^2$ となる．これを (4.26)（p.53）に代入し $a = 4\pi\varepsilon_0\hbar^2/me^2$ を使うと

$$\alpha = \frac{2}{a\lambda} \tag{1}$$

が得られる．$\lambda = 2$ で s 状態（$l = 0$）を考えると，例題 7 の (4)（p.55）により $a_1 = -a_0/2$ と書ける．また $a_2 = a_3 = \cdots = 0$ が成り立つ．$\rho = \alpha r = r/a$ であるから，便宜上 $a_0{}' = -2a_0$ とおけば

$$R(r) = a_0{}' \left(\frac{r}{a} - 2\right) e^{-r/2a} \tag{2}$$

となる．球面調和関数は全立体角に対し規格化されているので動径方向では

$$\int_0^\infty R^2(r) r^2 dr = 1 \tag{3}$$

が得られる．(3) に (2) を代入し $r/a = x$ を積分変数とすれば

$$a_0{}'^2 a^3 \int_0^\infty (x-2)^2 x^2 e^{-x} dx = 1$$

と書ける．次の公式

$$\int_0^\infty x^n e^{-x} dx = n! \quad (n = 0, 1, 2, \cdots) \tag{4}$$

を利用し $8a_0{}'^2 a^3 = 1$ となり $a_0{}' > 0$ とすれば $a_0{}' = 1/\sqrt{8a^3}$ が得られる．(4.17)（p.46）の $Y_{00} = 1/\sqrt{4\pi}$ を使うと $\psi_{2\mathrm{s}}$ に対する表式が求まる．$\lambda = 2$，$l = 1$ の 2p 状態では

$a_1 = 0$ となり，$F(\rho) = a_0\rho$, $\rho = r/a$ と書ける．したがって

$$R(r) = a_0 \frac{r}{a} e^{-r/2a} \tag{5}$$

と書け，(5) 中の a_0 は (3) の規格化条件から決まる．すなわち

$$a_0{}^2 a^3 \int_0^\infty x^4 e^{-x} dx = 1 \qquad \therefore \quad 24 a_0{}^2 a^3 = 1$$

となり，これから $a_0 > 0$ とすれば $a_0 = 1/\sqrt{24a^3}$ が得られ，(4.18)（p.46）を使えば $\psi_{2\mathrm{p}}$ の波動関数が求まる．

(b)　$\lambda = 2$ の固有関数を問題文中の順序に従い $\psi_1, \psi_2, \psi_3, \psi_4$ とし（$\psi_m z \psi_n$）の行列要素を考察する．実際は左側の関数は共役複素数をとるので，$\psi_m{}^*, \psi_n$ の角度依存性を調べると表 7.1 のように表される．$e^{\pm i\varphi}, e^{\pm 2i\varphi}$ を φ に関し 0 から 2π まで積分すると 0 になるから，（$\psi_m z \psi_n$）の行列要素のうちでこのような関数を含むものは0で表7.1 のようになる．$1, \cos^2\theta, \sin^2\theta$ の項もこれに $\cos\theta$ がかかるから θ に関し 0 から π まで積分すると 0 となる．結局 0 にならないのは表 7.1 で × で示した $(\psi_1 z \psi_2), (\psi_2 z \psi_1)$ だけとなる．問題 4.2 で示すように

表 7.1　角度依存性

	1	$\cos\theta$	$e^{i\varphi}\sin\theta$	$e^{-i\varphi}\sin\theta$
1	1	×	0	0
$\cos\theta$	×	$\cos^2\theta$	0	0
$e^{-i\varphi}\sin\theta$	0	0	$\sin^2\theta$	0
$e^{i\varphi}\sin\theta$	0	0	0	$\sin^2\theta$

$$(\psi_1 z \psi_2) = (\psi_2 z \psi_1) = \int \psi_{2\mathrm{s}}{}^* z \psi_{2\mathrm{p}0} dV = 3a \tag{6}$$

と計算される．こうして，1 次の摂動項 $W^{(1)}$ を決めるべき永年方程式は

$$\begin{vmatrix} -W^{(1)} & 3aeE & 0 & 0 \\ 3aeE & -W^{(1)} & 0 & 0 \\ 0 & 0 & -W^{(1)} & 0 \\ 0 & 0 & 0 & -W^{(1)} \end{vmatrix} = 0$$

となり，これから次の結果が得られる．

$$W = E_2 \pm 3aeE, E_2, E_2 \tag{7}$$

問　題

4.1　$\psi_{1\mathrm{s}}$ の波動関数を求め，電場が加わったとき 1 次の摂動エネルギーを求めよ．

4.2　例題 4 中の (6) を確かめよ．

4.3　電場があるとき E の 1 次の範囲内で $\lambda = 1, 2$ のエネルギー準位を図示せよ．

7.3 変 分 法

● **変分原理** ●　シュレーディンガー方程式を解く1つの方法は**変分原理**を適用することである．任意の関数 ψ は規格化されていて $(\psi,\psi)=1$ であるとする．あるいは，領域 Ω 内での体系を考えるとすれば

$$\int_\Omega \psi^* \psi dV = 1 \tag{7.14}$$

が成り立つとしてよい（以後簡単のため添字 Ω を省略する）．この条件下で $(\psi, H\psi)$ が極値をもつ（極大あるいは極小になる）よう ψ を選んだとする．(7.14) のような条件があるので，ラグランジュの未定定数 W を使い，この極値問題は次の ψ の汎関数

$$I[\psi] = \int (\psi^* H\psi - W\psi^*\psi) dV \tag{7.15}$$

を極値にするのと同等になる．$\psi^* \to \psi^* + \delta\psi^*$ の変分に対し (7.15) の変分は0で

$$\int \delta\psi^* (H\psi - W\psi) dV = 0 \tag{7.16}$$

が得られる．$\delta\psi^*$ は任意であるから $H\psi - W\psi = 0$ となって，以上のような変分原理からシュレーディンガー方程式の解が求まり，W はエネルギー固有値を表す．

● **基底状態の場合** ●　変分法が特に便利なのは基底状態の場合である．任意の関数（変分法では**試行関数**という）ψ を

$$\psi = \sum A_n \psi_n, \quad H\psi_n = W_n \psi_n \tag{7.17}$$

と表す．ψ_n はシュレーディンガー方程式の固有関数だがこれは規格直交系を構成するとし $(\psi_m, \psi_n) = \delta_{mn}$ であるとする．その結果

$$\int \psi^* H\psi dV = \sum_{mn} \int A_m{}^* \psi_m{}^* H A_n \psi_n dV = \sum_n W_n |A_n|^2 \geq W_0 \sum_n |A_n|^2$$

となる（W_0 は基底状態のエネルギー）．上式から

$$W_0 \leq \frac{\displaystyle\int \psi^* H\psi dV}{\displaystyle\int \psi^* \psi dV} \tag{7.18}$$

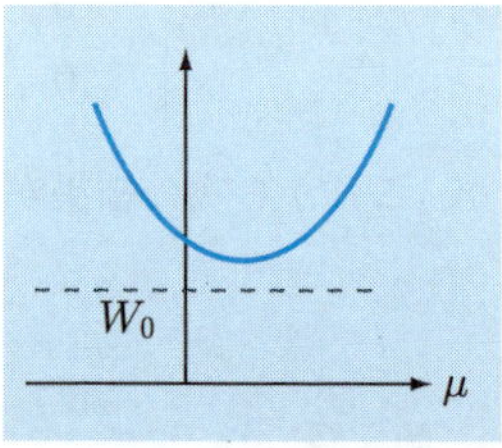

図 7.3　変分法

が得られる．普通，試行関数は適当なパラメーター（**変分パラメーター**）をもつとする．このパラメーターを μ としたとき，(7.18) の右辺が μ の関数として図 7.3 の曲線のように表されるとする．この曲線の最小になる点が W_0 の最良の上限となる．

例題 5 **変分法の応用**

水素原子の基底状態を扱うのに

$$\psi = Ce^{-\mu^2 r^2} \tag{1}$$

という試行関数を用い，μ を変分パラメーターとする．変分法を利用して基底状態のエネルギーの近似値を求めよ．

解答 換算質量は電子の質量 m に等しいとすれば，ハミルトニアン H は

$$H = -\frac{\hbar^2}{2m}\left(\frac{\partial^2}{\partial r^2} + \frac{2}{r}\frac{\partial}{\partial r} + \frac{\Lambda}{r^2}\right) - \frac{e^2}{4\pi\varepsilon_0 r}$$

と書ける．Λ は角度を含む演算子 (4.10)（p.46）なのでいまのように球対称な関数では $\Lambda = 0$ としてよい．(7.18) の右辺を $I(\mu)$ とおけば，(1) 中の C は分母，分子で打ち消し合い

$$I(\mu) = \frac{\displaystyle\int_0^\infty e^{-\mu^2 r^2}(He^{-\mu^2 r^2})r^2 dr}{\displaystyle\int_0^\infty e^{-2\mu^2 r^2} r^2 dr} \tag{2}$$

が得られる．(2) を具体的に計算し，多少整理すると

$$I(\mu) = \frac{3\hbar^2}{2m}\left(\mu - \frac{2m}{3\hbar^2}\frac{e^2}{4\pi\varepsilon_0}\sqrt{\frac{2}{\pi}}\right)^2 - \frac{4}{3\pi}\frac{m}{\hbar^2}\left(\frac{e^2}{4\pi\varepsilon_0}\right)^2$$

となる（問題 5.1）．上記の $I(\mu)$ を最小にするには右辺第 1 項が 0 になるよう μ を選べばよい．このときの $I(\mu)$ を $I_{\min}$ と書けば

$$I_{\min} = -\frac{4}{3\pi}\frac{m}{\hbar^2}\left(\frac{e^2}{4\pi\varepsilon_0}\right)^2 \tag{3}$$

となる．(4.31)（p.53）で $\mu = m$, $\lambda = 1$ とし，ボーア半径に対する式を代入すると

$$W_0 = -\frac{e^2}{8\pi\varepsilon_0 a} = -\frac{1}{2}\frac{m}{\hbar^2}\left(\frac{e^2}{4\pi\varepsilon_0}\right)^2 \tag{4}$$

が得られる．(3) で $4/3\pi = 0.435\cdots$ なので (3) は正確な基底状態のエネルギー W_0 の上限になっていて，W_0 の近似値は正確な値のほぼ 90% 程度である．

問 題

5.1 (2) の $I(\mu)$ を計算せよ．

5.2 水素原子の基底状態で試行関数として $\psi = Ce^{-\mu r}$ という形を使えば正確な結果が求まることを確かめよ．

5.3 試行関数 ψ が $\psi_0, \psi_1, \cdots, \psi_{m-1}$ と直交しているときの変分原理を論じよ．また，この方法を使い縮退があるときのエネルギー固有値を考えよ．

7.4 非定常な場合の摂動論

● **時間に依存するシュレーディンガー方程式** ● 波動関数の時間的発展は

$$i\hbar\frac{\partial\psi}{\partial t} = H\psi \tag{7.19}$$

の方程式で記述される．H は

$$H = H_0 + \lambda H' \tag{7.20}$$

で与えられるとし，非摂動系のハミルトニアンの固有関数，固有値は

$$H_0 u_k = E_k u_k \tag{7.21}$$

と書けるとする．ここで H' は時間によらないと仮定する．波動関数 ψ を

$$\psi = \sum_k a_k(t) u_k e^{-iE_k t/\hbar} \tag{7.22}$$

と展開し，時間微分を $\dot{}$ で表せば，a_k に対して次式が成り立つ（問題 6.1）．

$$\dot{a_m} = \frac{\lambda}{i\hbar}\sum_k H'_{mk} a_k e^{i\omega_{mk}t} \tag{7.23}$$

ここで，ω_{mk} は次式で定義される．

$$\omega_{mk} = \frac{E_m - E_k}{\hbar} \tag{7.24}$$

● **a_k に対する摂動展開** ● a_k を

$$a_k = {a_k}^{(0)} + \lambda {a_k}^{(1)} + \lambda^2 {a_k}^{(2)} + \cdots \tag{7.25}$$

と摂動展開し (7.25) を (7.23) に代入し両辺で λ^{s+1} の項を等しいとおく．その結果

$$\dot{a_m}^{(0)} = 0 \tag{7.26}$$

$$\dot{a_m}^{(s+1)} = \frac{1}{i\hbar}\sum_k H'_{mk} {a_k}^{(s)} e^{i\omega_{mk}t} \tag{7.27}$$

が得られる．

● **遷移確率** ● (7.26) を時間に関して積分すれば ${a_m}^{(0)} =$ 一定 となる．この一定値は波動関数に対する初期条件で決まり，いまの問題では $t = 0$ で体系は n 状態にあるとし $\psi(0) = u_n$ とする．すなわち，${a_k}^{(0)} = \delta_{kn}$ とするが，状態 n は体系が最初にいた状態という意味で**始状態** (initial state) とよばれ記号 i で表される．摂動のため，時間がたつと始状態は**終状態** (final state) に遷移するが，状態密度（単位エネルギー当たりの状態数）を $\rho(E)$ とすれば，単位時間当たりの**遷移確率** w は次式の**フェルミの黄金律**で与えられる．この場合，エネルギー保存則 $E_f = E_i$ が成り立つ．

$$w = \frac{2\pi}{\hbar}\rho(E_f)|H'_{fi}|^2 \tag{7.28}$$

例題 6 **フェルミの黄金律**

終状態が連続的に分布し，また行列要素 H'_{fi} が f についてゆっくり変わると仮定してフェルミの黄金律を導け．

解答 $a_k{}^{(0)} = \delta_{kn}$ のとき (7.27) を解き，1 次の摂動項を求めると

$$|a_m{}^{(1)}|^2 = \frac{4\,|\,H'_{mn}\,|^2}{\hbar^2}\frac{\sin^2(\omega_{mn}t/2)}{\omega_{mn}{}^2}$$

となる（問題 6.2）．簡単のため ω_{mn} を ω と書き，$\sin^2(\omega t/2)/\omega^2$ を ω の関数として図示すると図 7.4 のようになる．t が十分大きいと，原点における値は $t^2/4$ で大きくなるが，他の点では図からわかるようにほとんど 0 となる．$t \to \infty$ の極限で，この関数は $\delta(\omega)$ に比例すると考えられる．終状態が稠密に分布する場合，状態密度を導入しエネルギーが E_m と $E_m + \Delta E_m$ との間にある状態数を $\rho(E_m)\Delta E_m$ と定義する（図 7.5）．単位時間当たりの遷移確率 w は

$$w = \frac{1}{t}\sum_m |a_m{}^{(1)}|^2 = \frac{1}{t}\int |a_m{}^{(1)}|^2 \rho(E_m)dE_m$$

と書けるが，H'_{mm}, $\rho(E_m)$ が m についてゆっくり変わるときにはこれらを積分記号の外に出し，m を f に置き換えてよい．こうして $dE_m = \hbar d\omega$ を使えば

$$w = \frac{1}{t}\frac{4\rho(E_f)\,|H'_{fi}|^2}{\hbar}\int_{-\infty}^{\infty}\frac{\sin^2(\omega t/2)}{\omega^2}d\omega$$

となり，この積分を計算して（問題 6.3），(7.28) が導かれる．

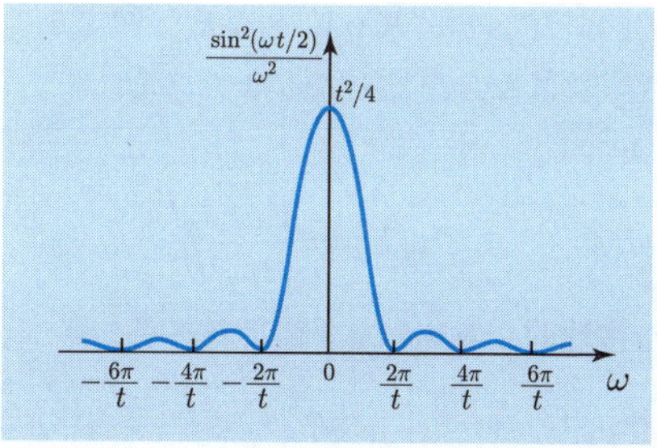

図 7.4 関数 $\sin^2(\omega t/2)/\omega^2$

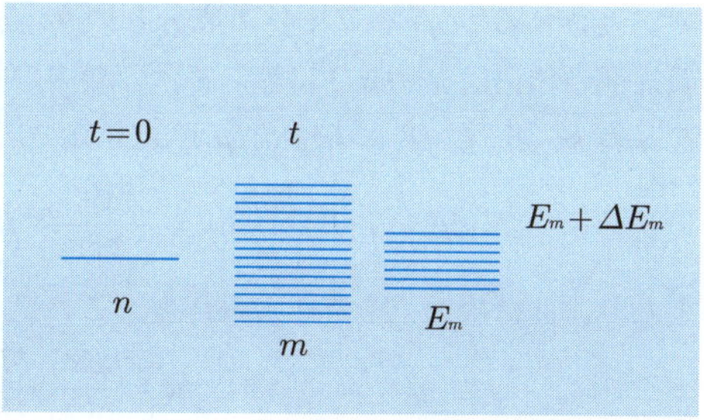

図 7.5 終状態の連続分布

問題

6.1 (7.23) を導け．

6.2 $a_k{}^{(0)} = \delta_{kn}$ の初期条件を使い $|a_m{}^{(1)}|^2$ を求めよ．

6.3 $t \to \infty$ の極限で成り立つ次式を証明しフェルミの黄金律を導け．

$$\sin^2(\omega t/2)/\omega^2 = (\pi t/2)\delta(\omega)$$

例題 7　　　　　　　　　　　　　　　　　　　　　　　　　　**粒子の弾性散乱**

1 辺の長さ L の十分大きな立方体の箱（体積 $V = L^3$）の中を運動する換算質量 μ の粒子に原点 O から $U(\boldsymbol{r})$ のポテンシャルが働く．始め波数ベクトル $\boldsymbol{k}_0$ であった状態が図 7.6 のように $\boldsymbol{k}$ 近傍の微小立体角 $d\Omega$ に散乱される．弾性散乱（$|\boldsymbol{k}_0| = |\boldsymbol{k}|$）のときを扱い，このような過程に対する単位時間当たりの遷移確率を求めよ．

解答　$H = -\hbar^2\nabla^2/2\mu + U$ であるが，第 1 項を H_0，U を摂動 H' にとる（$\lambda = 1$ とおく）．始状態，終状態の波動関数はそれぞれ

$$\psi_{\boldsymbol{k}_0}(\boldsymbol{r}) = \frac{1}{\sqrt{V}}e^{i\boldsymbol{k}_0\cdot\boldsymbol{r}}$$

$$\psi_{\boldsymbol{k}}(\boldsymbol{r}) = \frac{1}{\sqrt{V}}e^{i\boldsymbol{k}\cdot\boldsymbol{r}}$$

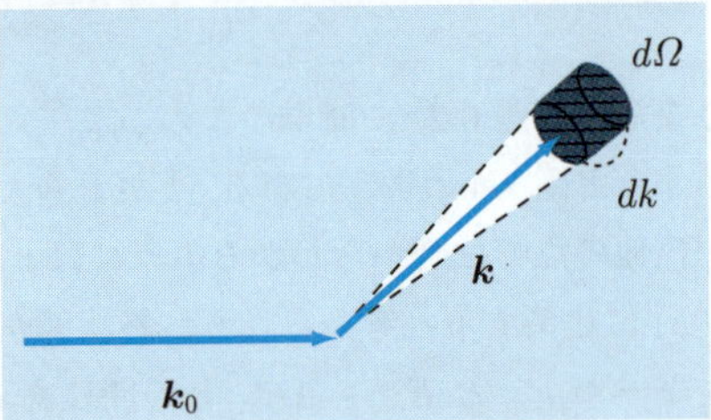

図 7.6　弾性散乱

で与えられる．ここで $\boldsymbol{K} = \boldsymbol{k} - \boldsymbol{k}_0$ とすれば

$$H'_{if} = \frac{1}{V}\int_\Omega U(\boldsymbol{r})e^{-i\boldsymbol{K}\cdot\boldsymbol{r}}dV$$

が成り立つ．添字 Ω は立方体の内部を表す記号である．一般に，$\boldsymbol{r}$ の関数 $U(\boldsymbol{r})$ を平面波で展開（**フーリエ展開**）したとき，次の (1)

$$U(\boldsymbol{r}) = \frac{1}{V}\sum_q \nu(\boldsymbol{q})e^{i\boldsymbol{q}\cdot\boldsymbol{r}}, \quad \nu(\boldsymbol{q}) = \int_\Omega U(\boldsymbol{r})e^{-i\boldsymbol{q}\cdot\boldsymbol{r}} \tag{1}$$

で定義される $\nu(\boldsymbol{q})$ を**フーリエ成分**という．H'_{if} は $H'_{if} = \nu(\boldsymbol{K})/V$ となる．図 7.6 の斜線部の体積は $k^2dkd\Omega$ に等しく，この中の状態数は $V/(2\pi)^3\cdot k^2dkd\Omega$ である．一方，$E = \hbar^2k^2/2\mu$ で $dE = \hbar^2kdk/\mu$ が成り立つ．よって

$$\rho(E)dE = \rho(E)\frac{\hbar^2k}{\mu}dk = \frac{V}{(2\pi)^3}k^2dkd\Omega \qquad \therefore \quad \rho(E) = \frac{V\mu kd\Omega}{(2\pi)^3\hbar^2}$$

となり，w は次の (2) で与えられる．この式の物理的な意味は 8.4 節で述べる．

$$w = \frac{\mu k\,|\nu(\boldsymbol{K})|^2}{(2\pi)^2\hbar^3V}d\Omega \tag{2}$$

問　題

7.1　$\boldsymbol{k}$ と $\boldsymbol{k}_0$ とのなす角を θ とする．K を k と θ で表す数式を導け．

7.2　$U(\boldsymbol{r})$ が r だけの関数のとき，$\nu(\boldsymbol{q})$ はどのように表されるか．また遮蔽されたクーロンポテンシャル $U(r) = e^2e^{-\kappa r}/4\pi\varepsilon_0 r$ のフーリエ成分を求めよ．

7.3　$\nu(q) = e^2/\varepsilon_0 q^2$ のフーリエ成分を使うと (1) の左辺はクーロンポテンシャルに等しいことを証明せよ．

8 散乱問題

8.1 1次元の散乱

• 1次元の反射と透過 • 一直線（x 軸）上を運動する質量 m の粒子があり，この粒子には図 8.1 のようなポテンシャルが働くとする．粒子のエネルギー E (>0) は連続固有値であり，与えられたものとする．E を

$$E = \frac{\hbar^2 k^2}{2m} \tag{8.1}$$

とおけば，k は粒子の波数で $k = \sqrt{2mE}/\hbar$ と書ける．以下，ポテンシャルの左側から入射する粒子がポテンシャルの壁に当たり，反射したり，その壁を透過するときを扱う．

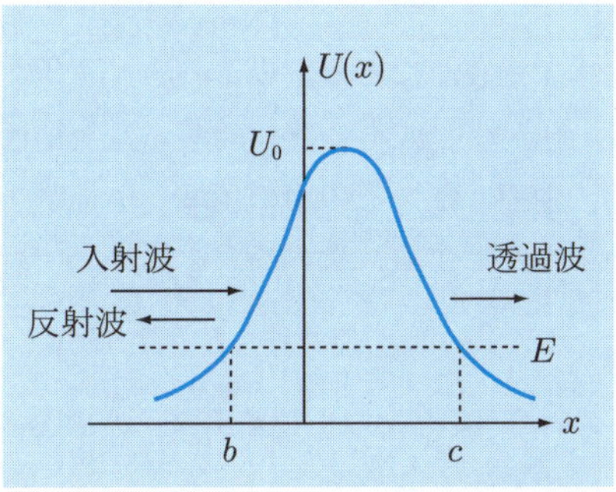

図 8.1　1次元の散乱

• 古典力学と量子力学との違い • 図 8.1 のようにポテンシャルの最大値を U_0 とし，簡単のためポテンシャルのピークは1つだけとする．$E > U_0$ だと粒子はポテンシャルの山を越え右向きの粒子はそのまま右方に進む．この場合，古典力学と量子力学では大差はない．一方，$E < U_0$ の場合，古典力学で考えると粒子はポテンシャルを飛び越せず運動はポテンシャルの左側だけで起こる．しかし，量子力学では粒子が波の性格をもつために，波動関数はポテンシャルの右側の領域に浸み出る．これを**トンネル効果**といい，量子力学特有の現象である．8.2 節でトンネル効果について学ぶ．

• 反射率と透過率 • 図 8.1 のように，$E < U_0$ のときポテンシャルと E との交点を b, c とする．$x \to -\infty$ の極限をとるとポテンシャルの影響はないとみなせるので，この極限で波動関数は

$$\psi(x) = Ae^{ikx} + Be^{-ikx} \quad (x \to -\infty) \tag{8.2}$$

となる．係数 A, B は入射波，反射波の振幅である．同じように $x \to \infty$ の極限では

$$\psi(x) = Ce^{ikx} \quad (x \to \infty) \tag{8.3}$$

と表される．係数 C はそれぞれ透過波の振幅である．ここで，次式の R, T をそれぞれ**反射率**，**透過率**という．

$$R = \left|\frac{B}{A}\right|^2 = \frac{|B|^2}{|A|^2}, \quad T = \left|\frac{C}{A}\right|^2 = \frac{|C|^2}{|A|^2} \tag{8.4}$$

例題 1　　**確率の流れ密度**

一般に 3 次元空間中の粒子（質量は m）の波動関数 $\psi(\boldsymbol{r},t)$ に対し

$$P(\boldsymbol{r},t) = \psi^*(\boldsymbol{r},t)\psi(\boldsymbol{r},t)$$

で確率密度を定義する．空間中の微小体積 dV を考えると，$P(\boldsymbol{r},t)dV$ はその空間中に粒子の見いだされる確率に比例する．確率の流れ密度 $\boldsymbol{S}(\boldsymbol{r},t)$ を

$$\boldsymbol{S}(\boldsymbol{r},t) = \frac{\hbar}{2im}[\psi^*\nabla\psi - (\nabla\psi^*)\psi]$$

で定義したとし，以下の問に答えよ．

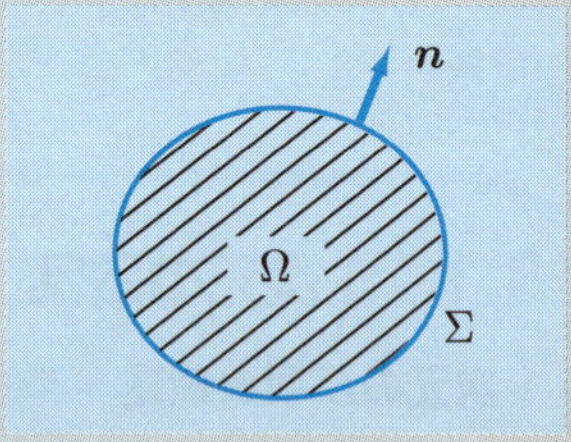

図 8.2　閉曲面 Σ と領域 Ω

(a)　図 8.2 に示すように，Σ を空間中の任意の閉曲面，Ω をその中の領域，$\boldsymbol{n}$ を閉曲面の内側から外側へ向く法線方向の単位ベクトルとする．次の等式を導け．

$$\frac{\partial}{\partial t}\int_\Omega P(\boldsymbol{r},t)dV = -\int_\Omega \mathrm{div}\boldsymbol{S}dV = -\int_\Sigma S_n dS$$

(b)　確率密度を電荷密度，確率の流れ密度を電流密度に対応させ，上式の物理的な意味を考察せよ．

解答　(a)　時間に依存するシュレーディンガー方程式およびその複素共役をとった

$$i\hbar\frac{\partial\psi}{\partial t} = -\frac{\hbar^2}{2m}\nabla^2\psi + U\psi, \quad -i\hbar\frac{\partial\psi^*}{\partial t} = -\frac{\hbar^2}{2m}\nabla^2\psi^* + U\psi^*$$

を使うと

$$\frac{\partial}{\partial t}\int_\Omega PdV = \int_\Omega\left(\psi^*\frac{\partial\psi}{\partial t} + \frac{\partial\psi^*}{\partial t}\psi\right)dV = \frac{i\hbar}{2m}\int_\Omega[\psi^*\nabla^2\psi - (\nabla^2\psi^*)\psi]dV$$
$$= \frac{i\hbar}{2m}\int_\Omega \mathrm{div}[\psi^*\nabla\psi - (\nabla\psi^*)\psi]dV = -\int_\Omega \mathrm{div}\boldsymbol{S}dV$$

となり，ガウスの定理（p.45 の (1)）を適用すると与式が得られる．

(b)　単位時間当たり，Ω 中の電荷の増え高は Σ を通じ外部から流れ込む電荷の量に等しい．粒子の存在確率でも同様で，それを数式で表したのが与式である．

問　題

1.1　(8.2), (8.3) のように，ψ が x だけの関数のとき $\boldsymbol{S}$ の x 成分だけが 0 でないことを示せ．また $v = \hbar k/m$ を粒子の速さとして，次の結果を確かめよ．

$$S(x) = v(|A| - |B|^2) \quad (x \to -\infty), \quad S(x) = v\,|C|^2 \quad (x \to \infty)$$

1.2　一般に，$R + T = 1$ の関係が成り立つことを証明せよ．

8.2　トンネル効果

• 1 次元のシュレーディンガー方程式 •　粒子に図8.3のようなポテンシャルが働くとし $x<0,\ 0<x<a,\ a<x$ をそれぞれ領域 I, II, III とする．領域 I, III では $U(x)=0$ であるから，(8.2), (8.3) が成立し次式のように書ける．

$$\psi(x)=Ae^{ikx}+Be^{-ikx}\quad（領域 I）\tag{8.5}$$

$$\psi(x)=Ce^{ikx}\quad（領域 III）\tag{8.6}$$

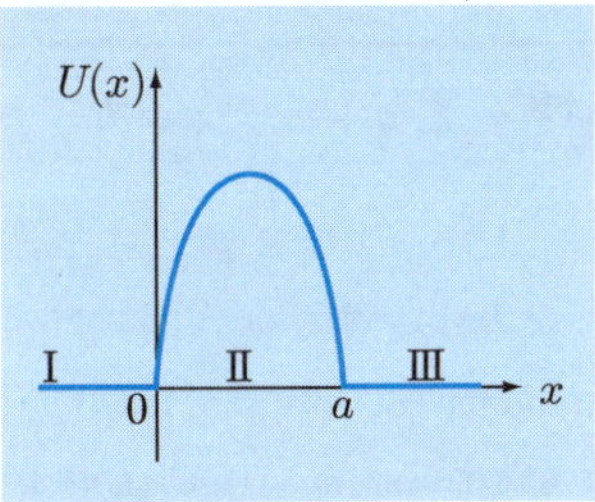

図 8.3　ポテンシャル

シュレーディンガー方程式は

$$-\frac{\hbar^2}{2m}\frac{d^2\psi}{dx^2}+U(x)\psi=E\psi\tag{8.7}$$

で与えられるが，領域 II における (8.7) の独立な解を $\psi_1(x), \psi_2(x)$ とする．x に関する微分を $'$ で表し，次の**ロンスキアン** $\varDelta$ を定義すれば $\varDelta$ は一定となる（例題 2）．

$$\varDelta=\begin{vmatrix}\psi_1 & \psi_2\\ \psi_1' & \psi_2'\end{vmatrix}\tag{8.8}$$

• 波動関数の連続性 •　領域 I と II の境界あるいは II と III の境界で ψ, ψ' は連続である（問題 2.1）．領域 II における波動関数は F, G を任意定数として

$$\psi=F\psi_1+G\psi_2\tag{8.9}$$

と表される．波動関数の連続性の利用すると $B/A, C/A$ の比が決められ，反射率 R や透過率 T が計算される．$R+T=1$ であるから T だけを求めればよい．例題 3 で箱型ポテンシャルに対し T の厳密解を論じる．

• WKB 近似（準古典近似）•　任意の $U(x)$ に対し (8.7) を解くのは容易でない．1 つの近似法としてウェンツェル-クラマース-ブリユアン (Wentzel-Kramers-Brillouin) の方法（3 人の頭文字をとり WKB 法）が使われる．波動関数を $\psi(x)=e^{iS(x)/\hbar}$ とおく．この式で定義される S を**作用**という．$\psi'=(iS'/\hbar)e^{iS/\hbar}, \psi''=(-S'^2/\hbar^2+iS''/\hbar)e^{iS/\hbar}$ と書け，(8.7) に代入して

$$S'^2-i\hbar S''=2m[E-U(x)]\tag{8.10}$$

となる．WKB 近似では左辺第 2 項を省略するが，この近似の下で透過率 T は次式で与えられる (例題 4）．

$$T=\exp\left[-\frac{2}{\hbar}\int_b^c\sqrt{2m[U(x)-E]}\,dx\right]\tag{8.11}$$

例題 2 **ロンスキアンと透過率**

(8.8) のロンスキアンが全域で一定であることを示し，連続性を利用して図 8.3 のようなポテンシャルに対する透過率の一般的な等式を導け.

解答 シュレーディンガー方程式の独立な解を ψ_1, ψ_2 とすれば

$$-\frac{\hbar^2}{2m}\psi_1'' + U(x)\psi_1 = E\psi_1, \quad -\frac{\hbar^2}{2m}\psi_2'' + U(x)\psi_2 = E\psi_2$$

となる．左式に ψ_2，右式に $-\psi_1$ を掛けて加えると $(\psi_1\psi_2'' - \psi_2\psi_1'') = 0$ でこれから $(d/dx)(\psi_1\psi_2' - \psi_2\psi_1') = 0$ が得られる．これを積分してロンスキアンの一定であることがわかる．$x = 0$ で ψ, ψ' が連続という条件から

$$F\psi_1(0) + G\psi_2(0) = A + B, \quad F\psi_1'(0) + G\psi_2'(0) = ik(A - B),$$

$$F = \frac{1}{\Delta}\begin{vmatrix} A + B & \psi_2(0) \\ ik(A - B) & \psi_2'(0) \end{vmatrix}, \quad G = \frac{1}{\Delta}\begin{vmatrix} \psi_1(0) & A + B \\ \psi_1'(0) & ik(A - B) \end{vmatrix}$$

となる．同様に，$x = a$ での条件から

$$F\psi_1(a) + G\psi_2(a) = Ce^{ika}, \quad F\psi_1'(a) + G\psi_2'(a) = ikCe^{ika},$$

$$F = \frac{1}{\Delta}\begin{vmatrix} Ce^{ika} & \psi_2(a) \\ ikCe^{ika} & \psi_2'(a) \end{vmatrix}, \quad G = \frac{1}{\Delta}\begin{vmatrix} \psi_1(a) & Ce^{ika} \\ \psi_1'(a) & ikCe^{ika} \end{vmatrix}$$

が得られる．こうして求められた F, G をそれぞれ等しいとおけば

$$(A + B)\psi_2'(0) - ik(A - B)\psi_2(0) = Ce^{ika}[\psi_2'(a) - ik\psi_2(a)]$$

$$ik(A - B)\psi_1(0) - (A + B)\psi_1'(0) = Ce^{ika}[ik\psi_1(a) - \psi_1'(a)]$$

である．計算を簡単にするため $\psi_1(0) = \psi_2'(0) = 0$ の条件が成り立つよう ψ_1, ψ_2 を選ぶとする（問題 2.2）．その結果 $2A = Ce^{ika}X$ となるが，上式で X は

$$X = \frac{1}{\psi_1'(0)}[\psi_1'(a) - ik\psi_1(a)] + \frac{1}{\psi_2(0)}\left[\psi_2(a) - \frac{\psi_2'(a)}{ik}\right]$$

と定義される．$|e^{ika}| = 1$ であるから透過率 T は次式のように書ける．

$$T = \frac{|C|^2}{|A|^2} = \frac{4}{|X|^2}$$

問題

2.1 シュレーディンガー方程式は 2 階の微分方程式であるから $\psi(x)$ の連続性を仮定している．しかし，ψ' が不連続なら ψ'' は δ 関数的に振る舞い，ポテンシャルが δ 関数を含めば一般に ψ' が不連続であることを示せ．逆にいえば，ポテンシャルが δ 関数でない通常の場合，ψ' は連続である．

2.2 $\psi_1(0) = \psi_2'(0) = 0$ の条件は古典的な振動の場合どんな条件に対応するか．

例題 3 **箱型ポテンシャル**

図 8.4 に示すような箱型ポテンシャルに対する透過率 T を求めよ．

解答 便宜上，$E > U_0$ と仮定し α を $\alpha = \sqrt{2m(E-U_0)}/\hbar$ と定義すると，領域 II での波動方程式は $\psi'' = -\alpha^2\psi$ となる．$\psi_1(0) = \psi_2'(0) = 0$ を満たす解は $\psi_1 = \sin\alpha x, \psi_2 = \cos\alpha x$ と書ける．これから例題 2 の X は $X = [2\alpha ki\cos\alpha a + (\alpha^2 + k^2)\sin\alpha a]/\alpha ki$ となり，T は

$$T = \frac{4\alpha^2k^2}{4\alpha^2k^2\cos^2\alpha a + (\alpha^2+k^2)^2\sin^2\alpha a}$$

と表される．$\cos^2\theta + \sin^2\theta = 1$ を使うと T は

$$T = \frac{4\alpha^2k^2}{4\alpha^2k^2 + (\alpha^2-k^2)^2\sin^2\alpha a}$$

となる．$E = \hbar^2k^2/2m$, $E - U_0 = \hbar^2\alpha^2/2m$ の関係を上式に代入すると

$$T = \frac{4E(E-U_0)}{U_0{}^2\sin^2\alpha a + 4E(E-U_0)}$$

と表される．$0 < E < U_0$ の場合には $\alpha \to i\beta$, $\beta = \sqrt{2m(U_0-E)}/\hbar$ とおけばよい．

$$\sin i\beta a = \frac{e^{-\beta a} - e^{\beta a}}{2i} = i\,\mathrm{sh}\,\beta a$$

$$\mathrm{sh}\,x = \frac{e^x - e^{-x}}{2}$$

の関係を使うと，この場合の T は

$$T = \frac{4E(U_0-E)}{U_0{}^2\,\mathrm{sh}^2\beta a + 4E(U_0-E)}$$

と書ける．参考のため，$mU_0a^2/\hbar^2 = 8$ のとき，T の結果を図 8.5 に示す．

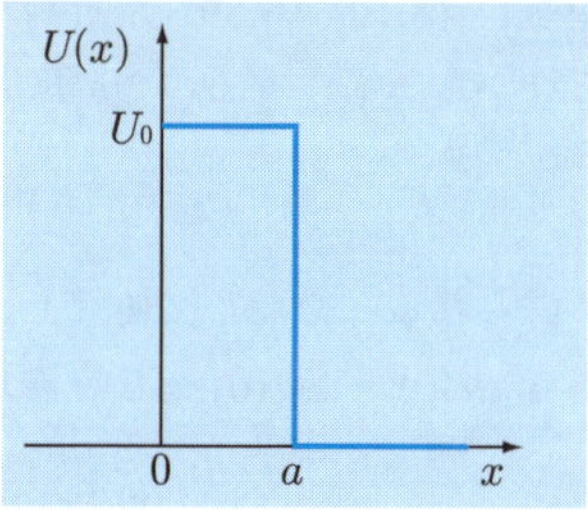

図 8.4 箱型ポテンシャル

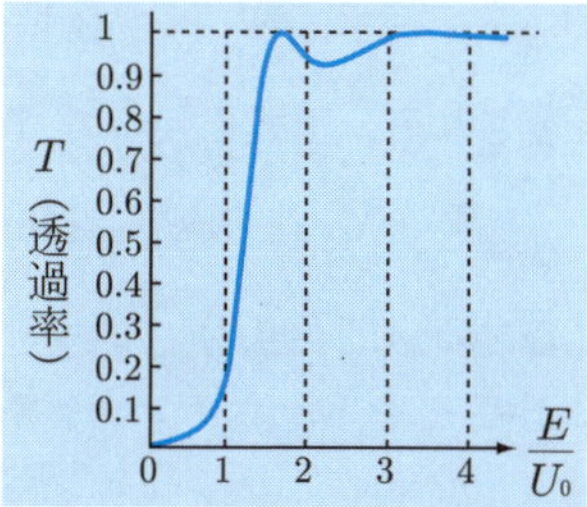

図 8.5 T と E/U_0 の関係

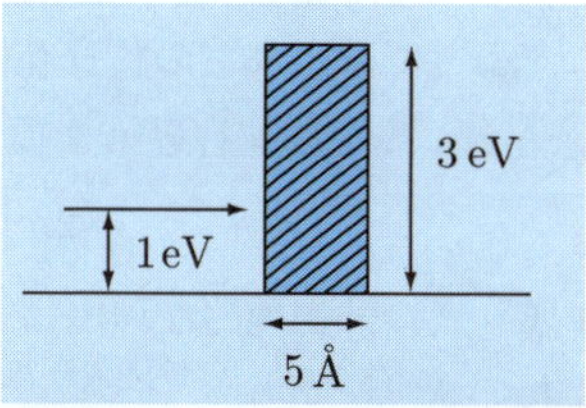

図 8.6 トンネル効果の一例

問　題

3.1 $\beta a \gg 1$ の場合，次の近似式が成り立つことを示せ．

$$T \simeq \frac{16E(U_0-E)}{U_0{}^2}e^{-2\beta a}$$

3.2 運動エネルギー 1 eV の電子が高さ 3 eV，幅 5 Å のポテンシャルの壁に衝突したとき（図 8.6），トンネル効果の透過率はどれくらいか．

例題 4 **WKB 近似とトンネル効果**

WKB 近似を使い透過率に対する (8.11) を導け．

解答 (8.10)（p.89）からわかるように，WKB 近似では $S'^2 = 2m[E - U(x)]$ とする．これから $S'(x) = \pm\sqrt{2m[E - U(x)]}$ となり，これを積分して

$$S(x) = \pm \int_0^x \sqrt{2m[E - U(x')]}\, dx'$$

が得られる．ただし，便宜上積分の下限を 0 とした．$\psi(x)$ は $\psi(x) = e^{iS(x)/\hbar}$ と書けるから $\psi_1(0) = \psi_2{}'(0) = 0$ を満たす解は

$$\psi_1(x) = \sin\left[\frac{1}{\hbar}\int_0^x \sqrt{2m[E - U(x')]}\, dx'\right]$$

$$\psi_2(x) = \cos\left[\frac{1}{\hbar}\int_0^x \sqrt{2m[E - U(x')]}\, dx'\right]$$

と表される．上式を使って X を計算すると

$$X = 2(\cos I - i\sin I) = 2e^{-iI}, \quad I = \frac{1}{\hbar}\int_0^a \sqrt{2m[E - U(x)]}\, dx$$

と書ける（問題 4.2）．図 8.3 のようなポテンシャルを想定して，図 8.1 で示したように正の E をとりポテンシャルとの交点を b, c とする．I の積分範囲を分割し

$$\int_0^a dx = \int_0^b dx + \int_b^c dx + \int_c^a dx$$

とする．右辺第 1 項，第 3 項では $E \geq U(x)$ が成り立つから，被積分関数は実数である．よって，これらの積分範囲からの I への寄与をまとめて θ と書けば θ は実数となる．これに反し，右辺第 2 項では $E \leq U(x)$ なので

$$\sqrt{2m[E - U(x)]} = \pm i\sqrt{2m[U(x) - E]}$$

が成り立つ．物理的な理由によりここで + の符号をとらねばならない（問題 4.3）．こうして X は

$$X = 2e^{-i\theta}\exp\left[\frac{1}{\hbar}\int_b^c \sqrt{2m[U(x) - E]}\, dx\right]$$

となり $|e^{-i\theta}| = 1$ に注意すれば (8.11)（p.89）が導かれる．

問　題

4.1 WKB 近似が準古典近似とよばれる理由について論じよ．

4.2 $\psi_1(x), \psi_2(x)$ に対する結果を利用し X を計算せよ．

4.3 $\sqrt{2m[E - U(x)]} = \pm i\sqrt{2m[U(x) - E]}$ の関係で物理的に + の符号をとる必要がある．その理由を述べよ．

8.3　3次元の散乱

• 実験室系と重心系 •　粒子1 (質量 m_1) と粒子2 (質量 m_2) の二体問題は重心運動と相対運動に分離できる（4.1節）．最初両者の粒子が静止している座標系を**実験室系**といい，実際に散乱のデータが得られるのは実験室系である．重心が静止しているような座標系を**重心系**という．粒子2が静止していて粒子1が速度 $\boldsymbol{v}_1$ をもてば，重心の速度は $m_1\boldsymbol{v}_1/(m_1+m_2)$ でこれは運動の定数である．$m_2 \gg m_1$ だと重心は静止しているので，実験室系と重心系は同じである．以下，このような体系を扱う．

• 入射波と散乱波 •　粒子2の位置を座標原点Oにとる．換算質量 μ は m_1 とほとんど同じであるが，μ という記号を残す．1次元のとき，入射波は図8.1で $x \le b$ の領域だけにあるが，3次元だと全空間に存在する．粒子は z 軸の正方向に入射し，そのエネルギーを $E = \hbar^2k^2/2\mu$ とすれば，入射波の波動関数は e^{ikz} と書ける．図8.7のように入射粒子の方向を z 軸とする極座標を導入すると，散乱の状況は z 軸のまわりで軸対称で散乱波の波動関数は φ には依存しない．また，角 θ は入射粒子の進行方向と散乱粒子のそれとがなす角でこれを**散乱角**という．散乱波，入射波両者を考慮し，波動関数 ψ は十分 r が大きいと次のように書けるとする．

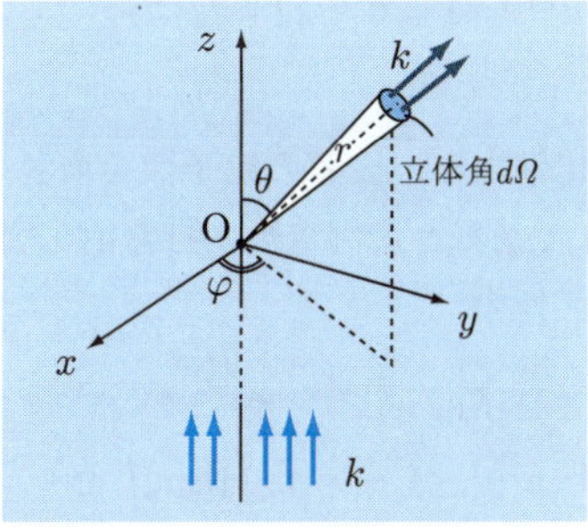

図 8.7　微分散乱断面積

$$\psi \sim A\left[e^{ikz} + \frac{f(\theta)}{r}e^{ikr}\right] \tag{8.12}$$

$f(\theta)$ を**散乱振幅**という．

• 微分散乱断面積 •　z 軸と垂直な面を単位面積，単位時間当たり N 個の粒子が入射するとき，θ, φ 方向の微小立体角 $d\Omega$ を単位時間当たり通過する散乱粒子の数を

$$N\sigma(\theta,\varphi)d\Omega \tag{8.13}$$

と書き，$\sigma(\theta,\varphi)$ を**微分散乱断面積**という．実際 $\sigma(\theta,\varphi)$ は面積の次元をもつ量である（問題5.1）．$\sigma(\theta,\varphi)$ は軸対称な場合には φ によらず，(8.12) の $f(\theta)$ により

$$\sigma(\theta,\varphi) = |f(\theta)|^2 \tag{8.14}$$

と書ける（例題5）．微分散乱断面積を立体角で積分した次式の σ を**全散乱断面積**という．問題5.2で示すように，古典的な円盤（半径 a）の σ は面積 πa^2 に等しい．

$$\sigma = \int \sigma(\theta,\varphi)d\Omega \tag{8.15}$$

例題 5 **微分散乱断面積と波動関数**

波動関数が (8.12) のように表されるとして，微分散乱断面積に対する (8.14) の関係を導け．

解答 粒子は単位時間当たり $v = \hbar k/\mu$ だけ進む．したがって，図 8.8 のように，単位断面積をもち z 方向に伸びた高さ v の角柱状の立体中に含まれる粒子数 N は，この中の粒子の存在確率

$$|A|^2 v \tag{1}$$

に比例する．一方，図の斜線部分の体積は $r^2 v d\Omega$ に等しい．このため，単位時間当たり $d\Omega$ を通過する粒子数は

$$|A|^2 \frac{|f(\theta)|^2}{r^2} r^2 v d\Omega \tag{2}$$

に比例する．後者の粒子数を前者の粒子数で割ったものが $\sigma(\theta, \varphi) d\Omega$ である．(2) を (1) で割ると比例定数が打ち消し合うので，結局次の結果が得られる．

$$\sigma(\theta, \varphi) = |f(\theta)|^2$$

問　題

5.1 $\sigma(\theta, \varphi)$ の次元は面積であることを証明せよ．

5.2 図 8.9 のような半径 a の円盤に垂直に粒子が入射する場合を考える．粒子は円盤により反射されるとして，円盤の古典的な全散乱断面積は円の面積 πa^2 に等しいことを示せ．

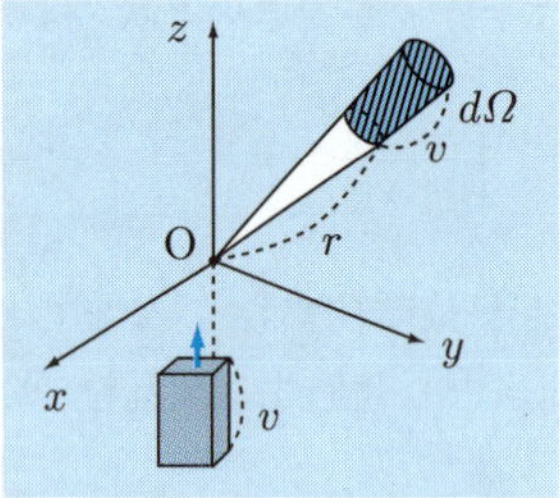

図 8.8　(8.14) の導出

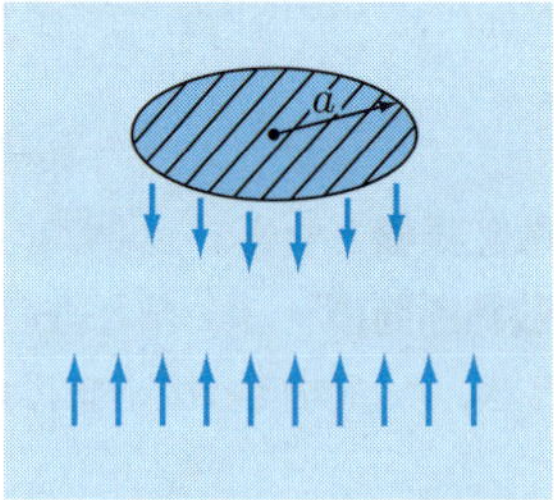

図 8.9　円盤の全散乱断面積

実験室系と重心系との違い

重い粒子に軽い粒子が当たるとして散乱の問題を扱った．陽子と陽子が衝突するようなときには，実験室系と重心系との違いを考慮する必要がある．両者の関係については岡崎誠，藤原毅夫共著：演習量子力学［新訂版］（サイエンス社，2002）を参照せよ．結晶による中性子の散乱実験，すなわち中性子回折のときにはここで述べた前提が成り立つとしてよい．

8.4　ボルン近似

● 弱いポテンシャル ●　散乱の問題で粒子のエネルギーが粒子に働くポテンシャルより十分大きな場合，ポテンシャルを摂動として扱うことができる．摂動論を適用する際，定常とするか，非定常とするか2つの考え方がある．本節では後者の立場に立って散乱を論じる．その理由は既に7.4節で同じような議論をしたためである．定常な方法でも同じ結論に達するが，このように散乱に摂動論を適用する手法を一般に**ボルン近似**という．通常は摂動の第1近似をとり，この場合を**第1ボルン近似**という．場合によっては**第2ボルン近似**あるいはそれ以上の項を考慮する必要がある．近藤効果はそのような例である．

● 遷移確率 ●　7.4節の例題7（p.86）で次のような問題を扱った．体積 V の箱中に1個の粒子が存在するとき，始状態の波数ベクトル $\boldsymbol{k}_0$ とする（図8.10）．$\boldsymbol{k}$ 近傍の微小立体角 $d\Omega$ 中の波数ベクトルをもつ状態を終状態にとると，始状態から終状態へと散乱される単位時間当たりの遷移確率 w は例題7中の(2)により

$$w = \frac{\mu k\,|\,\nu(\boldsymbol{K})|^2}{(2\pi)^2\hbar^3 V}d\Omega \qquad (8.16)$$

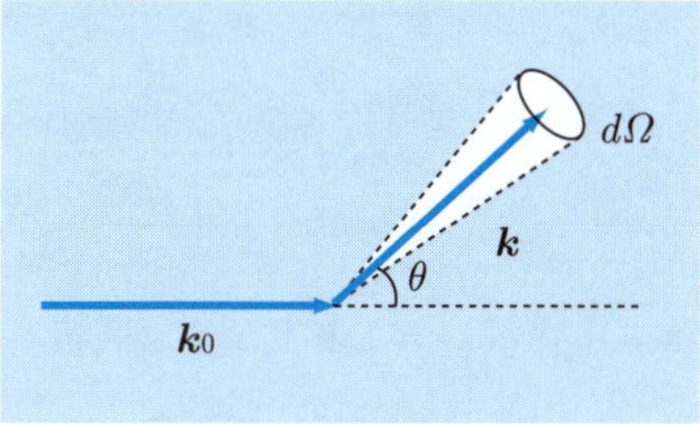

図8.10　ボルン近似

で与えられる．ここで $\nu(\boldsymbol{K})$ はポテンシャルのフーリエ成分で $\boldsymbol{k}_0$ と $\boldsymbol{k}$ となす角（散乱角，図8.10）を θ とすれば問題7.1（p.86）で述べたように次式が成り立つ．

$$K = 2k\sin\frac{\theta}{2} \qquad (8.17)$$

● 遷移確率と微分散乱断面積 ●　体積 V 中に1個の粒子があるとき，w は $\boldsymbol{k}$ 近傍の微小立体角 $d\Omega$ 内に，単位時間当たり散乱される粒子数を表す．よって，(8.13)により

$$w = N\sigma(\theta,\varphi)d\Omega \qquad (8.18)$$

が成り立つ．一方，入射粒子の数密度は $1/V$ で粒子の速さを v とすれば $N = v/V$ である．粒子の運動量の大きさ p は $p = \hbar k = \mu v$ と書けるので $N = \hbar k/V\mu$ となる．これを使うと(8.18)から $\sigma(\theta,\varphi)d\Omega = V\mu w/\hbar k$ が得られる．こうして，(8.16)を利用して

$$\sigma(\theta,\varphi) = \left(\frac{\mu}{2\pi\hbar^2}\right)^2 |\,\nu(\boldsymbol{K})|^2 \qquad (8.19)$$

の関係が導かれる．

例題 6 **井戸型ポテンシャルに対するボルン近似**

$U(r)=-U_0\,(r<a)$, $U(r)=0\,(r>a)$ の井戸型ポテンシャル（図 8.11）に対しボルン近似を適用して微分散乱断面積を求めよ．

解答 ポテンシャルが r だけの関数のとき，そのフーリエ成分は

$$\nu(K)=\frac{4\pi}{K}\int_0^\infty U(r)r\sin Kr dr \tag{1}$$

と表される（p.86 の問題 7.2）．いまの問題に適用すると

$$\nu(K)=-\frac{4\pi U_0}{K}\int_0^a r\sin Kr dr \tag{2}$$

となり，上記の積分を実行し (8.19) を利用すると（問題 6.1），次式が得られる．

$$\sigma(\theta,\varphi)=\left(\frac{2\mu U_0 a^3}{\hbar^2}\right)^2 g(x) \tag{3}$$

ここで $g(x)$ は次のように定義される．

$$g(x)=\left(\frac{\sin x}{x^3}-\frac{\cos x}{x^2}\right)^2,\quad x=Ka=2ka\,\sin\frac{\theta}{2} \tag{4}$$

$x=0$ で $g(x)=1/9$ となり（問題 6.2），$9g(x)$ を図示すると図 8.12 のようになる．

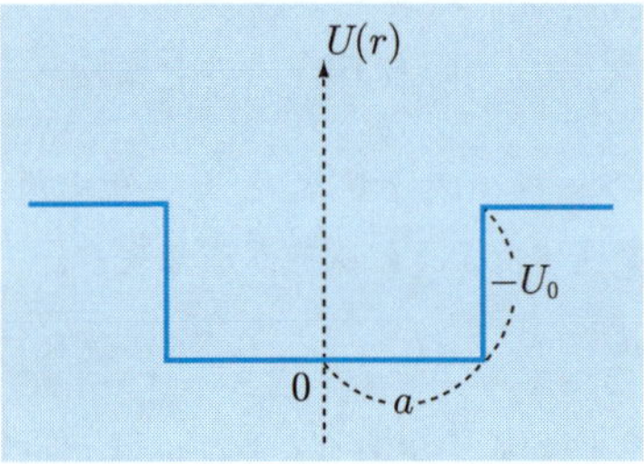

図 8.11 井戸型ポテンシャル

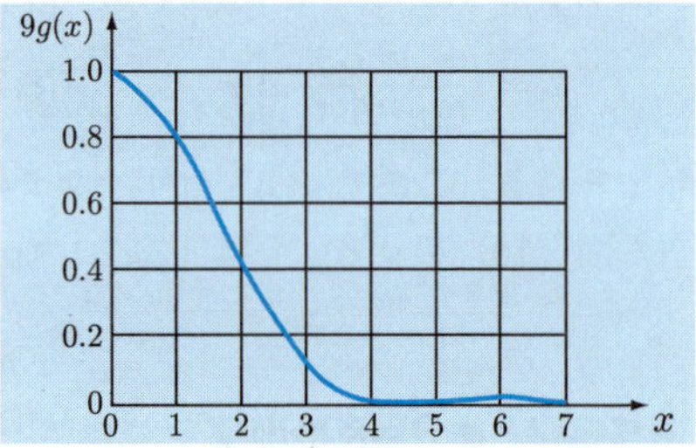

図 8.12 関数 $9g(x)$ の表示

問 題

6.1 (3) を導け．

6.2 $x=0$ で $g(x)=1/9$ であることを証明せよ．

6.3 例題 6 のような井戸型ポテンシャルを記述する 1 つの無次元なパラメーターは ka でボルン近似は $ka\gg 1$ のときよい近似になっていると期待される．このような条件が実現すると入射波の波長 λ は a より小さいことを示せ．また，散乱の様子がどんなものかについて論じよ．

8.5　部分波の方法

● **動径方向の波動関数** ●　粒子に働くポテンシャルを $U(r)$ とすれば，シュレーディンガー方程式は

$$-\frac{\hbar^2}{2\mu}\Delta\psi + U(r)\psi = E\psi \qquad (8.20)$$

と表される．ポテンシャルは r の関数と仮定したので，第 4 章で論じた中心力が働くときと同じで図 8.13 のような極座標を導入すると，一般に ψ は $\psi = \sum R_l(r)Y_{lm}(\theta,\varphi)$ と書ける．$Y_{lm}(\theta,\varphi) \propto P_l^{|m|}(\cos\theta)e^{im\varphi}$ となり，いまの散乱の問題では z 軸のまわりで軸対称性が成り立ち ψ は φ に依存しない．このため $m=0$ の項だけが残り ψ は

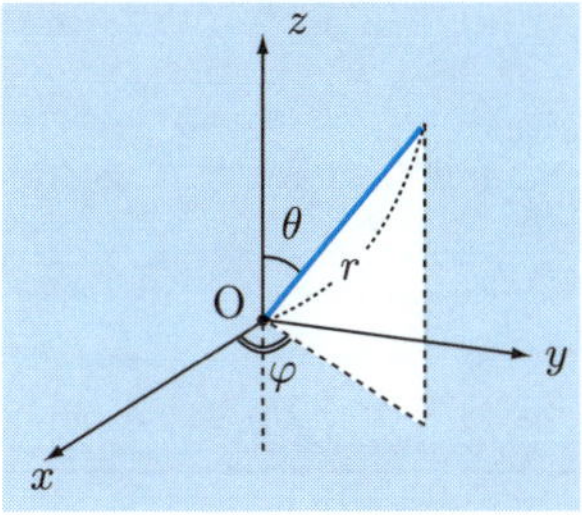

図 8.13　極座標

$$\psi = \sum_{l=0}^{\infty} R_l(r)P_l(\cos\theta) \qquad (8.21)$$

と書ける．l は角運動量の大きさに対応するが波動関数を上式のように l の異なる波（**部分波**）にわける方法を**部分波の方法**という．(4.13)（p.46）で $\lambda = l(l+1)$ とおけば動径方向の波動関数 $R_l(r)$ に対する

$$-\frac{\hbar^2}{2\mu}\frac{1}{r^2}\frac{d}{dr}\left(r^2\frac{dR_l}{dr}\right) + \frac{\hbar^2}{2\mu}\frac{l(l+1)}{r^2}R_l + U(r)R_l = ER_l \qquad (8.22)$$

という方程式が得られる．

● **球ベッセル関数，球ノイマン関数** ●　自由粒子の場合 $[U(r)=0]$

$$E = \frac{\hbar^2k^2}{2\mu}, \quad \rho = kr \qquad (8.23)$$

とおいて，(8.21) は

$$\frac{d^2R_l}{d\rho^2} + \frac{2}{\rho}\frac{dR_l}{d\rho} + \left[1 - \frac{l(l+1)}{\rho^2}\right]R_l = 0 \qquad (8.24)$$

となる．$\rho = 0$ は微分方程式の正則特異点（p.54）を表し，そこで正則な解と正則でない解が存在する（問題 7.1）．前者を**球ベッセル関数**（記号は j），後者を**球ノイマン関数**（記号は n）という．$l = 0, 1$ の場合のこれらの関数を以下に示す．

$$j_0(\rho) = \frac{\sin\rho}{\rho}, \quad n_0(\rho) = -\frac{\cos\rho}{\rho} \qquad (8.25)$$

$$j_1(\rho) = \frac{\sin\rho}{\rho^2} - \frac{\cos\rho}{\rho}, \quad n_1(\rho) = -\frac{\cos\rho}{\rho^2} - \frac{\sin\rho}{\rho} \qquad (8.26)$$

例題 7　　**$e^{ikr\cos\theta}$ の展開公式**

自由粒子の波動関数である平面波 e^{ikz} を極座標で表すと $e^{ikr\cos\theta}$ と書ける．したがって，(8.21) で $R_l = B_l j_l(kr)$ とし

$$e^{ikr\cos\theta} = \sum_{l=0}^{\infty} B_l j_l(kr) P_l(\cos\theta) \tag{1}$$

と展開できるはずである．ホイッタカー（Whittaker）の積分表示

$$j_l(z) = \frac{1}{2i^l}\int_{-1}^{1} e^{izx} P_l(x) dx \tag{2}$$

を利用して B_l を決定し，$e^{ikr\cos\theta}$ に対する展開公式を導け．

解答　(4.21), (4.22)（p.50）により

$$\int_{-1}^{1} P_l(x) P_m(x) dx = \frac{2}{2l+1}\delta_{lm} \tag{3}$$

が成り立つ．(1) で $\cos\theta \to x, l \to m$ とし，(3) を使うと

$$\begin{aligned}\int_{-1}^{1} e^{ikrx} P_l(x) dx &= \sum_{m=0}^{\infty} B_m j_m(kr) \frac{2}{2l+1}\delta_{lm} \\ &= \frac{2B_l j_l(kr)}{2l+1}\end{aligned}$$

となる．上式左辺はホイッタカーの積分表示により $2i^l j_l(kr)$ に等しい．すなわち，$B_l = (2l+1)i^l$ が成り立ち，次の公式が求まる．

$$e^{ikr\cos\theta} = \sum_{l=0}^{\infty}(2l+1)i^l j_l(kr) P_l(\cos\theta) \tag{4}$$

問　題

7.1　$\rho = 0$ が (8.24) の微分方程式の正則特異点であることを利用し，$\rho = 0$ の近傍の解が $R \propto \rho^s$ であると仮定する．s の値を求め $\rho = 0$ で正則な解と正則でない解の 2 種類が存在することを示せ．

7.2　一般に

$$\frac{d}{d\rho}\left[\rho^{-l} j_l(\rho)\right] = -\rho^{-l} j_{l+1}(\rho)$$

$$\frac{d}{d\rho}\left[\rho^{-l} n_l(\rho)\right] = -\rho^{-l} n_{l+1}(\rho)$$

の漸化式が成立する．$j_0(\rho), n_0(\rho)$ がわかっているとして $j_1(\rho), n_1(\rho)$ を求めよ．

7.3　$j_2(\rho), n_2(\rho)$ を計算せよ．

7.4　$l = 0, 1$ の場合にホイッタカーの積分表示が成り立つことを確かめよ．

• $\rho \to \infty$ における $j_l(\rho)$, $n_l(\rho)$ の漸近式 • ρ が十分大きい場合，次に示すような漸近的な結果

$$j_l(\rho) \to \frac{1}{\rho}\sin\left(\rho - \frac{l\pi}{2}\right) \qquad (\rho \to \infty) \tag{8.27}$$

$$n_l(\rho) \to -\frac{1}{\rho}\cos\left(\rho - \frac{l\pi}{2}\right) \qquad (\rho \to \infty) \tag{8.28}$$

が成り立つ．$l = 0$ の場合には (8.25) からわかるように，上述の漸近式は球ベッセル関数，球ノイマン関数そのものを表す．(8.26) を使えば $l = 1$ のときに上の漸近式を確かめることができる．一般の l に対しては問題 7.2 の漸化式を適用し，数学的帰納法を利用すればよい（問題 8.1）．

• 位相のずれ • 一般に $r \to \infty$ の極限で $U(r) \to 0$ なので波動関数は自由粒子と同じように振る舞う．シュレーディンガー方程式の独立な解は l を固定したとき球ベッセル関数と球ノイマン関数なので，これらの一次結合を作り r が十分大きいときの漸近的な解は

$$\begin{aligned} R_l(r) &\sim A_l[\cos\delta_l j_l(kr) - \sin\delta_l n_l(kr)] \\ &\sim \frac{A_l}{kr}\left[\cos\delta_l \sin\left(kr - \frac{l\pi}{2}\right) + \sin\delta_l \cos\left(kr - \frac{l\pi}{2}\right)\right] \\ &= \frac{A_l}{kr}\sin\left(kr - \frac{l\pi}{2} + \delta_l\right) \end{aligned} \tag{8.29}$$

で与えられる．δ_l は自由粒子との違いを表す量でこれを**位相のずれ**という．

• 散乱に対する一般式 • (8.12)（p.93）で定義した散乱振幅 $f(\theta)$ は，一般に

$$f(\theta) = \frac{1}{2ik}\sum_{l=0}^{\infty}(2l+1)(e^{2i\delta_l} - 1)P_l(\cos\theta) \tag{8.30}$$

となる（例題 8）．よって，微分散乱断面積は φ によらず (8.14)（p.93）により

$$\sigma(\theta) = |f(\theta)|^2 = \frac{1}{k^2}\left|\sum_{l=0}^{\infty}(2l+1)e^{i\delta_l}\sin\delta_l P_l(\cos\theta)\right|^2 \tag{8.31}$$

と書ける．また，全散乱断面積 σ は

$$\begin{aligned} \sigma &= \int \sigma(\theta)d\Omega = 2\pi\int \sigma(\theta)\sin\theta d\theta \\ &= \frac{4\pi}{k^2}\sum_{l=0}^{\infty}(2l+1)\sin^2\delta_l \end{aligned} \tag{8.32}$$

のように表される（問題 8.2）．部分波の方法は s 波（$l = 0$）または p 波（$l = 1$）など l の小さい波からの寄与が大きいときによい近似を与える．どのような物理的状況のときにこの方法が有効であるかについては例題 9 を参照せよ．

例題 8 **散乱振幅 $f(\theta)$ に対する一般式**

位相のずれを用いると，散乱振幅 $f(\theta)$ は一般に (8.30) のように記述されることを証明せよ．

解答 r が十分大きいと波動関数は (8.12)（p.93）のように書ける．一方，同じ状況で $R_l(r)$ は (8.29) のように表されるので

$$A\left[e^{ikz}+\frac{f(\theta)}{r}e^{ikr}\right]=\sum_{l=0}^{\infty}A_l\frac{\sin(kr-l\pi/2+\delta_l)}{kr}P_l(\cos\theta)$$

が成り立つ．A_l は A に比例するとし $A_l=AA_l'$ とおき $'$ をとったとすれば $A=1$ とおいても一般性を失わない．e^{ikz} に対する例題 7（p.98）の結果を利用すれば

$$\sum_{l=0}^{\infty}(2l+1)i^l j_l(kr)P_l(\cos\theta)+\frac{f(\theta)}{r}e^{ikr}$$
$$=\sum_{l=0}^{\infty}A_l\frac{\sin(kr-l\pi/2+\delta_l)}{kr}P_l(\cos\theta) \tag{1}$$

が得られる．$r\to\infty$ の極限で

$$j_l(kr)\simeq\frac{1}{kr}\sin\left(kr-\frac{l\pi}{2}\right)=\frac{e^{ikr-il\pi/2}-e^{-ikr+il\pi/2}}{2kri} \tag{2}$$

となり，また

$$\sin\left(kr-\frac{l\pi}{2}+\delta_l\right)=\frac{e^{ikr-il\pi/2+i\delta_l}-e^{-ikr+il\pi/2-i\delta_l}}{2i} \tag{3}$$

と書ける．(2), (3) を使い (1) の e^{ikr}, e^{-ikr} の係数を比べると次式が得られる．

$$2ikf(\theta)+\sum_l(2l+1)i^l e^{-il\pi/2}P_l(\cos\theta)=\sum_l A_l e^{-il\pi/2+i\delta_l}P_l(\cos\theta)$$
$$\sum_l(2l+1)i^l e^{il\pi/2}P_l(\cos\theta)=\sum_l A_l e^{il\pi/2-i\delta_l}P_l(\cos\theta)$$

下式から $A_l=(2l+1)i^l e^{i\delta_l}$ となり，$i=e^{i\pi/2}$ に注意すると上式から (8.30) が導かれる．

問題

8.1 数学的帰納法を利用し，問題 7.2 の漸化式を使って (8.27), (8.28) の球ベッセル関数，球ノイマン関数の漸近式を導け．

8.2 位相のずれ δ_l を用いると，全散乱断面積 σ が (8.32) のように表されることを証明せよ．

8.3 $l\geq 2$ の位相のずれが 0 になると仮定して次の問に答えよ．

(a) 散乱振幅 $f(\theta)$ を求めよ．

(b) 微分散乱断面積 $\sigma(\theta)$ はどのように表されるか．

例題 9 **剛体球ポテンシャルへの応用**

以下の $U(r) = \infty$ $(r < a)$, $U(r) = 0$ $(r > a)$ で記述されるポテンシャルを**剛体球ポテンシャル**という．これは直径 a の堅い球を表すポテンシャルである．剛体球ポテンシャルに対する次の問に答えよ．

(a) 位相のずれを求めよ．

(b) $ka \ll 1$ として位相のずれを計算し，この極限での全散乱断面積を求め，古典的な値と比較せよ．

解答 (a) 剛体球ポテンシャルの場合，$r < a$ で波動関数は 0 となるからこれを部分波に展開しても $R_l(r) = 0$ となる．$r > a$ の領域では自由粒子を表し

$$R_l(r) = A_l[\cos\delta_l j_l(kr) - \sin\delta_l n_l(kr)]$$

が成り立つ．a で波動関数は連続であるから $0 = \cos\delta_l j_l(ka) - \sin\delta_l n_l(ka)$ と書けるので

$$\tan\delta_l = \frac{j_l(ka)}{n_l(ka)} \tag{1}$$

が得られる．

(b) ρ が小さいときの関係（問題 9.1）

$$j_l(\rho) \to \frac{\rho^l}{(2l+1)!!}, \quad n_l(\rho) \to -\frac{(2l-1)!!}{\rho^{l+1}}$$

$$(2l-1)!! = (2l-1)\cdot(2l-3)\cdots 3\cdot 1, \quad (-1)!! = 1$$

を利用すると (1) から

$$\tan\delta_l = -\frac{(ka)^{2l+1}}{(2l+1)[(2l-1)!!]^2} \tag{2}$$

となり，$ka \ll 1$ だと (2) により $\delta_l \propto (ka)^{2l+1}$ が成り立ち，したがって s 波だけが重要で部分波の方法はよい近似となる．この場合散乱は等方的で $\sigma(\theta) \sim a^2, \sigma \sim 4\pi a^2$ と計算され量子力学的な全散乱断面積は古典的な値の 4 倍となる．

問 題

9.1 $j_l(\rho), n_l(\rho)$ に対し

$$\frac{d}{d\rho}\left[\rho^{l+1} j_l(\rho)\right] = \rho^{l+1} j_{l-1}(\rho), \quad \frac{d}{d\rho}\left[\rho^{l+1} n_l(\rho)\right] = \rho^{l+1} n_{l-1}(\rho)$$

の関係が成り立つ．問題 7.2（p.98）とこれを使い $\rho \to 0$ の場合を論じよ．

9.2 $k \to 0$ の極限で $\delta_0 \to -ka$ と書き，一般に a を**散乱半径**あるいは**散乱長**という．剛体球ポテンシャルのとき a は従来の量と一致することを示せ．

9.3 図 8.11（p.96）の井戸型ポテンシャルに対する位相のずれを求めよ．

9 電磁場の量子論

9.1 電磁場の方程式

• 電磁場の物理量 •　物質中の電磁場を記述する物理量として，電場 $\boldsymbol{E}$ ，磁場 $\boldsymbol{H}$，電束密度 $\boldsymbol{D}$，磁束密度 $\boldsymbol{B}$，電荷密度 ρ，電流密度 $\boldsymbol{j}$ を考える．これらは国際単位系で表されるとするが，一般に

$$\boldsymbol{D} = \varepsilon \boldsymbol{E}, \quad \boldsymbol{B} = \mu \boldsymbol{H}, \quad \boldsymbol{j} = \sigma \boldsymbol{E} \tag{9.1}$$

の関係が成り立つ．ここで ε は誘電率，μ は透磁率，σ は電気伝導率で，これらはその物質に特有な量である．特に真空の場合には $\varepsilon = \varepsilon_0$，$\mu = \mu_0$，$\sigma = 0$ で ε_0, μ_0 をそれぞれ真空の誘電率，真空の透磁率という．これらは次のような値をもつ．

$$\varepsilon_0 = \frac{10^7}{4\pi c^2}\frac{\mathrm{C}^2}{\mathrm{N}\cdot\mathrm{m}^2} = 8.854 \times 10^{-12}\frac{\mathrm{C}^2}{\mathrm{N}\cdot\mathrm{m}^2}, \quad \mu_0 = 4\pi \times 10^{-7}\frac{\mathrm{N}}{\mathrm{A}^2} \tag{9.2}$$

ここで c は真空中の光速で次のように決められている．

$$c = 299792458\,\mathrm{m/s} \tag{9.3}$$

• マクスウェル方程式 •　電磁場を記述する量は場所 $\boldsymbol{r}$，時間 t の関数であるが

$$\mathrm{div}\,\boldsymbol{D} = \rho, \quad \mathrm{div}\,\boldsymbol{B} = 0 \tag{9.4}$$

$$\mathrm{rot}\,\boldsymbol{E} = -\frac{\partial \boldsymbol{B}}{\partial t}, \quad \mathrm{rot}\,\boldsymbol{H} = \boldsymbol{j} + \frac{\partial \boldsymbol{D}}{\partial t} \tag{9.5}$$

が成り立つ．これらは電磁場の時間的，空間的な挙動を記述する基本的な方程式でマクスウェル方程式とよばれる．

• スカラーポテンシャルとベクトルポテンシャル •　電場 $\boldsymbol{E}$ が時間 t に依存しない静電場の場合

$$\boldsymbol{E} = -\nabla\phi \tag{9.6}$$

と書き，この ϕ をスカラーポテンシャルという．また，磁束密度に対しては $\mathrm{div}\,\boldsymbol{B} = 0$ が成り立つので，$\boldsymbol{B}$ は適当なベクトル $\boldsymbol{A}$ で

$$\boldsymbol{B} = \mathrm{rot}\,\boldsymbol{A} \tag{9.7}$$

と表される（問題 1.1）．このようにして定義された $\boldsymbol{A}$ をベクトルポテンシャルという．電磁場が一般に時間に依存する場合，$\boldsymbol{E}$ は次のように書ける（問題 1.2）．

$$\boldsymbol{E} = -\nabla\phi - \frac{\partial \boldsymbol{A}}{\partial t} \tag{9.8}$$

例題 1　　**ゲージ変換**

(9.7),(9.8) の $\boldsymbol{B}, \boldsymbol{E}$ を与える $\boldsymbol{A}, \phi$ は一義的には決まらない．この性質をみるため

$$\boldsymbol{A} \to \boldsymbol{A} + \nabla\chi, \quad \phi \to \phi - \frac{\partial \chi}{\partial t} \tag{1}$$

という変換を考える．これを**ゲージ変換**という．χ は x, y, z, t の任意の関数で χ を**ゲージ**あるいは**ゲージ関数**という．次の問に答えよ．

(a)　ゲージ変換に対して $\boldsymbol{B}, \boldsymbol{E}$ が不変（ゲージ不変）であることを証明せよ．

(b)　$\mathrm{div}\,\boldsymbol{A} = 0$ を満たすようなゲージを**クーロンゲージ**という．任意のベクトルポテンシャル $\boldsymbol{A}_0$ をゲージ変換し，クーロンゲージの条件を満たすためにはゲージ χ をどのように決めればよいか．

解答　(a)　2 つのベクトル $\boldsymbol{a}, \boldsymbol{b}$ が存在するとき $\mathrm{rot}\,(\boldsymbol{a}+\boldsymbol{b}) = \mathrm{rot}\,\boldsymbol{a} + \mathrm{rot}\,\boldsymbol{b}$，また一般に $\mathrm{rot}\nabla\chi = 0$ である．これらの点に注意すると (1) の左式から $\mathrm{rot}\,\boldsymbol{A} \to \mathrm{rot}\,\boldsymbol{A}$ $(\boldsymbol{B} \to \boldsymbol{B})$ となり，ゲージ変換しても同じ $\boldsymbol{B}$ が導かれる．同様に (1) から次の関係が成り立つ．

$$\boldsymbol{E} \to -\nabla\left(\phi - \frac{\partial \chi}{\partial t}\right) - \frac{\partial}{\partial t}(\boldsymbol{A} + \nabla\chi) = -\nabla\phi - \frac{\partial \boldsymbol{A}}{\partial t} = \boldsymbol{E}$$

(b)　$\boldsymbol{A}_0$ をゲージ変換し $\boldsymbol{A} = \boldsymbol{A}_0 + \nabla\chi$ とする．$\boldsymbol{A}$ はクーロンゲージで $\mathrm{div}\,\boldsymbol{A} = 0$ が成り立つとすれば $\mathrm{div}(\boldsymbol{A}_0 + \nabla\chi) = 0$　$\therefore \mathrm{div}\,\boldsymbol{A}_0 + \mathrm{div}(\nabla\chi) = 0$ となる．あるいはラプラシアンを使うと $\mathrm{div}\,\boldsymbol{A}_0 + \Delta\chi = 0$ となる．

問　題

1.1　$\mathrm{div}\,(\mathrm{rot}\,\boldsymbol{A}) = 0$ であることを証明せよ．

1.2　(9.8) のように $\boldsymbol{E}$ を表したとき，(9.5) の左式が導かれることを示せ．

1.3　電磁気学では通常，電荷が突然発生したり消滅することはないとする．このような物理的状況を考慮し次の**連続の方程式** $\partial\rho/\partial t + \mathrm{div}\,\boldsymbol{j} = 0$ を導き，これはマクスウェル方程式からも導出されることを示せ．

1.4　電気量 q_i をもつ点電荷 $(i = 1, 2, \cdots, N)$ が領域 Ω 内に存在し，これらの点電荷は場所 $\boldsymbol{r}_i$ に静止しているとする．図 9.1 のように Ω 中の領域 ω に含まれる電気量を考え，場所 $\boldsymbol{r}$ における電荷密度 $\rho(\boldsymbol{r})$ は

$$\rho(\boldsymbol{r}) = \sum q_i \delta(\boldsymbol{r} - \boldsymbol{r}_i)$$

と書けることを示せ．また，$\boldsymbol{r}$ におけるスカラーポテンシャルを求めよ．

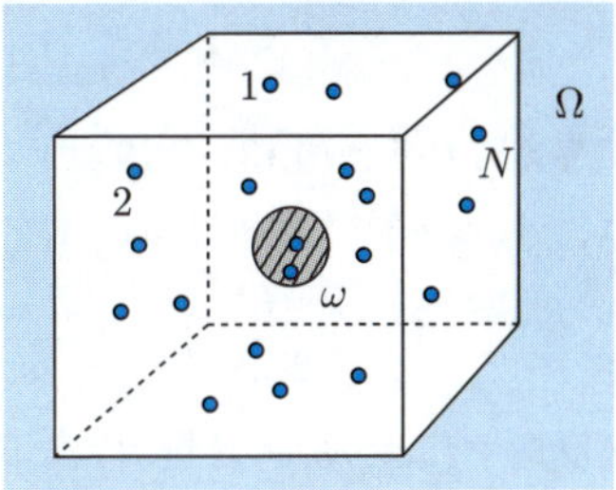

図 9.1　電荷密度

9.2　真空中の電磁場

• ベクトルポテンシャルによる記述 •　真空中の電磁場では当然その中に荷電粒子や電流がないので，問題 1.4（p.103）によりスカラーポテンシャルは 0 としてよい．したがって，(9.7), (9.8) により $\boldsymbol{B}, \boldsymbol{E}$ は

$$\boldsymbol{B} = \mathrm{rot}\, \boldsymbol{A}, \quad \boldsymbol{E} = -\frac{\partial \boldsymbol{A}}{\partial t} \tag{9.9}$$

と書ける．例題 1 で学んだように $\boldsymbol{A}$ は一義的に決まらないが，ここで $\mathrm{div}\, \boldsymbol{A} = 0$ というクーロンゲージを採用することにする．これを時間で微分し (9.9) の右式を利用すれば $\mathrm{div}\, \boldsymbol{E} = 0$ と書け，(9.4) の左式を真空に適用した結果と一致する．(9.9) の右式の rot をとると (9.5) の左式が得られる．

• 波動方程式 •　真空の場合，(9.5) の右式は

$$\frac{1}{\mu_0} \mathrm{rot}\, \boldsymbol{B} = \varepsilon_0 \frac{\partial \boldsymbol{E}}{\partial t} \tag{9.10}$$

となる．これに (9.9) を代入すると

$$\frac{1}{\mu_0} \mathrm{rot}\,(\mathrm{rot}\, \boldsymbol{A}) = -\varepsilon_0 \frac{\partial^2 \boldsymbol{A}}{\partial t^2} \tag{9.11}$$

であるが，クーロンゲージでは $\mathrm{rot}\,(\mathrm{rot}\, \boldsymbol{A}) = -\Delta \boldsymbol{A}$ が成り立つ（問題 2.1）．$\varepsilon_0 \mu_0 = 1/c^2$ と書けるので次の波動方程式が導かれる．

$$\frac{1}{c^2} \frac{\partial^2 \boldsymbol{A}}{\partial t^2} = \Delta \boldsymbol{A} \tag{9.12}$$

• 平面波による展開 •　第 1 章の例題 2（p.5）のように 1 辺の長さ L の立方体の箱を考え，内部を Ω，体積を $V = L^3$ とする．すなわち，図 9.1（p.103）でいまの立方体を Ω とする．電磁場には周期的な境界条件が課せられているとし，$\boldsymbol{A}$ は

$$\boldsymbol{A} = \boldsymbol{A}_{\boldsymbol{k}}(t) e^{i\boldsymbol{k}\cdot\boldsymbol{r}} \tag{9.13}$$

という平面波で表されるとする．ここで $\boldsymbol{k}$ は周期的な境界条件のため

$$\boldsymbol{k} = \frac{2\pi}{L}(l, m, n) \quad (l, m, n = 0, \pm 1, \pm 2, \cdots) \tag{9.14}$$

で与えられる．(9.13) を (9.12) に代入すると $\ddot{\boldsymbol{A}}_{\boldsymbol{k}} = -c^2 k^2 \boldsymbol{A}_{\boldsymbol{k}}$ となり，$\omega_k = ck$ とすれば，$\boldsymbol{A}_{\boldsymbol{k}} \propto e^{\pm i\omega_k t}$ と書ける．$\boldsymbol{A}$ を

$$\boldsymbol{A} = \left(\frac{\hbar}{2\varepsilon_0 V}\right)^{1/2} \sum_{\boldsymbol{k}\lambda} \frac{\boldsymbol{e}_{\boldsymbol{k}\lambda}}{{\omega_k}^{1/2}} [b_{\boldsymbol{k}\lambda} e^{i(\boldsymbol{k}\cdot\boldsymbol{r} - \omega_k t)} + {b_{\boldsymbol{k}\lambda}}^* e^{-i(\boldsymbol{k}\cdot\boldsymbol{r} - \omega_k t)}] \tag{9.15}$$

と展開すれば，b, b^* は無次元な量であることが示される（例題 2）．

例題 2 **ベクトルポテンシャルの展開式**

(9.15) の展開に関する次の問に答えよ．

(a) 両辺の次元を比較し，$b_{\boldsymbol{k}\lambda}, b_{\boldsymbol{k}\lambda}{}^*$ が無次元の量であることを証明せよ．

(b) $\boldsymbol{E}, \boldsymbol{B}$ を求めよ．

解答 (a) 考えているベクトルポテンシャルはクーロンゲージに従うので $\mathrm{div}\,\boldsymbol{A} = 0$ が成り立つ．これから $\boldsymbol{k} \cdot \boldsymbol{e}_{\boldsymbol{k}\lambda} = 0$ となり，**偏極ベクトル** $e_{\boldsymbol{k}\lambda}$ は $\boldsymbol{k}$ と垂直であることがわかる．すなわち，$\boldsymbol{A}$ は横波で（図 9.2），$\lambda = 1, 2$ は偏極の方向を表す．$\boldsymbol{e}_1, \boldsymbol{e}_2$ は一義的に決まらず，$\boldsymbol{k}$ に垂直な面内で回転してもよい．また，便宜上 $\boldsymbol{e}_{-\boldsymbol{k}\lambda} = \boldsymbol{e}_{\boldsymbol{k}\lambda}$ とする．$\boldsymbol{e}_{-\boldsymbol{k}\lambda}$ は $\boldsymbol{k}$ に垂直な単位ベクトルであるという条件を満たす限りどう選んでもよい．これについては問題 3.2 を参照せよ．$\boldsymbol{A}$ はもともと実数であるから，結果が実数になるよう (9.15) で複素数表示がしてある．物理量の次元を国際単位系での単位で表現し［ ］の記号を使う．磁束密度 $\boldsymbol{B}$ と磁場 $\boldsymbol{H}$ とは $\boldsymbol{B} = \mu_0 \boldsymbol{H}$ が成り立ち，$[\mu_0] = [\mathrm{N/A^2}]$, $[\boldsymbol{H}] = [\mathrm{A/m}]$ $\therefore$ $[\boldsymbol{B}] = [\mathrm{N/A\,m}]$ となる．また $[\boldsymbol{B}] = [\boldsymbol{A}]/[\mathrm{m}]$ であるから $[\boldsymbol{A}] = [\mathrm{N/A}]$ となる．(9.15) の右辺において，$\boldsymbol{e}_{\boldsymbol{k}\lambda}, e^{\pm i(\boldsymbol{k}\cdot\boldsymbol{r}-\omega_k t)}$ は無次元な量である．$[\varepsilon_0] = [\mathrm{C^2/N\,m^2}]$, $[V] = [\mathrm{m^3}]$, $[\omega_k] = [\mathrm{s^{-1}}]$ となり，$[\varepsilon_0 V \omega_k] = [\mathrm{C^2\,m\,N^{-1}\,s^{-1}}]$ と書ける．$[\hbar] = [\mathrm{J\,s}]$ $\therefore$ $[\hbar/\varepsilon_0 V \omega_k] = [\mathrm{J\,N\,s^2/C^2\,m}] = [\mathrm{N^2/A^2}]$ と表される．こうして (9.15) の両辺の次元は

$$\left[\frac{\mathrm{N}}{\mathrm{A}}\right] = \left[\frac{\mathrm{N}}{\mathrm{A}}\right][b]$$

と書け $[b]$ は無次元となる．

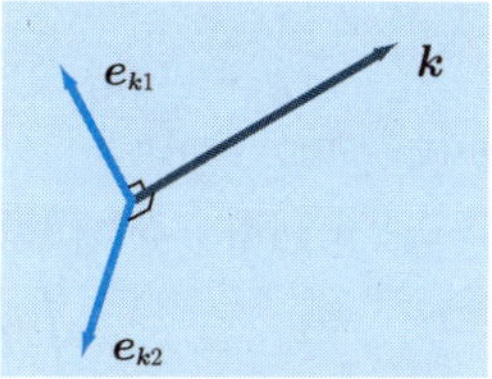

図 9.2 偏極ベクトル

(b) $$\boldsymbol{E} = -\frac{\partial \boldsymbol{A}}{\partial t} = i\left(\frac{\hbar}{2\varepsilon_0 V}\right)^{1/2} \sum_{\boldsymbol{k}\lambda} {\omega_k}^{1/2} \boldsymbol{e}_{\boldsymbol{k}\lambda}[b_{\boldsymbol{k}\lambda} e^{i(\boldsymbol{k}\cdot\boldsymbol{r}-\omega_k t)} - b_{\boldsymbol{k}\lambda}{}^* e^{-i(\boldsymbol{k}\cdot\boldsymbol{r}-\omega_k t)}]$$

また，$\mathrm{rot}[\boldsymbol{e}_{\boldsymbol{k}\lambda} e^{i(\boldsymbol{k}\cdot\boldsymbol{r}-\omega_k t)}] = i(\boldsymbol{k} \times \boldsymbol{e}_{\boldsymbol{k}\lambda}) e^{i(\boldsymbol{k}\cdot\boldsymbol{r}-\omega_k t)}$ を使うと（問題 2.2）

$$\boldsymbol{B} = \mathrm{rot}\,\boldsymbol{A} = i\left(\frac{\hbar}{2\varepsilon_0 V}\right)^{1/2} \sum_{\boldsymbol{k}\lambda} \frac{(\boldsymbol{k} \times \boldsymbol{e}_{\boldsymbol{k}\lambda})}{{\omega_k}^{1/2}} [b_{\boldsymbol{k}\lambda} e^{i(\boldsymbol{k}\cdot\boldsymbol{r}-\omega_k t)} - b_{\boldsymbol{k}\lambda}{}^* e^{-i(\boldsymbol{k}\cdot\boldsymbol{r}-\omega_k t)}]$$

が得られる．

問 題

2.1 任意のベクトル $\boldsymbol{A}$ に対して次の関係が成り立つことを証明せよ．

$$\mathrm{rot}(\mathrm{rot}\,\boldsymbol{A}) = \nabla(\mathrm{div}\,\boldsymbol{A}) - \Delta \boldsymbol{A}$$

2.2 $\mathrm{rot}\,[\boldsymbol{e}_{\boldsymbol{k}\lambda} e^{i(\boldsymbol{k}\cdot\boldsymbol{r}-\omega_k t)}] = i(\boldsymbol{k} \times \boldsymbol{e}_{\boldsymbol{k}\lambda}) e^{i(\boldsymbol{k}\cdot\boldsymbol{r}-\omega_k t)}$ の関係を示せ．

例題 3 **電磁場のエネルギー**

電磁場の**エネルギー密度**（単位体積当たりのエネルギー）は $\varepsilon_0 \boldsymbol{E}^2/2 + \boldsymbol{B}^2/2\mu_0$ で与えられる．領域 Ω 中に含まれるエネルギー E を b, b^* で表せ．

解答 平面波に対する規格直交性

$$\frac{1}{V}\int_\Omega e^{i(\boldsymbol{k}-\boldsymbol{k}')\cdot\boldsymbol{r}}\,dV = \delta(\boldsymbol{k},\boldsymbol{k}') \tag{1}$$

と次の関係

$$\boldsymbol{e}_{-\boldsymbol{k}\lambda} = \boldsymbol{e}_{\boldsymbol{k}\lambda} \tag{2}$$

$$\boldsymbol{e}_{\boldsymbol{k}\lambda}\cdot\boldsymbol{e}_{\boldsymbol{k}\lambda'} = \delta_{\lambda\lambda'} \tag{3}$$

を利用すると，電気的なエネルギー E_e は次のように計算される．

$$\begin{aligned} E_\mathrm{e} &= \frac{\varepsilon_0}{2}\int_\Omega \boldsymbol{E}^2 dV = \frac{\varepsilon_0}{2}\int_\Omega \left(\frac{\partial \boldsymbol{A}}{\partial t}\right)^2 dV \\ &= \frac{\hbar}{4}\sum_{\boldsymbol{k}\lambda}\omega_k(b_{\boldsymbol{k}\lambda}b_{\boldsymbol{k}\lambda}{}^* + b_{\boldsymbol{k}\lambda}{}^*b_{\boldsymbol{k}\lambda} - b_{\boldsymbol{k}\lambda}b_{-\boldsymbol{k}\lambda}e^{-2i\omega_k t} - b_{\boldsymbol{k}\lambda}{}^*b_{-\boldsymbol{k}\lambda}{}^*e^{2i\omega_k t}) \end{aligned}$$

偏極ベクトルは図 9.2 のように $\boldsymbol{k}$ と垂直で次の関係

$$(\boldsymbol{k}\times\boldsymbol{e}_{\boldsymbol{k}\lambda})\cdot(\boldsymbol{k}\times\boldsymbol{e}_{\boldsymbol{k}\lambda'}) = k^2\boldsymbol{e}_{\boldsymbol{k}\lambda}\cdot\boldsymbol{e}_{\boldsymbol{k}\lambda'} = k^2\delta_{\lambda\lambda'} \tag{4}$$

が成り立つ（問題 3.1）．(1) ～ (4) を使い，$1/\varepsilon_0\mu_0 = c^2$ に注意し $k^2/\varepsilon_0\mu_0 = \omega_k{}^2$ であることを利用すると磁気的なエネルギー E_m は

$$\begin{aligned} E_\mathrm{m} &= \frac{1}{2\mu_0}\int_\Omega \boldsymbol{B}^2 dV = \frac{1}{2\mu_0}\int_\Omega (\mathrm{rot}\,\boldsymbol{A})^2 dV \\ &= \frac{\hbar}{4}\sum_{\boldsymbol{k}\lambda}\omega_k(b_{\boldsymbol{k}\lambda}b_{\boldsymbol{k}\lambda}{}^* + b_{\boldsymbol{k}\lambda}{}^*b_{\boldsymbol{k}\lambda} + b_{\boldsymbol{k}\lambda}b_{-\boldsymbol{k}\lambda}e^{-2i\omega_k t} + b_{\boldsymbol{k}\lambda}{}^*b_{-\boldsymbol{k}\lambda}{}^*e^{2i\omega_k t}) \end{aligned}$$

と書ける．E_e と E_m の和をとると時間依存性をもつ部分が消し合い

$$E = \frac{\hbar}{2}\sum_{\boldsymbol{k}\lambda}\omega_k(b_{\boldsymbol{k}\lambda}b_{\boldsymbol{k}\lambda}{}^* + b_{\boldsymbol{k}\lambda}{}^*b_{\boldsymbol{k}\lambda}) \tag{5}$$

のようになる．

問　題

3.1 等式 $(\boldsymbol{A}\times\boldsymbol{B})\cdot(\boldsymbol{C}\times\boldsymbol{D}) = (\boldsymbol{A}\cdot\boldsymbol{C})(\boldsymbol{B}\cdot\boldsymbol{D}) - (\boldsymbol{A}\cdot\boldsymbol{D})(\boldsymbol{B}\cdot\boldsymbol{C})$ を導き，その応用として例題 3 中の (4) を確かめよ．

3.2 例題 3 の計算で (2) の条件を使ったが，本来 $\boldsymbol{e}_{-\boldsymbol{k}\lambda'}$ は $\boldsymbol{k}$ に垂直な単位ベクトルであれば任意としてよいことを証明せよ．

3.3 (5) の電磁場のエネルギーは定数となるがその物理的な理由を明らかにせよ．

例題 4 **調和振動子との等価性**

箱中の電磁場は調和振動子の集合と等価であることを示せ．

解答 例題 3 中の (5) を議論の出発点とする．考えているのは古典的な体系で $b_{\boldsymbol{k}\lambda}, b_{\boldsymbol{k}\lambda}{}^*$ は通常の複素数で演算子ではないから両者は可換としてよい．このため E は

$$E = \sum_{\boldsymbol{k}\lambda} \hbar\omega_k b_{\boldsymbol{k}\lambda}{}^* b_{\boldsymbol{k}\lambda}$$

と書ける．ここで座標 $Q_{\boldsymbol{k}\lambda}$，運動量 $P_{\boldsymbol{k}\lambda}$ をそれぞれ

$$Q_{\boldsymbol{k}\lambda} = \sqrt{\frac{\hbar}{2\omega_k}}\,(b_{\boldsymbol{k}\lambda} e^{-i\omega_k t} + b_{\boldsymbol{k}\lambda}{}^* e^{i\omega_k t})$$

$$P_{\boldsymbol{k}\lambda} = \dot{Q}_{\boldsymbol{k}\lambda} = i\sqrt{\frac{\hbar\omega_k}{2}}\,(-b_{\boldsymbol{k}\lambda} e^{-i\omega_k t} + b_{\boldsymbol{k}\lambda}{}^* e^{i\omega_k t})$$

と定義すれば

$$P_{\boldsymbol{k}\lambda}{}^2 = -\frac{\hbar\omega_k}{2}(b_{\boldsymbol{k}\lambda}{}^2 e^{-2i\omega_k t} - 2b_{\boldsymbol{k}\lambda}{}^* b_{\boldsymbol{k}\lambda} + b_{\boldsymbol{k}\lambda}{}^{*2} e^{2i\omega_k t})$$

$$Q_{\boldsymbol{k}\lambda}{}^2 = \frac{\hbar}{2\omega_k}(b_{\boldsymbol{k}\lambda}{}^2 e^{-2i\omega_k t} + 2b_{\boldsymbol{k}\lambda}{}^* b_{\boldsymbol{k}\lambda} + b_{\boldsymbol{k}\lambda}{}^{*2} e^{2i\omega_k t})$$

となる．上の 2 式から $P_{\boldsymbol{k}\lambda}{}^2 + \omega_k{}^2 Q_{\boldsymbol{k}\lambda}{}^2 = 2\hbar\omega_k b_{\boldsymbol{k}\lambda}{}^* b_{\boldsymbol{k}\lambda}$ が得られ E は

$$E = \frac{1}{2}\sum_{\boldsymbol{k}\lambda}(P_{\boldsymbol{k}\lambda}{}^2 + \omega_k{}^2 Q_{\boldsymbol{k}\lambda}{}^2)$$

と書ける．すなわち，真空中の電磁場は調和振動子の集合として記述される．

問 題

4.1 上式の E をハミルトニアンとみなしたとき正準運動方程式 $\dot{Q}_{\boldsymbol{k}\lambda} = \partial H/\partial P_{\boldsymbol{k}\lambda}$ はどのように表されるか．

熱放射と量子論

1.2 節で触れたように，熱放射は量子論の誕生に大きな影響を与えた．これまでの議論は古典的な電磁気学に基づくものであり，電磁場が調和振動子の集まりと等価であることは古典論でも量子論でも同じとする．ただし，調和振動子の扱いは古典論と量子論とは違い，それが電磁場の量子論の基礎となっている．これについては 9.3 節以降で学ぶ．なお，一昔前，熱放射は熱輻射とよばれた．車輪の中心から輻(や)が出ていて，それが輻射の語源となっている．しかし，平成 2 年に出版された学術用語集物理編では熱輻射に代わり熱放射が使われるようになった．始めの段階では熱輻射が熱放射よりよいように思え熱放射の使用にやや抵抗感があったが，慣れとは不思議なもので現在では熱放射でも違和感は感じない．

9.3 電磁場の量子化

• 光子 • 9.2 節で学んだように，真空中の電磁場は調和振動子の集合と等価である．電磁場を量子化するにはこれらの振動子を量子力学的に扱えばよい．単位質量をもつ粒子に対する 1 次元調和振動子のハミルトニアンは $P^2/2+\omega^2 Q^2/2$ と書け，その固有値は $\hbar\omega(n+1/2)$ $(n=0,1,2,\cdots)$ と表される．したがって，前節例題 4 中の E に対する方程式から，真空中の電磁場のエネルギー固有値は

$$E=\sum_{\boldsymbol{k}\lambda}\left(n_{\boldsymbol{k}\lambda}+\frac{1}{2}\right)\hbar\omega_k \quad (n_{\boldsymbol{k}\lambda}=0,1,2,\cdots) \tag{9.16}$$

で与えられる．上式中の 1/2 から生じるエネルギーを**零点エネルギー**という．この項を計算すると ∞ になってしまうが，物理的にはエネルギーの原点をずらすだけと考えられるので以下零点エネルギーは 0 とする．その結果，$\boldsymbol{k},\lambda$ で指定される状態のエネルギーは $\hbar\omega_k$ でこの準位をボース粒子が占有すると考えればよい．このボース粒子を**光子**という．量子力学的にみると，真空中の電磁場は光子の集団と同等である．

• 光子に対する演算子 • 電磁場を記述する調和振動子の P,Q を量子力学的な演算子とみなし，これらは次の交換関係を満たすとする．

$$\left.\begin{aligned}&[P_{\boldsymbol{k}\lambda},P_{\boldsymbol{k}'\lambda'}]=[Q_{\boldsymbol{k}\lambda},Q_{\boldsymbol{k}'\lambda'}]=0\\&[P_{\boldsymbol{k}\lambda},Q_{\boldsymbol{k}'\lambda'}]=\frac{\hbar}{i}\delta_{\boldsymbol{k}\boldsymbol{k}'}\delta_{\lambda\lambda'}\end{aligned}\right\} \tag{9.17}$$

例題 4 の $Q_{\boldsymbol{k}\lambda},P_{\boldsymbol{k}\lambda}$ に対する式で時間因子を含め

$$b_{\boldsymbol{k}\lambda}e^{-i\omega_k t}\to b_{\boldsymbol{k}\lambda},\quad {b_{\boldsymbol{k}\lambda}}^* e^{i\omega_k t}\to {b_{\boldsymbol{k}\lambda}}^\dagger \tag{9.18}$$

とおき光子に対する演算子 $b_{\boldsymbol{k}\lambda},{b_{\boldsymbol{k}\lambda}}^\dagger$ を導入する．古典的な複素共役は量子力学的なエルミート共役に対応するので (9.18) の右式のような記号を用いた．このような演算子の間には次のような関係が成り立つ．

$$Q_{\boldsymbol{k}\lambda}=\sqrt{\frac{\hbar}{2\omega_k}}(b_{\boldsymbol{k}\lambda}+{b_{\boldsymbol{k}\lambda}}^\dagger),\quad P_{\boldsymbol{k}\lambda}=i\sqrt{\frac{\hbar\omega_k}{2}}(-b_{\boldsymbol{k}\lambda}+{b_{\boldsymbol{k}\lambda}}^\dagger) \tag{9.19}$$

$$b_{\boldsymbol{k}\lambda}=\sqrt{\frac{\omega_k}{2\hbar}}\left(Q_{\boldsymbol{k}\lambda}+i\frac{P_{\boldsymbol{k}\lambda}}{\omega_k}\right),\quad {b_{\boldsymbol{k}\lambda}}^\dagger=\sqrt{\frac{\omega_k}{2\hbar}}\left(Q_{\boldsymbol{k}\lambda}-i\frac{P_{\boldsymbol{k}\lambda}}{\omega_k}\right) \tag{9.20}$$

$b_{\boldsymbol{k}\lambda},{b_{\boldsymbol{k}\lambda}}^\dagger$ に対し

$$[b_{\boldsymbol{k}\lambda},{b_{\boldsymbol{k}'\lambda'}}^\dagger]=\delta_{\boldsymbol{k}\boldsymbol{k}'}\delta_{\lambda\lambda'},\quad [b_{\boldsymbol{k}\lambda},b_{\boldsymbol{k}'\lambda'}]=[{b_{\boldsymbol{k}\lambda}}^\dagger,{b_{\boldsymbol{k}'\lambda'}}^\dagger]=0 \tag{9.21}$$

の交換関係が成り立つ (例題 5)．これを**ボース型の交換関係**という．また，$n_{\boldsymbol{k}\lambda}={b_{\boldsymbol{k}\lambda}}^\dagger b_{\boldsymbol{k}\lambda}$ は光子数を表し ${b_{\boldsymbol{k}\lambda}}^\dagger,b_{\boldsymbol{k}\lambda}$ をそれぞれ**生成演算子**，**消滅演算子**という．

例題 5 **ボース型の交換関係**

(9.21) のボース型の交換関係を導け.

解答 (9.20) を使い, (9.17) の交換関係に注意すると次のようになる.

$$\begin{aligned}
[b_{\boldsymbol{k}\lambda}, b_{\boldsymbol{k}'\lambda'}] &= \frac{\sqrt{\omega_k\omega_{k'}}}{2\hbar}\left[Q_{\boldsymbol{k}\lambda} + i\frac{P_{\boldsymbol{k}\lambda}}{\omega_k},\ Q_{\boldsymbol{k}'\lambda'} + i\frac{P_{\boldsymbol{k}'\lambda'}}{\omega_{k'}}\right] \\
&= \frac{\sqrt{\omega_k\omega_{k'}}}{2\hbar}\left[\frac{i}{\omega_{k'}}\left(-\frac{\hbar}{i}\right)\delta_{\boldsymbol{k}\boldsymbol{k}'}\delta_{\lambda\lambda'} + \frac{i}{\omega_k}\left(\frac{\hbar}{i}\right)\delta_{\boldsymbol{k}\boldsymbol{k}'}\delta_{\lambda\lambda'}\right] \\
&= 0
\end{aligned}$$

$$\begin{aligned}
[b_{\boldsymbol{k}\lambda}{}^{\dagger}, b_{\boldsymbol{k}'\lambda'}{}^{\dagger}] &= \frac{\sqrt{\omega_k\omega_{k'}}}{2\hbar}\left[Q_{\boldsymbol{k}\lambda} - i\frac{P_{\boldsymbol{k}\lambda}}{\omega_k},\ Q_{\boldsymbol{k}'\lambda'} - i\frac{P_{\boldsymbol{k}'\lambda'}}{\omega_{k'}}\right] \\
&= \frac{\sqrt{\omega_k\omega_{k'}}}{2\hbar}\left[\frac{-i}{\omega_{k'}}\left(-\frac{\hbar}{i}\right)\delta_{\boldsymbol{k}\boldsymbol{k}'}\delta_{\lambda\lambda'} - \frac{i}{\omega_k}\left(\frac{\hbar}{i}\right)\delta_{\boldsymbol{k}\boldsymbol{k}'}\delta_{\lambda\lambda'}\right] \\
&= 0
\end{aligned}$$

$$\begin{aligned}
[b_{\boldsymbol{k}\lambda}, b_{\boldsymbol{k}'\lambda'}{}^{\dagger}] &= \frac{\sqrt{\omega_k\omega_{k'}}}{2\hbar}\left[Q_{\boldsymbol{k}\lambda} + i\frac{P_{\boldsymbol{k}\lambda}}{\omega_k},\ Q_{\boldsymbol{k}'\lambda'} - i\frac{P_{\boldsymbol{k}'\lambda'}}{\omega_{k'}}\right] \\
&= \frac{\sqrt{\omega_k\omega_{k'}}}{2\hbar}\left[\frac{-i}{\omega_{k'}}\left(-\frac{\hbar}{i}\right)\delta_{\boldsymbol{k}\boldsymbol{k}'}\delta_{\lambda\lambda'} + \frac{i}{\omega_k}\left(\frac{\hbar}{i}\right)\delta_{\boldsymbol{k}\boldsymbol{k}'}\delta_{\lambda\lambda'}\right] \\
&= \delta_{\boldsymbol{k}\boldsymbol{k}'}\delta_{\lambda\lambda'}
\end{aligned}$$

問 題

5.1 単位質量をもつ 1 次元調和振動子のハミルトニアンは $P^2/2 + \omega^2 Q^2/2$ と書ける. 量子数 n の状態をケットベクトルで $|n\rangle$ と表すとして次の問に答えよ.

(a) Q の行列要素は次のようになることを示せ.

$$\langle n-1|Q|n\rangle = \langle n|Q|n-1\rangle = \sqrt{\frac{\hbar n}{2\omega}}, \quad \text{他の行列要素} = 0$$

(b) P の行列要素は Q と同様な構造をもつとして, その値を求めよ.

5.2 簡単のため添字 $\boldsymbol{k}, \lambda$ を省略する. 問題 5.1 の結果を利用し

$$b|n\rangle = \sqrt{n}|n-1\rangle, \quad b^{\dagger}|n\rangle = \sqrt{n+1}|n+1\rangle$$

の等式を導け. ただし, $|n\rangle$ は規格直交系を作るとする.

5.3 ある準位を占める光子の数を**占有数**という. 占有数 n は $n = b^{\dagger}b$ と書けることを証明せよ.

9.4 電磁場中の荷電粒子

• ハミルトニアン • N 個の荷電粒子が電磁場中にあり，その i 番目の粒子の質量を m_i，電荷を q_i，位置ベクトルを $\boldsymbol{r}_i$ とする．粒子間にはクーロン相互作用が働き，それを扱うのは多体問題でこれについては第10章で論じる．さしあたり本章ではこのクーロン相互作用を無視する．電磁場ではベクトルポテンシャル $\boldsymbol{A}$ で記述されるとするが，(5.10)（p.59）で述べたように，電磁場中の荷電粒子を表すには $\boldsymbol{p} \to \boldsymbol{p} - q\boldsymbol{A}$ の変換を導入すればよい．i 番目の粒子には $U(\boldsymbol{r}_i)$ というポテンシャルが働くとする．また，電磁場は光子の占有数で表される．以上のような前提の下で全系のハミルトニアン H は次のようになる．

$$H = \sum_{i=1}^{N} \left[\frac{1}{2m_i} \left(\boldsymbol{p}_i - q_i \boldsymbol{A}(\boldsymbol{r}_i) \right)^2 + U(\boldsymbol{r}_i) \right] + \sum_{\boldsymbol{k}\lambda} \hbar\omega_k b_{\boldsymbol{k}\lambda}{}^{\dagger} b_{\boldsymbol{k}\lambda} \tag{9.22}$$

• 電磁場と荷電粒子の相互作用 • (9.22) のハミルトニアンは

$$H = H_{\rm e} + H_{\rm p} + H' \tag{9.23}$$

と書ける．ここで $H_{\rm e}$ は荷電粒子系のハミルトニアンで

$$H_{\rm e} = \sum_i \left[\frac{\boldsymbol{p}_i{}^2}{2m_i} + U(\boldsymbol{r}_i) \right] \tag{9.24}$$

と書ける．本来なら荷電粒子間のクーロン相互作用が上記のハミルトニアンに含まれるが，前述のようにこの項は省略してある．$H_{\rm p}$ は光子系のハミルトニアンで

$$H_{\rm p} = \sum_{\boldsymbol{k}\lambda} \hbar\omega_k b_{\boldsymbol{k}\lambda}{}^{\dagger} b_{\boldsymbol{k}\lambda} \tag{9.25}$$

と表される．ただし，零点エネルギーを無視している．H' は荷電粒子と電磁場との相互作用を記述し

$$H' = -\sum_i \frac{q_i}{2m_i} \left[\boldsymbol{p}_i \cdot \boldsymbol{A}(\boldsymbol{r}_i) + \boldsymbol{A}(\boldsymbol{r}_i) \cdot \boldsymbol{p}_i \right] + \sum_i \frac{q_i{}^2 \boldsymbol{A}^2(\boldsymbol{r}_i)}{2m_i} \tag{9.26}$$

で与えられる．非線形光学の分野では (9.26) 中の $\boldsymbol{A}^2$ を含む項が重要になるが通常はこれを無視でき，荷電粒子と電磁場との相互作用を表すハミルトニアンは

$$H' = -\sum_i \frac{q_i}{2m_i} \left[\boldsymbol{p}_i \cdot \boldsymbol{A}(\boldsymbol{r}_i) + \boldsymbol{A}(\boldsymbol{r}_i) \cdot \boldsymbol{p}_i \right] \tag{9.27}$$

となる．$\boldsymbol{p}$ と $\boldsymbol{A}$ は非可換だがクーロンゲージの場合 $\boldsymbol{p} \cdot \boldsymbol{A} - \boldsymbol{A} \cdot \boldsymbol{p} = 0$ が成り立つとしてよい（問題 6.1）．こうして，$H' = -\sum (q_i/m_i) \boldsymbol{A}(\boldsymbol{r}_i) \cdot \boldsymbol{p}_i$ と書ける．この関係に (9.15)（p.104）を代入し電磁場を量子化すれば次式が得られる．

$$H' = -\left(\frac{\hbar}{2\varepsilon_0 V} \right)^{1/2} \sum_{\boldsymbol{k}\lambda_i} \frac{q_i}{m_i} (b_{\boldsymbol{k}\lambda} e^{i\boldsymbol{k}\cdot\boldsymbol{r}_i} + b_{\boldsymbol{k}\lambda}{}^{\dagger} e^{-i\boldsymbol{k}\cdot\boldsymbol{r}_i}) \frac{(\boldsymbol{e}_{\boldsymbol{k}\lambda} \cdot \boldsymbol{p}_i)}{\omega_k{}^{1/2}} \tag{9.28}$$

例題 6 **電子-光子の相互作用**

電磁気学を量子力学の立場で扱う分野を**量子電磁力学**という．もっとも簡単な例は真空中の1個の自由電子の問題である．これを念頭に置き次の問に答えよ．

(a) 体系の全ハミルトニアンはどのように表されるか．

(b) $e^2/\varepsilon_0\hbar c$ は電子–光子の相互作用を特徴づける無次元のパラメーターであることを示せ．

解答 (a) 電子の質量，電荷を $m, -e$ とすればクーロン相互作用はないので全系のハミルトニアンは次のようになる（便宜上，光子の波数ベクトルを $\boldsymbol{q}$ で表す）．

$$H = \frac{\boldsymbol{p}^2}{2m} + \sum_{\boldsymbol{q}\lambda} \hbar\omega_q b_{\boldsymbol{q}\lambda}{}^\dagger b_{\boldsymbol{q}\lambda} + \left(\frac{\hbar}{2\varepsilon_0 V}\right)^{1/2} \frac{e}{m} \sum_{\boldsymbol{q}\lambda} (b_{\boldsymbol{q}\lambda} e^{i\boldsymbol{q}\cdot\boldsymbol{r}} + b_{\boldsymbol{q}\lambda}{}^\dagger e^{-i\boldsymbol{q}\cdot\boldsymbol{r}}) \frac{(\boldsymbol{e}_{\boldsymbol{q}\lambda}\cdot\boldsymbol{q})}{\omega_q{}^{1/2}}$$

(b) 体系を特徴づける物理量は $m, e, \varepsilon_0, \hbar, c$ の5つである．e の電荷をもつ2個の点電荷が距離 r だけ離れているとき両者間のクーロンポテンシャルは $e^2/4\pi\varepsilon_0 r$ と書ける．例題2 (p.105) と同様な記法を用いると，その次元は [J] に等しい．$[\hbar] = [\mathrm{J\,s}]$, $[c] = [\mathrm{m\,s^{-1}}]$ であるから $[e^2/\varepsilon_0\hbar c] = [\mathrm{J\,m}]/[\mathrm{J\,m}] = [1]$ が成り立ち，これは無次元である．なお，摂動の展開パラメーターは m には依存しない．その理由については問題 6.3 を参照せよ．

問 題

6.1 クーロンゲージの場合，$\boldsymbol{p}\cdot\boldsymbol{A} - \boldsymbol{A}\cdot\boldsymbol{p} = 0$ が成り立つことを示せ．

6.2 $\alpha = e^2/4\pi\varepsilon_0\hbar c$ で定義される α を**微細構造定数**という．α を求めよ．

6.3 電子-光子の相互作用を摂動論で求めるときの展開パラメーターは何か．

発散の困難とくりこみ理論

電子の波数ベクトルが $\boldsymbol{k}$ で光子数が0のときを非摂動系にとり電子-光子の相互作用を摂動とする．中間状態では $\boldsymbol{q}$ の光子が生成され電子の波数ベクトルは $\boldsymbol{k}-\boldsymbol{q}$ となる．電子はこの光子を吸収して最初の状態に戻り2次の摂動計算が実行される．この過程は図 9.3 のような**ファインマン図形**で表されるが，結果は発散してしまう．これを克服する方法はくりこみ理論で我が国の朝永振一郎もこの方面の研究に貢献した．くりこみ理論の結果は α のべき級数として表され，量子電磁力学に関連した各種の物理量が摂動展開で求まっている．

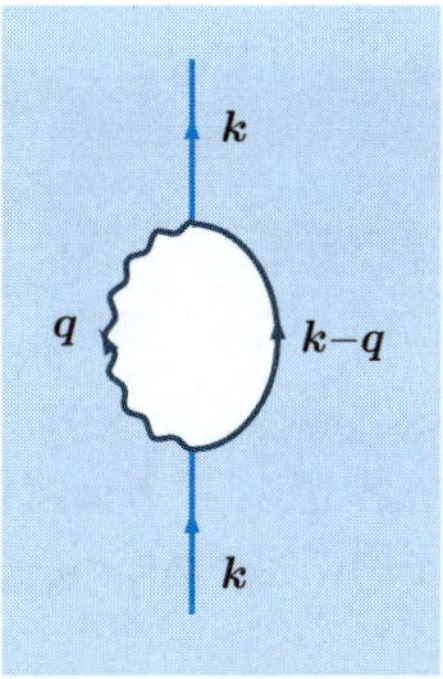

図 9.3　2次の摂動項

9.5　光子の放出・吸収

• 状態の遷移 •　全系のハミルトニアン H は (9.23)（p.110）と同様 $H = H_{\rm e} + H_{\rm p} + H'$ で与えられるとする．荷電粒子系として電子を考え，従来通り電子の質量を m，電荷を $-e$ と書き電子系の固有状態を u_a，そのエネルギー固有値を E_a と表す．すなわち

$$H_{\rm e} u_a = E_a u_a \tag{9.29}$$

が成り立つとする．光子系を表すのに $\boldsymbol{k}, \lambda$ に適当な番号をつけたとし $|\, n_1, n_2, \cdots \rangle$ という記号を使うと，零点エネルギーは 0 としているので

$$H_{\rm p} \,|\, n_1, n_2, \cdots \rangle = \sum_{\boldsymbol{k}\lambda} \hbar\omega_k n_{\boldsymbol{k}\lambda} \,|\, n_1, n_2, \cdots \rangle \tag{9.30}$$

である．非定常な場合の摂動論を考慮し，$\boldsymbol{k}, \lambda$ の光子が放出され電子系は状態 a から状態 b に遷移すると仮定する．光子の放出に際しては

$$b_{\boldsymbol{k}\lambda}{}^{\dagger} \,|\, \cdots, n_{\boldsymbol{k}\lambda}, \cdots \rangle = \sqrt{n_{\boldsymbol{k}\lambda} + 1} \,|\, \cdots, n_{\boldsymbol{k}\lambda} + 1, \cdots \rangle \tag{9.31}$$

となる．この遷移に際し $n_{\boldsymbol{k}\lambda}$ 以外の n は変わらない．よって，上述の遷移に対応する H' の行列要素は (9.28)（p.110）を使い

$$\begin{aligned} &\langle b, n_{\boldsymbol{k}\lambda} + 1 \,|\, H' \,|\, a, n_{\boldsymbol{k}\lambda} \rangle \\ &= \frac{e}{m} \left(\frac{\hbar}{2\varepsilon_0 V} \right)^{1/2} \frac{\sqrt{n_{\boldsymbol{k}\lambda} + 1}}{\sqrt{\omega_k}} \left(u_b, \sum_i e^{-i\boldsymbol{k}\cdot\boldsymbol{r}_i} (\boldsymbol{e}_{\boldsymbol{k}\lambda} \cdot \boldsymbol{p}_i) u_a \right) \end{aligned} \tag{9.32}$$

と表される．同様に，$\boldsymbol{k}, \lambda$ の光子が吸収され電子系は状態 a から状態 b に遷移するような光子の吸収の場合でも似た式が成立する（問題 7.2).

• ボーアの振動数条件 •　光子の放出の場合を考え $a, n_{\boldsymbol{k}\lambda}$ を始状態，$b, n_{\boldsymbol{k}\lambda} + 1$ を終状態とみなせば，フェルミの黄金律 (7.28)（p.84）によって単位時間当たりの遷移確率 w は

$$w = \frac{2\pi}{\hbar} \rho(E_f) \,|H'_{fi}|^2 \tag{9.33}$$

で与えられる．エネルギー保存則は $E_a + \hbar\omega_k n_{\boldsymbol{k}\lambda} = E_b + \hbar\omega_k (n_{\boldsymbol{k}\lambda} + 1)$ と書け，よって

$$E_a = E_b + \hbar\omega_k \tag{9.34}$$

と表される．これは図 9.4(a) のように書ける．同じように $\boldsymbol{k}, \lambda$ の光子が吸収され電子系が a から b に遷移したとすれば

$$E_a + \hbar\omega_k = E_b \tag{9.35}$$

が成り立ち，これは図 9.4(b) のように表される．(9.34), (9.35) を**ボーアの振動数条件**という．この条件の応用は第 1 章の問題 6.2（p.13）で論じた．

• 遷移確率の表式 •　光子の吸収，放出に際し，終状態の光子は連続的に分布するので $\rho(E_f)$ が求まる．図 9.5 のように，終状態の光子は $\boldsymbol{k}$ のまわりの微小立体角 $d\Omega$ 内にあるとすると，図のような $k \sim k+dk$ 内の状態数を求めることにより $\rho(E)$ が計算できる（例題 7）．こうして光子の放出の場合，遷移確率を $wd\Omega$ と書けば

$$wd\Omega = \frac{e^2\omega_k d\Omega(n_{\boldsymbol{k}\lambda}+1)}{8\pi^2\varepsilon_0\hbar m^2c^3}\left|\left(u_b, \sum_i e^{-i\boldsymbol{k}\cdot\boldsymbol{r}_i}(\boldsymbol{e}_{\boldsymbol{k}\lambda}\cdot\boldsymbol{p}_i)u_a\right)\right|^2 \tag{9.36}$$

となる．$(n_{\boldsymbol{k}\lambda}+1)$ の項で $n_{\boldsymbol{k}\lambda}$ を含む項を**誘導放出**，1 に相当する項を**自然放出**という．光子が真空の場合でも電子状態の遷移に伴い，自然放出により光子が放出される．なお，光子の吸収でも (9.36) に相当する結果が導かれる（問題 7.2）.

• 電気双極子放出 •　(9.36) で関与する電子が 1 個の原子に含まれているとする．光子の波長 $\lambda \gg$ 原子の大きさ d が成り立つとき（図 9.6，p.115），$e^{-i\boldsymbol{k}\cdot\boldsymbol{r}_i} \simeq 1$ と近似できる（問題 7.3）．その結果，例題 7 で学ぶように

$$wd\Omega = \frac{{w_k}^3 d\Omega}{8\pi^2\varepsilon_0\hbar c^3}(n_{\boldsymbol{k}\lambda}+1)\left|\left(u_b, (\boldsymbol{e}_{\boldsymbol{k}\lambda}\cdot\boldsymbol{P})u_a\right)\right|^2 \tag{9.37}$$

が導かれる．ここで $\boldsymbol{P}$ は

$$\boldsymbol{P} = -e\sum_i \boldsymbol{r}_i \tag{9.38}$$

の**電気双極子モーメント**であり，このような光子の放出を**電気双極子放出**という．自然放出の場合，単位時間に放出される放射エネルギー S は

$$S = \frac{{\omega_k}^4(\boldsymbol{P}_{ba})^2}{3\pi\varepsilon_0 c^3} \tag{9.39}$$

と表される．ここで

$$\boldsymbol{P}_{ba} = \int {u_b}^*(\boldsymbol{r})\boldsymbol{P}u_a(\boldsymbol{r})dV \tag{9.40}$$

と定義され，$\boldsymbol{P}_{ba}$ は実数のベクトルとした．

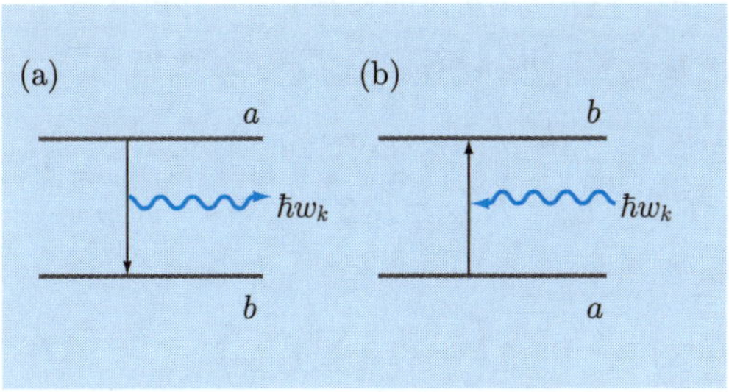

図 9.4　光子の放出と吸収

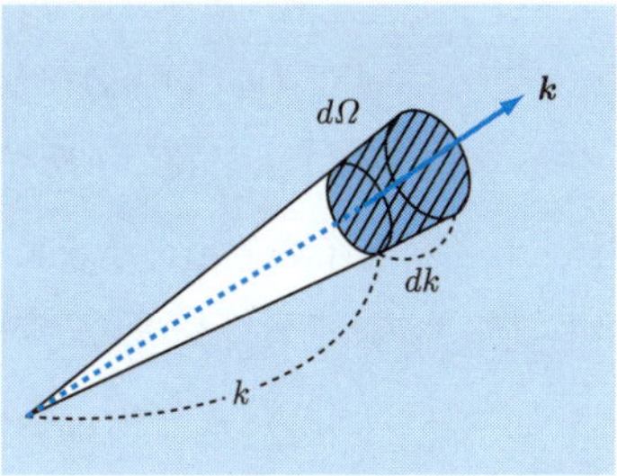

図 9.5　$\boldsymbol{k}$ のまわりの微小立体角

例題 7 **遷移確率と電気双極子放出**

光子の放出に関する次の問に答えよ．

(a) 終状態の状態密度を求め，(9.36) を導け．

(b) $e^{-i\boldsymbol{k}\cdot\boldsymbol{r}_i} \simeq 1$ と近似して (9.37) が成り立つことを確かめよ．

(c) 単位時間の間に自然放射されるエネルギーを計算せよ．

解答 (a) 波数空間中の微小体積 $d\boldsymbol{k}$ 内（図 9.5 の斜線部分）の状態数は

$$\frac{V}{(2\pi)^3}d\boldsymbol{k} = \frac{V}{(2\pi)^3}k^2 dk d\Omega \qquad (1)$$

と書ける．光子の場合，エネルギー E と波数 k との間には $E = \hbar ck$ の関係が成り立ち，$dE = \hbar c dk$ となる．したがって，(1) の状態数から

$$\frac{V}{(2\pi)^3}d\boldsymbol{k} = \frac{V}{(2\pi)^3}k^2\frac{dE}{\hbar c}d\Omega \qquad \therefore \quad \rho(E) = \frac{V}{(2\pi)^3}\frac{{\omega_k}^2}{\hbar c^3}d\Omega$$

が得られ，(9.32), (9.33) を使うと，上の $\rho(E)$ から $wd\Omega$ は

$$wd\Omega = \frac{2\pi}{\hbar}\frac{e^2}{m^2}\frac{\hbar}{2\varepsilon_0 V}\frac{(n_{\boldsymbol{k}\lambda}+1)}{\omega_k}\left|\left(u_b, \sum_i e^{-i\boldsymbol{k}\cdot\boldsymbol{r}_i}(\boldsymbol{e}_{\boldsymbol{k}\lambda}\cdot\boldsymbol{p}_i)u_a\right)\right|^2\frac{V}{(2\pi)^3}\frac{{\omega_k}^2}{\hbar c^3}d\Omega$$

と求まり，これを整理すると (9.36) が導かれる．

(b) 図 9.6 に示すような状況では $d \ll \lambda$ で $kd \ll 1$ となり $e^{-i\boldsymbol{k}\cdot\boldsymbol{r}_i} \simeq 1$ と近似できる（問題 7.3）．このため

$$\left(u_b, \sum_i e^{-i\boldsymbol{k}\cdot\boldsymbol{r}_i}(\boldsymbol{e}_{\boldsymbol{k}\lambda}\cdot\boldsymbol{p}_i)u_a\right) \simeq \boldsymbol{e}_{\boldsymbol{k}\lambda}\cdot\sum_i(u_b, \boldsymbol{p}_i u_a)$$

が成り立つ．H_e と x_i との交換関係は $H_\mathrm{e}x_i - x_iH_\mathrm{e} = (1/2m)({\boldsymbol{p}_i}^2 x_i - x_i{\boldsymbol{p}_i}^2)$ となる．簡単のため添字の i を省略すると上式は

$$\frac{1}{2m}\Big[p_x(p_x x - xp_x) + (p_x x - xp_x)p_x\Big] = \frac{1}{m}\frac{\hbar}{i}p_x$$

となる．これを一般化すると $H_\mathrm{e}\boldsymbol{r}_i - \boldsymbol{r}_iH_\mathrm{e} = (\hbar/mi)\boldsymbol{p}_i$ が得られる．これから

$$(u_bH_\mathrm{e}\boldsymbol{r}_iu_a) - (u_b\boldsymbol{r}_iH_\mathrm{e}u_a) = (\hbar/mi)(u_b\boldsymbol{p}_iu_a)$$

$$\therefore \ (E_b - E_a)(u_b, \boldsymbol{r}_iu_a) = (\hbar/mi)(u_b, \boldsymbol{p}_iu_a)$$

が得られる．光子の放出の場合には $E_a = E_b + \hbar\omega_k$ が成り立つので $(u_b, \boldsymbol{p}_iu_a) = -im\omega_k(u_b, \boldsymbol{r}_iu_a)$ と書ける．このため

$$\left(u_b, \sum_i e^{-i\boldsymbol{k}\cdot\boldsymbol{r}_i}(\boldsymbol{e}_{\boldsymbol{k}\lambda}\cdot\boldsymbol{p}_i)u_a\right) \simeq -im\omega_k\left(u_b, \boldsymbol{e}_{\boldsymbol{k}\lambda}\cdot\sum_i\boldsymbol{r}_iu_a\right) \qquad (2)$$

となる．(2) を (9.36) に代入し，(9.38) の $\boldsymbol{P}$ の定義式を利用すれば，(9.37) が確かめられる．

(c) 自然放出を考え (9.37) で $n_{\boldsymbol{k}\lambda}=0$ とおく．放出される光子には $\lambda=1,2$ という2つの可能性があるので，これらについて和をとり，全立体角で積分すれば自然放出の全確率 W は

$$W=\sum_{\lambda=1,2}\int w d\Omega=\frac{{\omega_k}^3}{8\pi^2\varepsilon_0\hbar c^3}\int\sum_{\lambda}|(\boldsymbol{e}_{\boldsymbol{k}\lambda}\cdot\boldsymbol{P})_{ba}|^2 d\Omega$$

と表される．u_a, u_b は実数とすると (9.40) の $\boldsymbol{P}_{ba}$ は実数のベクトルである．放出される光子の波数ベクトル $\boldsymbol{k}$ を z 軸にとれば光は横波なので $\boldsymbol{e}_1, \boldsymbol{e}_2$ はそれと垂直になる．これらをそれぞれ x, y 軸にとる．簡単のため添字 ab を省略すれば，図 9.7 で示すように，このような座標系で $\boldsymbol{P}$ を極座標で表すと

$$\boldsymbol{e}_1\cdot\boldsymbol{P}=P\sin\theta\cos\varphi,\quad \boldsymbol{e}_2\cdot\boldsymbol{P}=P\sin\theta\sin\varphi$$

と書け，$(\boldsymbol{e}_1\cdot\boldsymbol{P})^2+(\boldsymbol{e}_2\cdot\boldsymbol{P})^2=P^2\sin^2\theta$ となる．実際は，$\boldsymbol{P}$ が空間的に固定され，$\boldsymbol{k}, \boldsymbol{e}_1, \boldsymbol{e}_2$ が変化するのであるが，相対的に上記の座標系は固定され $\boldsymbol{P}$ が変わるとしてよい．このようにして，添字 ab を復活させると W は

$$W=\frac{{\omega_k}^3(\boldsymbol{P}_{ba})^2}{8\pi^2\varepsilon_0\hbar c^3}\int\sin^2\theta d\Omega=\frac{{\omega_k}^3(\boldsymbol{P}_{ba})^2}{8\pi^2\varepsilon_0\hbar c^3}\int_0^{2\pi}d\varphi\int_0^{\pi}\sin^3\theta d\theta$$

と表される．φ, θ に関する積分は $8\pi/3$ となり，結果に $\hbar\omega_k$ を掛けると (9.39) が導かれる．

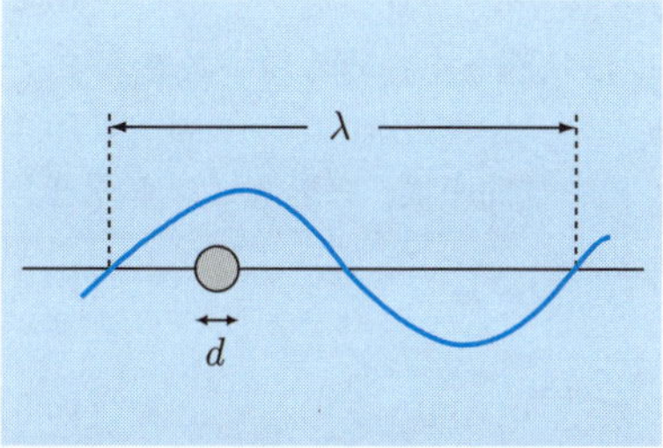

図 9.6 電気双極子放出

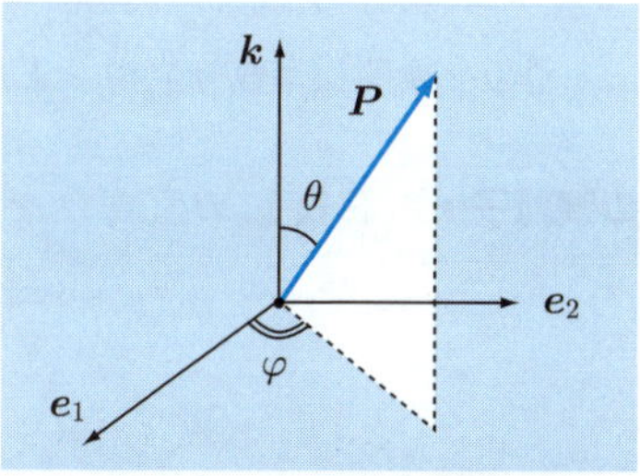

図 9.7 $\boldsymbol{P}$ に対する極座標

問 題

7.1 図 8.8（p.94）と図 9.5 の共通点，相違点について考えよ．

7.2 光子の吸収の場合，(9.36), (9.37) に相当する式を導け．

7.3 図 9.6 のようなとき $e^{-i\boldsymbol{k}\cdot\boldsymbol{r}_i}\simeq 1$ という近似が成り立つ理由を説明せよ．

7.4 水素原子で 2p0 → 1s という遷移に伴う光子の自然放出を考える．

(a) $\boldsymbol{P}_{ba}$ を表すベクトルを求めよ．

(b) 単位時間の間に自然放射される光子の数はいくらか．

10 多体問題

10.1 第2量子化法（ボース統計）

● **多体問題と量子統計** ● 質量 m の多数の粒子が外場 $U(\boldsymbol{r})$ の下で運動している場合を考える．各粒子間には相互作用が働くが，このような多粒子系の問題を**多体問題**という．量子力学では，粒子間に相互作用が働かない自由粒子でも，その粒子がボース粒子か，フェルミ粒子かにより，すなわち量子統計の相違で結果が違ってくる．

● **数表示** ● ボース粒子の量子状態は前章で述べたように $|n_1, n_2, \cdots\rangle$ というケットで記述される．一般に，波数ベクトル $\boldsymbol{k}$，スピンの状態をまとめて r の記号で表せば，r は一粒子状態を記述する（p.71）．n_r は r という状態を占める粒子数であるが，粒子数で状態を表す立場を一般に**数表示**という．ボース粒子の場合

$$n_r = 0, 1, 2, \cdots \tag{10.1}$$

というように0および正の整数が可能である．r の状態に対する生成演算子，消滅演算子を $b_r, b_r{}^\dagger$ というように書けば (9.21)（p.108）と同じく

$$[b_r, b_s{}^\dagger] = \delta_{rs}, \quad [b_r, b_s] = [b_r{}^\dagger, b_s{}^\dagger] = 0 \tag{10.2}$$

のボース型の交換関係が成り立つ．また次の n_r は状態 r を占める粒子数を表す．

$$n_r = b_r{}^\dagger b_r \tag{10.3}$$

● **場の演算子** ● 体積 V の領域 Ω を想定し，$\boldsymbol{r}$ を空間座標，r をスピン座標として

$$\psi_s(\boldsymbol{r}) = \frac{1}{\sqrt{V}} \sum_r b_r e^{i\boldsymbol{k}\cdot\boldsymbol{r}} \delta(s, \sigma) \tag{10.4}$$

$$\psi_s{}^\dagger(\boldsymbol{r}) = \frac{1}{\sqrt{V}} \sum_r b_r{}^\dagger e^{-i\boldsymbol{k}\cdot\boldsymbol{r}} \delta(s, \sigma) \tag{10.5}$$

で**場の演算子**を定義する．ただし，δ はクロネッカーの δ である．これらの演算子に対してボース型の交換関係が成り立つ（例題1）．また，一粒子状態に粒子を収容させたときのエネルギー H_0 は粒子の質量を m として

$$H_0 = \int_\Omega \psi^\dagger(x) \left[-\frac{\hbar^2}{2m} \Delta + U(\boldsymbol{r}) \right] \psi(x) d\tau \tag{10.6}$$

と書ける（問題1.3）．ここで x は空間座標，スピン座標を表し $d\tau$ はこれらに関する積分，和を意味する．ψ が通常の波動関数であれば上式はハミルトニアンの期待値である．いまの方法は ψ を演算子としているので**第2量子化法**とよばれる．

例題 1　**場の演算子の交換関係**

(10.4), (10.5) で定義される場の演算子に対して

$$[\psi_s(\boldsymbol{r}), \psi_{s'}{}^{\dagger}(\boldsymbol{r}')] = \delta(\boldsymbol{r}-\boldsymbol{r}')\delta(s, s')$$

$$[\psi_s(\boldsymbol{r}), \psi_{s'}(\boldsymbol{r}')] = [\psi_s{}^{\dagger}(\boldsymbol{r}), \psi_{s'}{}^{\dagger}(\boldsymbol{r}')] = 0$$

の交換関係が成り立つことを証明せよ．

解答　(10.4), (10.5) を使えば

$$\begin{aligned}
&\psi_s(\boldsymbol{r})\psi_{s'}{}^{\dagger}(\boldsymbol{r}') - \psi_{s'}{}^{\dagger}(\boldsymbol{r}')\psi_s(\boldsymbol{r}) \\
&= \frac{1}{V}\sum_{rr'}(b_r b_{r'}{}^{\dagger} - b_{r'}{}^{\dagger} b_r)e^{i\boldsymbol{k}\cdot\boldsymbol{r}-i\boldsymbol{k}'\cdot\boldsymbol{r}'}\delta(s,\sigma)\delta(s',\sigma') \\
&= \frac{1}{V}\sum_{\boldsymbol{k}\sigma} e^{i\boldsymbol{k}\cdot(\boldsymbol{r}-\boldsymbol{r}')}\delta(s,\sigma)\delta(s',\sigma) \\
&= \delta(\boldsymbol{r}-\boldsymbol{r}')\delta(s,s')
\end{aligned}$$

となる（問題 1.4）．b 同士あるいは $b^{\dagger}$ 同士は可換であるため $[\psi_s(\boldsymbol{r}), \psi_{s'}(\boldsymbol{r}')] = [\psi_s{}^{\dagger}(\boldsymbol{r}), \psi_{s'}{}^{\dagger}(\boldsymbol{r}')] = 0$ となる．

問　題

1.1　簡単のため添字 r を省略する．粒子数 n の状態を $|n\rangle$ で表すとき

$$b^{\dagger}b\,|n\rangle = n\,|n\rangle, \quad bb^{\dagger}\,|n\rangle = (n+1)\,|n\rangle$$

の関係を示し

$$bb^{\dagger} - b^{\dagger}b = 1$$

が成り立つことを確かめよ．

1.2　状態を $|n_1, n_2, \cdots\rangle$ で表すとき $[b_r, b_s] = [b_r{}^{\dagger}, b_s{}^{\dagger}] = 0$ の交換関係はどのような結果を意味しているか．

1.3　領域 Ω 中に含まれる粒子数を N，エネルギーを E_0 とすれば

$$\sum_r n_r = N, \quad \sum_r e_r n_r = E_0$$

が成り立つ．場の演算子を利用すると

$$\int_{\Omega} \psi^{\dagger}(x)\psi(x)d\tau = N$$

と書けることならびに (10.6) を示せ．

1.4　周期的な境界条件を満たす関数を平面波で展開したとし

$$\frac{1}{V}\sum_{\boldsymbol{k}} e^{i\boldsymbol{k}\cdot(\boldsymbol{r}-\boldsymbol{r}')} = \delta(\boldsymbol{r}-\boldsymbol{r}')$$

の等式を導け．

1.5　$\Delta(1/|\boldsymbol{r}-\boldsymbol{r}'|) = -4\pi\delta(\boldsymbol{r}-\boldsymbol{r}')$ の関係を証明せよ．

10.2 第2量子化法（フェルミ統計）

• フェルミ粒子の特徴 •　第6章で学んだように，スピンの大きさが半整数の粒子はフェルミ統計に従う．陽子，中性子，電子などはスピン 1/2 の粒子でフェルミ粒子である．フェルミ粒子の示す1つの特徴はパウリの原理が成り立つことで一粒子状態に収容できる粒子数は高々1である．ボース粒子の場合，(10.1)（p.116）のように n_r が与えられるが，フェルミ粒子の数表示では次のようになる．

$$n_r = 0, 1 \tag{10.7}$$

• フェルミ型の反交換関係 •　フェルミ粒子を記述するときにも生成演算子，消滅演算子の概念が成り立つとし，r の一粒子状態に対するこれらの演算子を $a_r{}^\dagger, a_r$ で表す．本書ではボース粒子，フェルミ粒子に関連した量をそれぞれ b, a の記号で記述する．ボース統計とフェルミ統計の違いはしばしば符号だけが異なっている，という場合がある．そこで，フェルミ統計の場合には，(10.2)（p.116）の符号を逆にし

$$a_r a_s{}^\dagger + a_s{}^\dagger a_r = \delta_{rs} \tag{10.8a}$$

$$a_r a_s + a_s a_r = a_r{}^\dagger a_s{}^\dagger + a_s{}^\dagger a_r{}^\dagger = 0 \tag{10.8b}$$

が成り立つとする．上のような等式を**フェルミ型の反交換関係**という．反交換関係を表すのに

$$[A, B]_+ = AB + BA \tag{10.9}$$

という記号を使う場合がある．これを利用すると (10.8a), (10.8b) は

$$[a_r, a_s{}^\dagger]_+ = \delta_{rs}, \quad [a_r, a_s]_+ = [a_r{}^\dagger, a_s{}^\dagger]_+ = 0 \tag{10.10}$$

となり，(10.2) と同様な形式で表される．

• 数表示 •　フェルミ統計の場合でも r を占める粒子数 n_r は

$$n_r = a_r{}^\dagger a_r \tag{10.11}$$

で与えられるとする．厳密にいうと，第2量子化法の立場では，n_r は演算子となる．(10.10) の反交換関係を利用し，実際フェルミ統計の場合に n_r の固有値が $0, 1$ であることが証明される（問題 2.1）．

• 場の演算子 •　フェルミ統計の場合でも場の演算子は (10.4), (10.5)（p.116）と同じように定義されこの両式で $b_r, b_r{}^\dagger$ をそれぞれ $a_r, a_r{}^\dagger$ で置き換えればよい．ボース統計からフェルミ統計に移行するには $- \to +$，交換関係 → 反交換関係 という変換を実行すればよい．その結果，例題1と同様，次式が成り立つ．

$$[\psi_s(\boldsymbol{r}), \psi_{s'}{}^\dagger(\boldsymbol{r}')]_+ = \delta(\boldsymbol{r} - \boldsymbol{r}')\delta(s, s') \tag{10.12a}$$

$$[\psi_s(\boldsymbol{r}), \psi_{s'}(\boldsymbol{r}')]_+ = [\psi_s{}^\dagger(\boldsymbol{r}), \psi_{s'}{}^\dagger(\boldsymbol{r}')]_+ = 0 \tag{10.12b}$$

全体の粒子数，エネルギーはボース統計と同じ形式で書ける（問題 2.2）.

例題 2　　**ジョルダン - ウィグナー表示**

フェルミ統計の場合でも一粒子状態に適当な番号をつければ $|n_1, n_2, \cdots\rangle$ で体系の状態が決まる．しかし，ボース統計と違い，これらに消滅演算子，生成演算子を作用させた結果は簡単ではない．1 つの表示として

$$a_r\,|n_1, \cdots, n_r, \cdots\rangle = (-1)^\theta n_r\,|n_1, \cdots, 1-n_r, \cdots\rangle$$

$$a_r{}^\dagger\,|n_1, \cdots, n_r, \cdots\rangle = (-1)^\theta (1-n_r)\,|n_1, \cdots, 1-n_r, \cdots\rangle$$

$$\theta = n_1 + n_2 + \cdots + n_{r-1}$$

があり，これを**ジョルダン - ウィグナー表示**という．この表示から (10.10) の反交換関係が導かれることを示せ．

解答

$$a_r{}^\dagger a_r\,|n_1, \cdots, n_r, \cdots\rangle = a_r{}^\dagger(-1)^\theta n_r\,|n_1, \cdots, 1-n_r, \cdots\rangle$$
$$= (-1)^{2\theta} n_r{}^2\,|n_1, \cdots, n_r, \cdots\rangle$$
$$= n_r\,|n_1, \cdots, n_r, \cdots\rangle$$

が成り立ち，$n_r = n_r{}^2$ となる．これから $n_r = 0, 1$ が得られる（問題 2.1）．$s < t$ とすれば

$$a_s a_t\,|\cdots, n_s, \cdots, n_t, \cdots\rangle = a_s(-1)^{n_1+\cdots+n_{t-1}} n_t\,|\cdots, n_s, \cdots, 1-n_t, \cdots\rangle$$
$$= (-1)^{n_1+\cdots+n_{t-1}}(-1)^{n_1+\cdots+n_{s-1}} n_s n_t\,|\cdots, 1-n_s, \cdots, 1-n_t, \cdots\rangle$$

と書ける．一方 $(-1)^{1-n_s} = (-1)^{n_s-1}$ に注意すると（問題 2.3）

$$a_t a_s\,|\cdots, n_s, \cdots, n_t, \cdots\rangle = a_t(-1)^{n_1+\cdots+n_{s-1}} n_s\,|\cdots, 1-n_s, \cdots, n_t, \cdots\rangle$$
$$= (-1)^{n_1+\cdots+n_{s-1}}(-1)^{n_1+\cdots+n_{t-1}-1} n_s n_t\,|\cdots, 1-n_s, \cdots, 1-n_t, \cdots\rangle$$

となり

$$(a_s a_t + a_t a_s)\,|\cdots, n_s, \cdots, n_t, \cdots\rangle = 0$$

が成立する．同様に次式が導かれる．

$$(a_s{}^\dagger a_t{}^\dagger + a_t{}^\dagger a_s{}^\dagger)\,|\cdots, n_s, \cdots, n_t, \cdots\rangle = 0$$

問　題

2.1　簡単のため添字 r を省略するとして，次の問に答えよ．

(a)　$a^2 = a^{\dagger 2} = 0$ が成り立つことを示し，その意味を説明せよ．

(b)　演算子間の関係として $n^2 = n$ を示し，n の固有値が 0 あるいは 1 であることを証明せよ．

2.2　フェルミ統計でもボース統計と同様，次式が成り立つことを示せ．

$$N = \int_\Omega \psi^\dagger(x)\psi(x)d\tau, \quad H_0 = \int_\Omega \psi^\dagger(x)\left[-\frac{\hbar^2}{2m}\Delta + U(\boldsymbol{r})\right]\psi(x)d\tau$$

2.3　$n_s = 0, 1$ に注意して $(-1)^{1-n_s} = (-1)^{n_s-1}$ の等式を導け．

10.3 相互作用のハミルトニアン

● 数密度を表す演算子 ● 場の演算子に対して領域 Ω 中の

$$\int_\Omega \psi_s{}^\dagger(\boldsymbol{r})\psi_s(\boldsymbol{r})dV \tag{10.13}$$

の積分を考察する．ボース統計の場合，(10.4), (10.5)（p.116）を上式に代入すると

$$\begin{aligned}&\frac{1}{V}\sum_{rr'}\int_\Omega b_{r'}{}^\dagger e^{-i\boldsymbol{k}'\cdot\boldsymbol{r}}\delta(s,\sigma')b_r e^{i\boldsymbol{k}\cdot\boldsymbol{r}}\delta(s,\sigma)dV\\&=\sum_{\boldsymbol{k}\sigma\sigma'}b_{\boldsymbol{k}\sigma'}{}^\dagger b_{\boldsymbol{k}\sigma}\delta(s,\sigma')\delta(s,\sigma)=\sum_{\boldsymbol{k}}b_{\boldsymbol{k}s}{}^\dagger b_{\boldsymbol{k}s}\end{aligned} \tag{10.14}$$

が得られる．ここで

$$\rho_s(\boldsymbol{r})=\psi_s{}^\dagger(\boldsymbol{r})\psi_s(\boldsymbol{r}) \tag{10.15}$$

とおけば，(10.13), (10.14) からわかるように，$\rho_s(\boldsymbol{r})$ を体積 V の領域 Ω 内で積分すると，その中に含まれるスピン状態 s の全粒子数となる．したがって，$\rho_s(\boldsymbol{r})$ はスピン s をもった粒子の，場所 $\boldsymbol{r}$ における数密度に等しい．以上，ボース統計を考えたが，フェルミ統計の場合には b を a で置き換えるだけで同じことが成り立つ．

● 相互作用 ● 粒子間のポテンシャルを $v(\boldsymbol{r}-\boldsymbol{r}')$ としスピンには依存しないとする．$\boldsymbol{r},\boldsymbol{r}'$ 近傍の微小体積 dV, dV' を考えると，dV 中でスピン s をもつ粒子数は $\rho_s(\boldsymbol{r})$，dV' 中でスピン s' をもつ粒子数は $\rho_{s'}(\boldsymbol{r}')$ で与えられる（図 10.1）．これらの粒子間には

$$\frac{1}{2}v(\boldsymbol{r}-\boldsymbol{r}')\rho_s(\boldsymbol{r})\rho_{s'}(\boldsymbol{r}')dVdV'$$

の相互作用が働く．このため全体の相互作用は，これを $\boldsymbol{r},\boldsymbol{r}'$ に関し積分し s,s' に関し和をとった

$$\frac{1}{2}\int_\Omega\sum_{ss'}v(\boldsymbol{r}-\boldsymbol{r}')\rho_s(\boldsymbol{r})\rho_{s'}(\boldsymbol{r}')dVdV' \tag{10.16}$$

で与えられる．

● 第 2 量子化法における H' ● (10.16) に (10.15) を代入し，少々整理すると，ボース統計，フェルミ統計の両方の場合に次式が成立する（問題 3.1）．

$$\frac{1}{2}v(0)N+\frac{1}{2}\int_\Omega\sum_{ss'}\psi_s{}^\dagger(\boldsymbol{r})\psi_{s'}{}^\dagger(\boldsymbol{r}')v(\boldsymbol{r}-\boldsymbol{r}')\psi_{s'}(\boldsymbol{r}')\psi_s(\boldsymbol{r})dVdV'$$

上式の第 1 項は定数で無視できる．実はこの項が出現するのは数密度を古典的に扱ったためで例題 3 で示すように，摂動計算では第 2 項だけを考慮すればよい．こうして，

$\boldsymbol{r}, s$ をまとめて x と書けば，第 2 量子化法で相互作用 H' は次式で表される．

$$H' = \frac{1}{2}\int_{\Omega} \psi^{\dagger}(x)\psi^{\dagger}(x')v(\boldsymbol{r}-\boldsymbol{r}')\psi(x')\psi(x)d\tau d\tau' \tag{10.17}$$

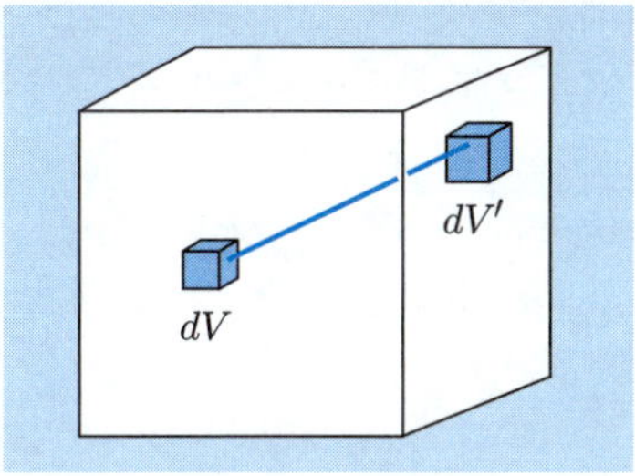

図 10.1　相互作用

第 2 量子化

古典力学と量子力学の 1 つの違いは次のような点である．古典力学では粒子はあくまでも粒子であるが，その一方，波はあくまでも波である．両者の混在は考えられないことで，いわば，波と粒子は二律背反的な存在である．これに反し，量子力学では波と粒子の二重性を認め，例えば電子は粒子であると同時に波であるとみなす．量子力学はジーキル博士とハイド氏のような性格で，哲学的には矛盾的自己統一の世界といえるだろう．量子力学での波動性は波動関数で記述され，例えば質量 m の自由粒子が領域 Ω 中を運動するとき，エネルギーの量子力学的な期待値は

$$E = \int_{\Omega} \psi^{\dagger}(x)\left(-\frac{\hbar^2}{2m}\Delta\right)\psi(x)d\tau$$

で与えられる．通常の量子力学では上式中の ψ は複素数ではあるが，演算子ではない．

ロシアの物理学者フォック（1899–1974）は領域 Ω 中の N 個の自由粒子が運動する多体問題を研究した．その結果，前に述べた数表示を使うと多粒子系の状態が決定されることがわかった．数表示で状態を決めるような空間をフォック空間という．フォック空間で粒子のハミルトニアンを求めると，上式中の ψ を演算子とみなせばよいことが明らかになった．これが第 2 量子化法と命名される由縁である．第 2 量子化法で場の演算子 ψ が演算子であることを強調するため，これを大文字の記号で表すことがある．本書では波動関数も場の演算子も同じ ψ の記号で書いたが，混乱は生じないであろう．多粒子系の体系を量子力学的な場とみなせば，第 2 量子化は場の量子化と同じ意味をもつ．実際，場の量子論などではわざわざ第 2 量子化という用語を使わない．本書では多体問題の簡単な例を考察し，第 2 量子化法と通常の方法との等価性を示した．この種の問題については次ページ以降の例題を参考にして欲しい．

例題 3 **エネルギーの摂動計算**

スピン 1/2 のフェルミ粒子の集団を考え，スピンは変数 σ で記述されるとする（$\sigma = 1$ は上向きスピン，$\sigma = -1$ は下向きスピンを表す）．一粒子状態に適当な番号をつけエネルギーの低い順に並べたとしこれらを $e_1, e_2, \cdots$ と書く．磁場がないとき図 6.1（p.74）に示すように $\sigma = \pm 1$ の状態は縮退しているので実際は $e_1 \leq e_2 \leq e_3 \leq \cdots$ となるが，形式上これらは全部異なるとし，通し番号をつけたとする．図 10.2 のように $1, 2, \cdots, N$ の一粒子状態が粒子で占められ，これよりエネルギーの高い一粒子状態は空になっている状態を Φ とする．

(a) Φ に対応する非摂動系のエネルギー E_0 を求めよ．

(b) 相互作用のハミルトニアン H' を摂動と考え (10.17) を用いてエネルギーの 1 次の摂動項 E_1 を求めよ．

(c) 非摂動系の固有関数をスレーター行列式で表して E_1 を計算し，結果は (b) で求めたものと一致することを確かめよ．

解答 (a) E_0 は $E_0 = \sum_{r=1}^{N} e_r$ と表される．

(b) 空間座標，スピン座標の規格直交系を $u_r(x)$ と書き，場の演算子を

$$\psi(x) = \sum_r a_r u_r(x), \quad \psi^\dagger(x) = \sum_r a_r{}^\dagger u_r{}^*(x) \tag{1}$$

と展開する．(1) を利用すると (10.17) のハミルトニアンは

$$H' = \frac{1}{2} \sum_{rsr's'} (rs\,|\,v\,|\,r's') a_r{}^\dagger a_s{}^\dagger a_{s'} a_{r'} \tag{2}$$

$$(rs\,|\,v\,|\,r's') = \int_\Omega u_r{}^*(x) u_s{}^*(x') v(\boldsymbol{r} - \boldsymbol{r}') u_{r'}(x) u_{s'}(x') d\tau d\tau'$$

と書ける（問題 3.2）．(2) を使うと E_1 は次のように計算される（問題 3.3）．

$$E_1 = \frac{1}{2} \sum_{rs} [(rs\,|\,v\,|\,rs) - (rs\,|\,v\,|\,sr)] n_r n_s \tag{3}$$

上式の右辺第 2 項は**交換エネルギー**とよばれる．

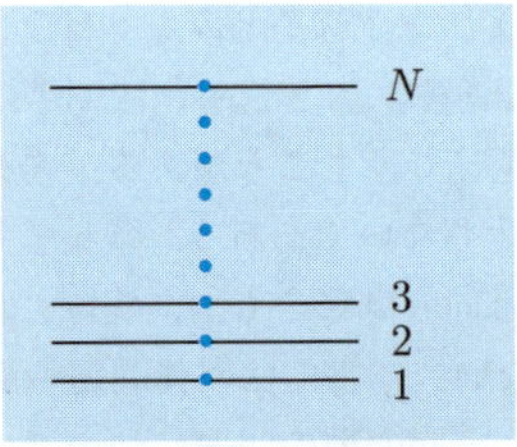

図 10.2 状態 Φ

(c)　摂動論によると 1 次の摂動エネルギーを E_1 とすれば $E = E_0 + E_1$ と書ける．すべての変数に関する積分または和を $d\tau$ で表すと $E_1 = \displaystyle\int \Phi^* H' \Phi d\tau$ であるから，スレーターの行列式を使い H' を空間座標で表すと

$$E_1 = \frac{1}{N!}\int \begin{vmatrix} u_1{}^*(1) & \cdots & u_1{}^*(N) \\ \vdots & & \vdots \\ u_N{}^*(1) & \cdots & u_N{}^*(N) \end{vmatrix} \frac{1}{2}\sum_{i\neq j} v(\boldsymbol{r}_i - \boldsymbol{r}_j) \begin{vmatrix} u_1(1) & \cdots & u_1(N) \\ \vdots & & \vdots \\ u_N(1) & \cdots & u_N(N) \end{vmatrix} \times d\tau_1 \cdots d\tau_N \tag{4}$$

となる．p.73 と同様に (4) の右側の行列式を展開し $\tau_1 \to 1, \cdots, \tau_N \to N$ とすれば

$$E_1 = \int \begin{vmatrix} u_1{}^*(1) & \cdots & u_1{}^*(N) \\ \vdots & & \vdots \\ u_N{}^*(1) & \cdots & u_N{}^*(N) \end{vmatrix} \frac{1}{2}\sum_{i\neq j} v(\boldsymbol{r}_i - \boldsymbol{r}_j) u_1(1)\cdots u_N(N) d\tau_1 \cdots d\tau_N \tag{5}$$

が得られる．(5) の行列式をふたたび展開すれば

$$E_1 = \sum_P (-1)^{\delta(P)} \int u_1{}^*(\tau_1)\cdots u_N{}^*(\tau_N) \frac{1}{2}\sum_{i\neq j} v(\boldsymbol{r}_i - \boldsymbol{r}_j) u_1(1)\cdots u_N(N) d\tau_1 \cdots d\tau_N \tag{6}$$

となる．(6) で例えば $v(\boldsymbol{r}_1 - \boldsymbol{r}_2)$ の項を考えると，$\tau_1 = 1$，$\tau_2 = 2$ か $\tau_1 = 2$，$\tau_2 = 1$ でなければならない．τ_1 が 3 だと $u_1{}^*(3)$ と $u_3(3)$ の積は τ_3 の積分の結果 0 となってしまう．こうして，前者，後者の寄与はそれぞれ

$$\frac{1}{2}\int u_1{}^*(1)u_2{}^*(2)v(\boldsymbol{r}_1 - \boldsymbol{r}_2)u_1(1)u_2(2)d\tau_1 d\tau_2 \tag{7a}$$

$$-\frac{1}{2}\int u_1{}^*(2)u_2{}^*(1)v(\boldsymbol{r}_1 - \boldsymbol{r}_2)u_1(1)u_2(2)d\tau_1 d\tau_2 \tag{7b}$$

と書け，(7b) で $\tau_1 \rightleftarrows \tau_2$ とすれば両者の寄与は $(1/2)[(12\,|\,v\,|\,12) - (12\,|\,v\,|\,21)]$ と表される．こうして次式が導かれる．

$$E_1 = \frac{1}{2}\sum_{rs=1}^{N}[(rs\,|\,v\,|\,rs) - (rs\,|\,v\,|\,sr)]$$

問　題

3.1　ボース，フェルミの統計に対し (10.16) を変形しその下の等式を導け．

3.2　例題 3 中の (1) を使うと (10.17) のハミルトニアンは例題 3 の (2) のように表されることを証明せよ．

3.3　状態 Φ に対する 1 次の摂動エネルギーを計算し，その結果が例題 3 中の (3) で与えられることを確かめよ．

10.4 電子ガスの交換エネルギー

• 電子ガス • プラズマあるいは金属中の電子を扱う1つの模型として，正電荷は一様にならしてしまい，その媒質中で電子がクーロン相互作用を及ぼし合うという体系を導入することがある．これを**電子ガス**という．ただし，正電荷の総量と負電荷の総量とは互いに打ち消し電気的中性が実現すると仮定する．

• クーロン相互作用 • 真空中で電子（電荷 $-e$）が距離 r だけ隔てておかれるとき，両者間のクーロン相互作用は

$$v(r) = \frac{e^2}{4\pi\varepsilon_0 r} \tag{10.18}$$

で与えられる．電気的中性を数式に反映させるため図 10.3 のように，体積 V が十分大きな立方体の領域 Ω を考え，座標原点 O に電子がおかれているとする．この電子の作るスカラーポテンシャルを ϕ とすれば，p.170 で述べるポアソン方程式により $\Delta\phi = -\rho/\varepsilon_0$ が成り立つ．ρ は電荷密度であるが，原点にある電子，その電荷を打ち消すため V 内に一様に広がった正電荷を考慮すると $\rho = -e[\delta(\boldsymbol{r}) - 1/V]$ と書ける．クーロン相互作用 v は $v = -e\phi$ と表されるので

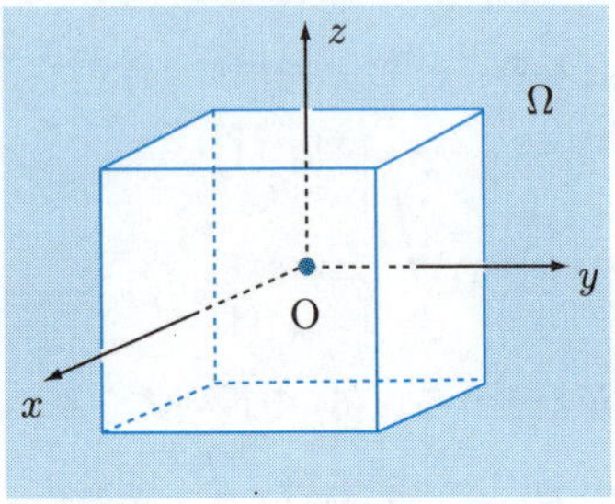

図 10.3 電気的中性

$$\Delta v(\boldsymbol{r}) = -\frac{e^2}{\varepsilon_0}\left[\delta(\boldsymbol{r}) - \frac{1}{V}\right] \tag{10.19}$$

が成り立つ．

• $v(\boldsymbol{r})$のフーリエ展開 • 第 10 章の問題 1.4（p.117）で $\boldsymbol{r}' = 0$ とおけば $\delta(\boldsymbol{r}) = (1/V)\sum e^{i\boldsymbol{k}\cdot\boldsymbol{r}}$ となる．$v(\boldsymbol{r})$ をフーリエ展開し $v(\boldsymbol{r}) = (1/V)\sum \nu(\boldsymbol{k})e^{i\boldsymbol{k}\cdot\boldsymbol{r}}$ とおく．これは第 7 章例題 7（p.86）の (1) に相当するが，$\boldsymbol{q}$ の代わりに $\boldsymbol{k}$ を用いた．(10.19) を利用すると

$$-\frac{1}{V}\sum_{\boldsymbol{k}} \nu(\boldsymbol{k})k^2 e^{i\boldsymbol{k}\cdot\boldsymbol{r}} = -\frac{e^2}{\varepsilon_0 V}\sum_{\boldsymbol{k}\neq 0} e^{i\boldsymbol{k}\cdot\boldsymbol{r}} \tag{10.20}$$

が得られる．上式から

$$\nu(\boldsymbol{k}) = \frac{e^2}{\varepsilon_0 k^2} \quad (\boldsymbol{k} \neq 0) \tag{10.21}$$

となる．$\nu(0)$ は不定であるが，これを便宜上 0 とおく．$\nu(0)$ が 0 でないという仮定は，ただエネルギーの原点をずらすだけであることがわかる（問題 4.1）．

例題 4　**電子ガスの 1 次の摂動エネルギー**

体積 V の立方体中に N 個の電子（質量 m）が含まれる電子ガスを考え，電子間のクーロン相互作用を摂動にとって基底状態のエネルギーを摂動計算で 1 次の項まで求める．

(a)　例題 3 中の (3) に現れる $(rs\,|\,v\,|\,rs)$, $(rs\,|\,v\,|\,sr)$ と $\nu(\boldsymbol{k})$ との間の関係を明らかにせよ．

(b)　電子ガスの 1 次の交換エネルギーを求めよ．

解答　(a)　例題 3 の結果により，一般に

$$(rs\,|\,v\,|\,r's') = \int_\Omega u_r{}^*(x)u_s{}^*(x')v(\boldsymbol{r}-\boldsymbol{r}')u_{r'}(x)u_{s'}(x')d\tau d\tau'$$

と表される．例えば，$u_r(x)$ は Ω 内で規格化された平面波とスピン関数により

$$u_r(x) = \frac{1}{\sqrt{V}}e^{i\boldsymbol{k}_r\cdot\boldsymbol{r}}\delta(\sigma_r, s)$$

と書ける．スピン座標の和をとると $\sum\delta(\sigma_r, s)\delta(\sigma_{r'}, s) = \delta(\sigma_r, \sigma_{r'})$ となり同様に $\sum\delta(\sigma_s, s')\delta(\sigma_{s'}, s') = \delta(\sigma_s, \sigma_{s'})$ が得られる．すなわち r, r' のスピン状態，s, s' のスピン状態が等しい．空間座標の積分に注目すると

$$(rs\,|\,v\,|\,r's') = \frac{1}{V^2}\int_\Omega e^{-i\boldsymbol{k}_r\cdot\boldsymbol{r}-i\boldsymbol{k}_s\cdot\boldsymbol{r}'}v(\boldsymbol{r}-\boldsymbol{r}')e^{i\boldsymbol{k}_{r'}\cdot\boldsymbol{r}+i\boldsymbol{k}_{s'}\cdot\boldsymbol{r}'}dVdV'$$

となる．$(rs\,|\,v\,|\,rs)$ の場合には r, r' のスピン状態，s, s' のスピン状態が等しいという条件は自動的に満たされている．$(rs\,|\,v\,|\,rs)$ は

$$(rs\,|\,v\,|\,rs) = \frac{1}{V^2}\int_\Omega v(\boldsymbol{r}-\boldsymbol{r}')dVdV'$$

と書け，フーリエ展開の式

$$v(\boldsymbol{r}-\boldsymbol{r}') = \frac{1}{V}\sum_q \nu(\boldsymbol{q})e^{i\boldsymbol{q}\cdot(\boldsymbol{r}-\boldsymbol{r}')}$$

を利用すると $(rs\,|\,v\,|\,rs) = \nu(0)/V$ と表される．$\nu(0) = 0$ としたのでこの項は 0 に等しい．$(rs\,|\,v\,|\,sr)$ の場合には r, s は同じスピンとなる．このときの空間部分の積分は $\boldsymbol{r}_1 = \boldsymbol{r}-\boldsymbol{r}'$, $\boldsymbol{r}_2 = \boldsymbol{r}'$ とおけば

$$(rs\,|\,v\,|\,sr) = \frac{1}{V^2}\int_\Omega e^{i(\boldsymbol{k}_s-\boldsymbol{k}_r)\cdot\boldsymbol{r}_1}v(\boldsymbol{r}_1)d\boldsymbol{r}_1 d\boldsymbol{r}_2$$

となり，上式は $(1/V)\nu(\boldsymbol{k}_r-\boldsymbol{k}_s)$ に等しい．

(b)　r と s のスピンが両方とも上向き，下向きの 2 つの可能性があることに注意すると例題 3 中の (3)（p.122）から，$\nu(\boldsymbol{k}) = e^2/\varepsilon_0 k^2$ を使い

$$E_1 = -\frac{e^2}{\varepsilon_0 V}\sum_{\boldsymbol{k}_r \boldsymbol{k}_s}\frac{n_{\boldsymbol{k}_r} n_{\boldsymbol{k}_s}}{|\boldsymbol{k}_r - \boldsymbol{k}_s|^2}$$

が得られる．$\boldsymbol{k}_s - \boldsymbol{k}_r = \boldsymbol{q}$, $\boldsymbol{k}_r = \boldsymbol{k}$ とすれば

$$E_1 = -\frac{e^2}{\varepsilon_0 V}\sum_{\boldsymbol{q}\boldsymbol{k}}\frac{n_{\boldsymbol{k}} n_{\boldsymbol{k}+\boldsymbol{q}}}{q^2}$$

となる．フェルミ波数を $k_{\rm F}$ とすると絶対零度で $n_{\boldsymbol{k}}$ は $n_{\boldsymbol{k}} = 1\ (k < k_{\rm F})$, $n_{\boldsymbol{k}} = 0\ (k > k_{\rm F})$ と書ける．$\boldsymbol{k}$ の和を $\boldsymbol{k}$ 空間の積分で表すと

$$E_1 = -\frac{e^2}{\varepsilon_0 (2\pi)^3}\sum_{q\neq 0}\frac{I(q)}{q^2}, \quad I(q) = \int_{|\boldsymbol{k}+\boldsymbol{q}|<k_{\rm F},\,|\boldsymbol{k}|<k_{\rm F}} d\boldsymbol{k}$$

である．図 10.4 に示すように，$I(q)$ は半径 $k_{\rm F}$ の 2 つの球の中心が q だけ離れているとき，その共通部分（図の灰色部分）の体積に等しい．$I(q)$ は $|\boldsymbol{q}|$ だけに依存するのでこのように書いた．半径 $k_{\rm F}$ の球の中心から h の距離をもつ平面で球を切ったとき，中心を含まない部分（図 10.5 の灰色部分）の体積を $\Omega(h)$ とすれば $I(q) = 2\Omega(q/2)$ が成り立つ．h と $h + dh$ とに挟まれた部分の体積 $d\Omega$ は，h が増加すると Ω は減少することに注意して $d\Omega = -\pi({k_{\rm F}}^2 - h^2)dh$ である．これを解くと $\Omega(h) = -\pi {k_{\rm F}}^2 h + \pi h^3/3 + A$ で，任意定数 A は $h = 0$ のときを考え $2\pi {k_{\rm F}}^3/3$ と決められる．その結果 $I(q)$ は $I(q) = 2\pi(2{k_{\rm F}}^3/3 - {k_{\rm F}}^2 q/2 + q^3/24)$ と計算される．また，$q \geq 2k_{\rm F}$ では $I(q) = 0$ となる．こうして

$$E_1 = -\frac{Ve^2}{\pi(2\pi)^3\varepsilon_0}\int_0^{2k_{\rm F}}\left(\frac{2{k_{\rm F}}^3}{3} - \frac{{k_{\rm F}}^2 q}{2} + \frac{q^3}{24}\right)dq = -\frac{Ve^2{k_{\rm F}}^4}{16\pi^4\varepsilon_0}$$

となる．あるいは ${k_{\rm F}}^3 = 3\pi^2 N/V$ を用いると次のように書ける．

$$\frac{E_1}{N} = -\frac{3e^2 k_{\rm F}}{16\pi^2\varepsilon_0}$$

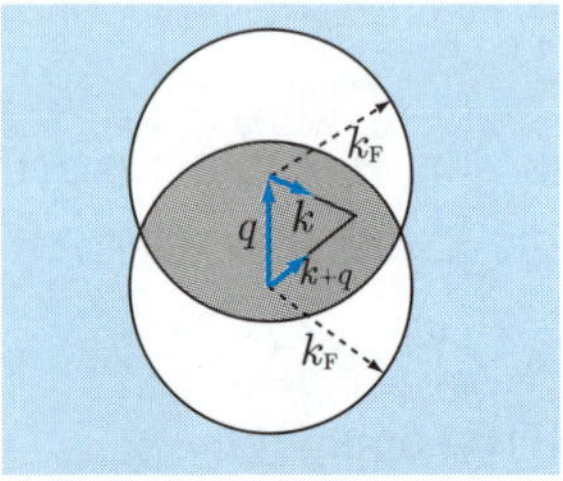

図 10.4　積分 $I(q)$

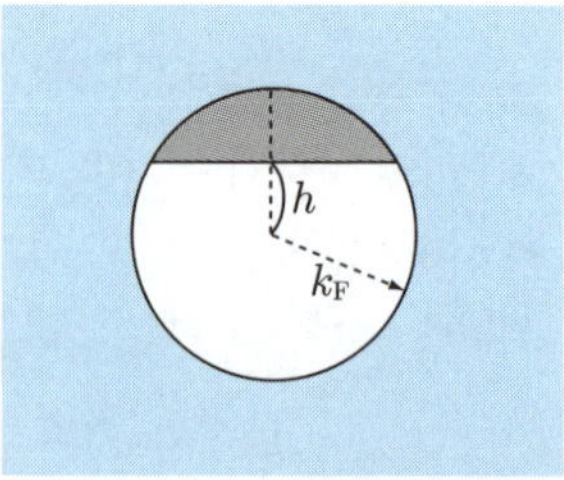

図 10.5　体積 $\Omega(h)$

問　題

4.1　$\nu(0) \neq 0$ の仮定はエネルギーの原点をずらすことに相当することを示せ．

4.2　$(rs\,|\,v\,|\,r's')$ の空間部分は一般にどのように表されるか．

問題解答

1章の解答

問題 1.1　光電臨界振動数 ν_0 は次のように計算される．

$$\nu_0 = \frac{W}{h} = \frac{3.0 \times 1.6 \times 10^{-19}\,\mathrm{J}}{6.63 \times 10^{-34}\,\mathrm{J \cdot s}} = 7.24 \times 10^{14}\,\mathrm{Hz}$$

この結果，λ_0 は次のようになる．

$$\lambda_0 = \frac{c}{\nu_0} = \frac{3 \times 10^8\,\mathrm{m/s}}{7.24 \times 10^{14}\,\mathrm{Hz}} = 4.14 \times 10^{-7}\,\mathrm{m} = 414\,\mathrm{nm}$$

問題 1.2　$\lambda > \lambda_0$ では光電効果は起こらない．赤い光では $\lambda \simeq 700\,\mathrm{nm}$ であるから，この場合に相当し，よって光電効果が起こらない．逆に青い光では $\lambda \simeq 400\,\mathrm{nm}$ で $\lambda < \lambda_0$ となり光電効果が起こる．

問題 2.1　(a)　$z = i\theta$ とおき $i^2 = -1,\ i^3 = -i,\ i^4 = 1, \cdots$ の関係を使うと

$$e^{i\theta} = 1 - \frac{\theta^2}{2!} + \frac{\theta^4}{4!} - \cdots + i\left(\theta - \frac{\theta^3}{3!} + \frac{\theta^5}{5!} - \cdots\right) = \cos\theta + i\sin\theta$$

というオイラーの公式が得られる．

(b)　$e^{i\theta} = 1$ という点は実軸と単位円の交点である．$e^{i\theta}$ は θ の周期 2π の周期関数であるから，$e^{i\theta} = 1$ を満たす θ は $\theta = 0, \pm 2\pi, \pm 4\pi, \cdots$ と表される．

問題 2.2　真空中の電磁波に対する波動方程式は $\partial^2\varphi/c^2\partial t^2 = \Delta\varphi$ と書ける．ここで φ は電場，磁場などの成分を表す．φ は平面波で記述されるとし

$$\varphi \propto e^{i\boldsymbol{k}\cdot\boldsymbol{r} - i\omega t}$$

を上式に代入すると $\omega^2 = c^2k^2$ が得られる．ここで，k は波数ベクトル $\boldsymbol{k}$ の大きさである．ω は正とすればこれから $\omega = ck$ が導かれる．

問題 2.3　波数空間中で $\boldsymbol{k} \sim \boldsymbol{k} + d\boldsymbol{k}$ の範囲を考えると，この部分は原点を中心として半径が k と $k + dk$ の球に挟まれた領域を表す．この領域の体積は $d\boldsymbol{k} = 4\pi k^2 dk$ となり，領域中の状態数は

$$\frac{V}{(2\pi)^3}d\boldsymbol{k} = \frac{V}{(2\pi)^3}4\pi k^2 dk = \frac{Vk^2}{2\pi^2}dk$$

となる．実際には図 1.5 で示した 2 つの可能性を考慮すると，$k \sim k + dk$ の範囲内にある振動子の数は上式を 2 倍し Vk^2dk/π^2 と表される．$\omega = 2\pi\nu$ の関係が成り立つので，問題 2.2 で導いた結果を利用すると $ck = 2\pi\nu$ と書ける．これから $k = 2\pi\nu/c,\ dk = 2\pi d\nu/c$ となり，上式に代入して (1.5) が得られる．

問題 2.4　空洞中の全エネルギー E は (1.8) を ν に関し 0 から ∞ まで積分し

$$E = \frac{8\pi k_B TV}{c^3}\int_0^\infty \nu^2 d\nu$$

となる．この積分は無限大となってしまい，物理的に無意味である．簡単にいえば，鉄を熱したとき光るという簡単な問に古典物理学は答えられないということになる．

問題 3.1　古典的な極限では

$$\frac{h\nu}{e^{\beta h\nu}-1} \to \frac{h\nu}{\beta h\nu} = \frac{1}{\beta} = k_B T \quad (h \to 0)$$

で，$\langle e_n \rangle \to k_B T$ となるのでレイリー-ジーンズの放射法則が得られる．

問題 3.2　E に対する表式で $\beta h\nu = x$ と積分変数を変換すると

$$E = \frac{8\pi hV}{c^3\beta^4 h^4}\int_0^\infty \frac{x^3}{e^x-1}dx$$

と書け，$E \propto T^4$ が得られるので題意の通りとなる．ちなみに，x に関する積分は $\pi^4/15$ と求まり［森口，宇田川，一松著：数学公式 I（岩波書店，1956）p.234］，E は $E = 8\pi^5 V {k_B}^4 T^4/15c^3h^3$ と表される．

問題 3.3　(1.13) により

$$E(\nu) = \frac{8\pi hV}{c^3}\frac{\nu^3}{e^{\beta h\nu}-1}$$

となる．$\nu \sim \nu + d\nu$ の範囲が $\lambda \sim \lambda + d\lambda$ に対応するとすれば $E(\nu)d\nu = G(\lambda)d\lambda$ が成り立つ．$\lambda\nu = c$ の関係 $\nu = c/\lambda$ となり，これから $d\nu = -cd\lambda/\lambda^2$ が得られる．ここで $-$ の符号は ν が増加するとき λ が減少することを意味する．$G(\lambda)$ は $+$ の量とするので，この式の絶対値をとる必要があり $G(\lambda) = E(\nu)c/\lambda^2$ となり，次のようになる．

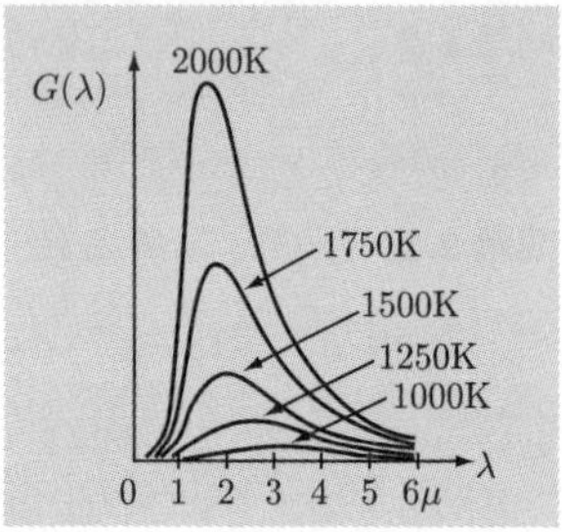

$$G(\lambda) = \frac{8\pi hV}{c^3\left(e^{\beta hc/\lambda}-1\right)}\frac{c^3}{\lambda^3}\frac{c}{\lambda^2} = \frac{8\pi hcV}{\lambda^5\left(e^{\beta hc/\lambda}-1\right)}$$

問題 3.4　T を一定に保ち $G(\lambda)$ を λ の関数として図示したものを上図に示す ($1\mu = 10^{-6}$m)．T を一定として $G(\lambda)$ を λ で偏微分すると

$$\frac{\partial G(\lambda)}{\partial \lambda} = \frac{8\pi hcV}{\left(e^{\beta hc/\lambda}-1\right)}\left(-\frac{5}{\lambda^6} + \frac{\beta hc}{\lambda^7}\frac{e^{\beta hc/\lambda}}{\left(e^{\beta hc/\lambda}-1\right)}\right)$$

となる．上式を 0 とおき，$\beta hc/\lambda_m = x$ とすれば

$$-5 + x\frac{e^x}{e^x-1} = 0 \qquad \therefore \quad \frac{x}{5} = 1 - e^{-x}$$

が得られる．この式を満たす x の値は $x = 4.965$ と求まっている［理化学辞典第 4 版，（岩波書店，1991）p.100］．したがって $\lambda_m T =$ 一定 というウィーンの変位則が導かれる．

問題 4.1　粒子とともに運動する座標系で考えると，この座標系は静止座標系とみなせるのでエネルギー E は静止エネルギー mc^2 に等しく，運動量 p は 0 である．したがって，ローレンツ不変性により $p^2 - E^2/c^2 = -m^2c^2$ が成り立つ．これから (1.14) が導かれる．

問題 4.2　例題 4 で求めた $\lambda = h/\sqrt{2meV}$ に $h = 6.63 \times 10^{-34}$ J・s，$m = 9.11 \times 10^{-31}$ kg，$e = 1.60 \times 10^{-19}$ C，$V = 65$ Vを代入する．すべての物理量を表す単位として国際単位系を

使えば，答は国際単位系での値として求まり，λ は次のように計算される．

$$\lambda = \frac{6.63 \times 10^{-34}}{\sqrt{2 \times 9.11 \times 10^{-31} \times 1.60 \times 10^{-19} \times 65}}\ \mathrm{m} = 1.52 \times 10^{-10}\mathrm{m} = 1.52\text{Å}$$

問題 5.1 力学的エネルギーを E とすれば $m\dot{x}^2/2 + U(x) = E$ が成り立つ．$U(x)$ を表す曲線と E との交点を右図上のように a, b とすると運動は $a \le x \le b$ の範囲で起こり

$$p = \pm\sqrt{2m[E - U(x)]} \qquad (1)$$

と表される．ここで次の作用積分

$$J = \oint p dx \qquad (2)$$

を考えると，xp 面の上半分では右図下のように (1) の + 符号をとり積分範囲は a から b までとなる．その結果は xp 面上の軌道と x 軸との間の図で斜線で示した面積に等しい．逆に下半分で (2) の積分範囲は b から a までとなり (1) の − 符号をとらねばならない．この場合の J への寄与は軌道と x 軸との間の面積となり，両者あわせると (2) の J は軌道の囲む面積となる．

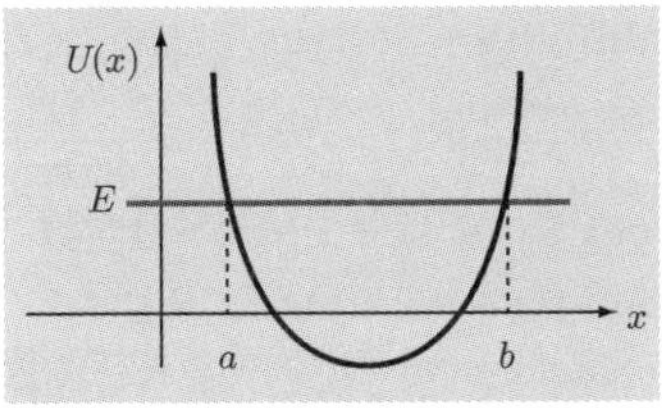

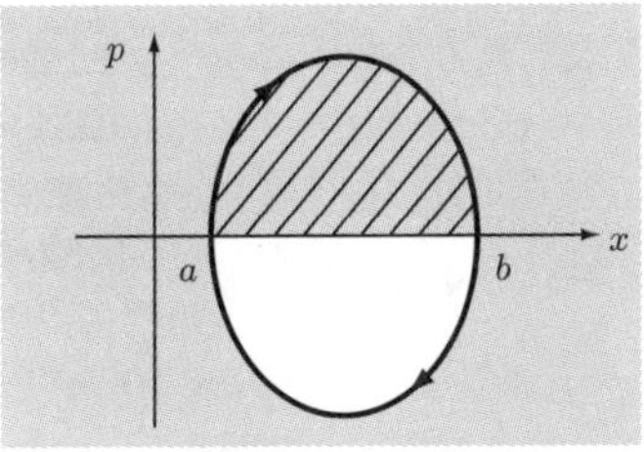

問題 5.2 エネルギー準位を図示すると右図のようになる．準位は $h\nu$ の等間隔で並び $n = 0$ に相当するエネルギー 0 の状態が基底状態となる．ちなみにエネルギー最低の状態は**基底状態**とよばれる．この上の $n = 1, 2, 3, \cdots$ に相当する準位は基底状態よりエネルギーが高いので，**励起状態**とよばれている．

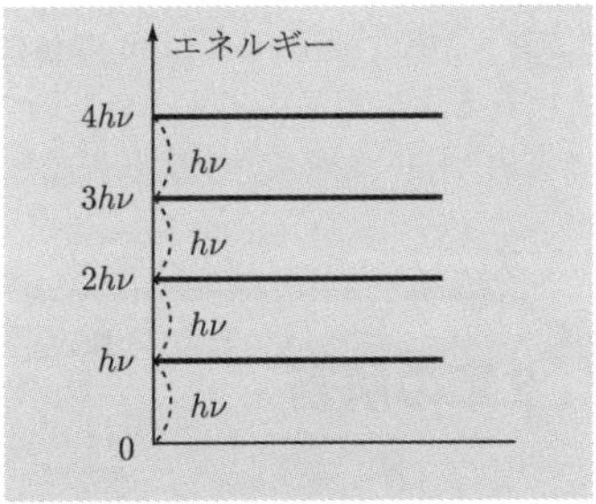

問題 6.1 電子に働く向心力はクーロン力の大きさに等しいから，例題 6 と同様

$$\frac{mv^2}{r} = \frac{e^2}{4\pi\varepsilon_0 r^2}$$

が成り立つ．電子の力学的エネルギー E は電子の運動エネルギー $mv^2/2$ とクーロン力による位置エネルギー $-e^2/4\pi\varepsilon r$ の和として表されるので，上式を利用すると

$$E = \frac{mv^2}{2} - \frac{e^2}{4\pi\varepsilon_0 r} = -\frac{e^2}{8\pi\varepsilon_0 r}$$

が得られる．上式に $r = n^2 a$ を代入し量子数 n に相当する水素原子のエネルギー準位は

$$E_n = -\frac{e^2}{8\pi\varepsilon_0 a n^2}$$

と表される．

問題 6.2 $n = 0$ とおくと E_n は $-\infty$ となり物理的に無意味となるのでこの場合を除外しよう．その結果，基底状態は $n = 1$ となり，$n = 2, 3, 4, \cdots$ が励起状態を表す．n' から n の遷

移に伴い $E_{n'}-E_n$ のエネルギーが $h\nu$ の光子に変わると仮定する（**ボーアの振動数条件**）．この条件を用いると

$$h\nu=\frac{e^2}{8\pi\varepsilon_0 a}\left(\frac{1}{n^2}-\frac{1}{n'^2}\right)$$

が得られる．これに $c=\lambda\nu$ を代入すると

$$\frac{1}{\lambda}=\frac{e^2}{8\pi h\varepsilon_0 ac}\left(\frac{1}{n^2}-\frac{1}{n'^2}\right)=R\left(\frac{1}{n^2}-\frac{1}{n'^2}\right)$$

となる．R は**リュードベリ定数**とよばれる．ボーア半径に対する $a=4\pi\varepsilon_0\hbar^2/me^2=\varepsilon_0 h^2/\pi me^2$ を用いると R は

$$R=\frac{e^2}{8\pi h\varepsilon_0 ac}=\frac{me^4}{8\varepsilon_0{}^2h^3c}$$

と表される．これに $m=9.1094\times10^{-31}\,\mathrm{kg}$，$e=1.6022\times10^{-19}\,\mathrm{C}$，$\varepsilon_0=8.8542\times10^{-12}\,\mathrm{C^2\,N^{-1}m^{-2}}$，$h=6.6261\times10^{-34}\,\mathrm{J\cdot s}$，$c=2.9979\times10^8\,\mathrm{m/s}$ を代入し，結果は $\mathrm{m^{-1}}$ の単位で書けることに注意すると，R は

$$\begin{aligned}R&=\frac{9.1094\times10^{-31}\times(1.6022\times10^{-19})^4}{8\times(8.8542\times10^{-12})^2\times(6.6261\times10^{-34})^3\times2.9979\times10^8}\,\mathrm{m^{-1}}\\&=1.0974\times10^7\,\mathrm{m^{-1}}\end{aligned}$$

と計算される．したがって，$n=2$，$n'=3$ とおき，求める波長に対し $\lambda=36/5R=6.561\times10^{-7}\,\mathrm{m}=656.1\,\mathrm{nm}$ の結果が得られる（$1\,\mathrm{nm}=10^{-9}\mathrm{m}$）．これは実験的には H_α とよばれる水素原子の出す赤い色のスペクトル線に相当し，このスペクトル線の波長の実測値は 656.3 nm である．実験と理論との一致は大変よい．

2章の解答

問題 1.1　図 2.2 の波形が $f(x)=A\sin kx$ で記述される正弦波では山に相当する位相は $\pi/2$ である．一方，谷に相当する位相は $3\pi/2$ となり，両者の位相差は π と書ける．

問題 1.2　正弦波の場合，x 軸を正方向に伝わる波の波動量は x,t の関数として $\varphi=A\sin k(x-ct)$ となる．$\omega=ck$ とすれば，上式は $\varphi=-A\sin(\omega t-kx)=A\sin(\omega t-kx+\pi)$ と書け，t の関数とみなしたときこれは初期位相 $\pi-kx$，振幅 A の単振動を表す．同様に，x 軸を負方向に伝わる波では $\varphi=A\sin(\omega t+kx)$ となり，t の関数として，初期位相 kx，振幅 A の単振動と記述される．こうして，x を固定すると x 軸を正負の向きに伝わる波は ck の角振動数 ω をもつ単振動で記述される．$k=2\pi/\lambda$，$\omega=ck$ とから $c=\lambda\omega/2\pi$ となる．$\omega/2\pi$ は振動数 ν に等しいから $c=\lambda\nu$ の波の基本式が得られる．波が 1 回振動すると λ だけ進み 1 秒間に ν 回振動が起こるので 1 秒間に波の進む距離すなわち波の進む速さ c は $\lambda\nu$ で与えられる．

問題 1.3　(a)　$\boldsymbol{k}\cdot\boldsymbol{r}=k_xx+k_yy+k_zz$ と $\varphi=Ae^{i\boldsymbol{k}\cdot\boldsymbol{r}-i\omega t}$ の関係に注意すると

$$\frac{\partial\varphi}{\partial x}=\frac{\partial}{\partial x}Ae^{i(k_xx+k_yy+k_zz-\omega t)}=ik_xAe^{i(\boldsymbol{k}\cdot\boldsymbol{r}-\omega t)}=ik_x\varphi$$

が得られ，上式を繰り返し使えば $i^2=-1$ に注意して $\partial^2\varphi/\partial x^2=-{k_x}^2\varphi$ となる．y, z 方向でも同様で ${k_x}^2+{k_y}^2+{k_z}^2=k^2$ に注意すると $\Delta\varphi=-({k_x}^2+{k_y}^2+{k_z}^2)\varphi=-k^2\varphi$ と書ける．同じようにして

$$\frac{\partial\varphi}{\partial t}=\frac{\partial}{\partial t}Ae^{i(k_xx+k_yy+k_zz-\omega t)}=-i\omega\varphi,\quad \frac{\partial^2\varphi}{\partial t^2}=-\omega^2\varphi$$

と書け，1 次元のときと同様 $\omega=ck$ が満たされると複素解は波動方程式の解となる．$\omega=ck$ の関係は前と同じく波の基本式 $c=\lambda\nu$ を意味する．複素解 φ を実数部分 R，虚数部分 I に分け $\varphi=R+iI$ とおいてこれを波動方程式に代入すると

$$\frac{1}{c^2}\frac{\partial^2R}{\partial t^2}+i\frac{1}{c^2}\frac{\partial^2I}{\partial t^2}=\Delta R+i\Delta I$$

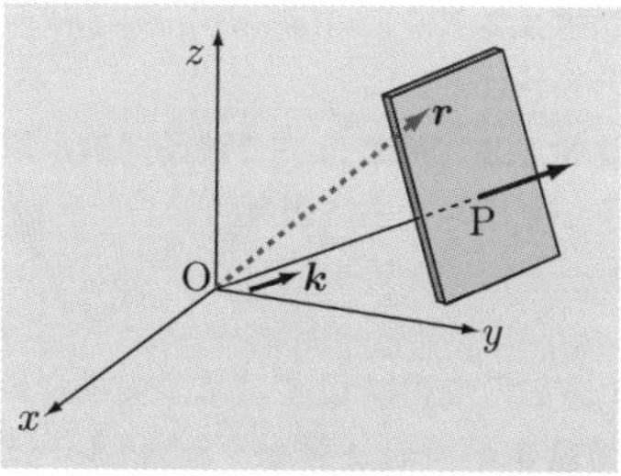

となり，両辺の実数部分，虚数部分を比べ R, I は波動方程式を満たすことがわかる．

(b)　一般に 3 次元空間を伝わる波では t を一定としたとき波動量が等しい点を結ぶと 1 つの面ができる．これを**波面**という．右図のように位置ベクトル $\boldsymbol{r}$ を通り $\boldsymbol{k}$ に垂直な平面を考え，原点 O からこの平面の下ろした足を P，$\boldsymbol{k}$ の大きさを k とすれば $\boldsymbol{k}\cdot\boldsymbol{r}=k\cdot \mathrm{OP}$ で $\boldsymbol{k}\cdot\boldsymbol{r}$ はこの平面上で一定となる．このため $\varphi=Ae^{i\boldsymbol{k}\cdot\boldsymbol{r}-i\omega t}$ の型の波動を $\boldsymbol{k}$ の方向に進む平面波というのである．

問題 2.1　例えば x 成分を考えると

$$p_x\psi=\frac{\hbar}{i}\frac{\partial}{\partial x}\psi_0e^{i(k_xx+k_yy+k_zz-\omega t)}=\hbar k_x\psi_0e^{i(\boldsymbol{k}\cdot\boldsymbol{r}-\omega t)}=\hbar k_x\psi$$

となる．y, z 成分も同様で $\boldsymbol{p}\psi=\hbar\boldsymbol{k}\psi$ が導かれる．これは (2.6) すなわち $\boldsymbol{p}=\hbar\boldsymbol{k}$ に相当する関係である．

問題 2.2　(a)　問題 2.1 の結果を使うと，例えば ${p_x}^2=-\hbar^2(\partial/\partial x)^2=-\hbar^2\partial^2/\partial x^2$ と書け，H は

$$H=-\frac{\hbar^2}{2m}\left(\frac{\partial^2}{\partial x^2}+\frac{\partial^2}{\partial y^2}+\frac{\partial^2}{\partial z^2}\right)=-\frac{\hbar^2}{2m}\Delta$$

と表される．このため，題意のようになる．

(b)　ハミルトニアンは力学的エネルギーで，一般に運動エネルギーと位置エネルギーの和である．このため，自由粒子にポテンシャル $U(x,y,z)$ で記述される外力が加わる場合のハミルトニアンは $H=p^2/2+U(x,y,z)$ と表される．これに相当する量子力学的なハミルトニアンは

$$H=-\frac{\hbar^2}{2m}\Delta+U(x,y,z)$$

で与えられる．したがって，時間によらない，あるいは時間を含むシュレーディンガー方程式はそれぞれ次式のように表され，これらは (2.12), (2.13) と一致する．

$$-\frac{\hbar^2}{2m}\Delta\psi+U\psi=E\psi \tag{1}$$

$$-\frac{\hbar}{i}\frac{\partial\psi}{\partial t}=-\frac{\hbar^2}{2m}\Delta\psi+U\psi \tag{2}$$

(2) の解を $\psi(x,y,z,t)=e^{-iEt/\hbar}\psi(x,y,z)$ とおきこれを t で偏微分すると

$$-\frac{\hbar}{i}\frac{\partial\psi}{\partial t}=Ee^{-iEt/\hbar}\psi(x,y,z)$$

となる．一方 H は時間とは無関係であるから $H\psi=e^{-iEt/\hbar}H\psi(x,y,z)$ と表される．したがって，$\psi(x,y,z)$ に対する方程式は $H\psi=E\psi$ となり (1) が導かれる．

問題 3.1　オイラーの公式により $e^{i\theta}=\cos\theta+i\sin\theta$ が成り立つ．これから

$$|e^{i\theta}|=\sqrt{\cos^2\theta+\sin^2\theta}=1$$

となる．

問題 3.2　$z^*z=(x-iy)(x+iy)=x^2+y^2=|z|^2$ と書ける．したがって，(2.18) は $\psi^*\psi dV$ と表される．

問題 3.3　領域 Ω 内で波動関数が規格化されていると $|\psi|^2dV$ は Ω 内の微小体積 dV 中に粒子が見出される（相対的でない）確率を与える．このため次のようになる．

$$\langle Q\rangle=\int_\Omega Q\,|\psi|^2\,dV=\int_\Omega\psi^*Q\psi dV$$

1 番右の表式は Q が演算子の場合にも成り立つ（3.3 節）．

問題 3.4　(a)　解くべきシュレーディンガー方程式は次式で与えられる．

$$-\frac{\hbar^2}{2m}\left(\frac{\partial^2\psi}{\partial x^2}+\frac{\partial^2\psi}{\partial y^2}+\frac{\partial^2\psi}{\partial z^2}\right)=E\psi$$

上式を解く 1 つの方法は $\psi(x,y,z)=X(x)Y(y)Z(z)$ と仮定することで，このような偏微分方程式の解法を**変数分離**の方法という．$\psi=XYZ$ を上式に代入し XYZ で割ると次式が得られる．

$$-\frac{\hbar^2}{2m}\left(\frac{X''}{X}+\frac{Y''}{Y}+\frac{Z''}{Z}\right)=E$$

ここで $'$ は微分を意味し，例えば $X''=d^2X/dx^2$ である．上式で x,y,z の関数の和が一定であるから，a,b,c を定数として

$$\frac{X''}{X}=a,\quad\frac{Y''}{Y}=b,\quad\frac{Z''}{Z}=c$$

でなければならない．a が正だと $X\propto\exp(\pm\sqrt{a}\,x)$ という形となり，$X(0)=X(L)$, $X'(0)=X'(L)$ という周期的境界条件が実現できない．したがって，a,b,c は負でこれらを $a=-{k_x}^2$, $b=-{k_y}^2$, $c=-{k_z}^2$ とおく．その結果，平面波 $\psi=Ae^{i\boldsymbol{k}\cdot\boldsymbol{r}}$ は方程式の解で，波数ベクトル $\boldsymbol{k}$ は p.5 の例題 2 と同様

$$\boldsymbol{k}=\frac{2\pi}{L}(l,m,n)\quad(l,m,n=0,\pm1,\pm2,\cdots)$$

で与えられる．また，エネルギー固有値は次式のようになる．

$$E=\frac{\hbar^2}{2m}({k_x}^2+{k_y}^2+{k_z}^2)=\frac{\hbar^2k^2}{2m}$$

(b)　$|e^{i\boldsymbol{k}\cdot\boldsymbol{r}}|=1$ であるから $\psi=Ae^{i\boldsymbol{k}\cdot\boldsymbol{r}}$ を規格化の条件に代入し，A は実数であると仮定すれば

$$A^2\int_\Omega dV=1$$

となる．上式の体積積分は領域 Ω の体積 $V = L^3$ に等しい．すなわち $A = 1/\sqrt{V}$ と求まる．したがって，次の平面波の波動関数

$$\psi_{\boldsymbol{k}}(\boldsymbol{r}) = \frac{1}{\sqrt{V}} e^{i\boldsymbol{k}\cdot\boldsymbol{r}}$$

は体積 V の立方体の箱中で規格化された波動関数である．ちなみに，箱に対する波動関数の規格化を**箱中の規格化**（box normalization）という．これは箱中に 1 個の粒子が存在する状態を記述する．

問題 4.1　(1.4)（p.2）により $1\,\mathrm{eV} = 1.60 \times 10^{-19}\mathrm{J}$ であるから

$$E = \frac{5 \times 10^{-18}}{1.6 \times 10^{-19}}\,\mathrm{eV} \simeq 30\,\mathrm{eV}$$

と計算される．原子や分子に関連する化学エネルギーは eV のオーダーであり，eV が適当な単位となる．例えば，水素原子の電離エネルギーは 13.6 eV，水素原子の解離エネルギー（1 個の水素分子を 2 個の水素原子に分解するために必要なエネルギー）は 4.6 eV である．

問題 4.2　E は mL^2 に反比例するが，原子核の L^2 は原子に比べ 10^{-8} 倍となる．一方，m は核子の質量で電子の約 2000 倍となり，原子核の mL^2 は電子の 2×10^{-5} 倍である．このため核エネルギーは次のように求まる．

$$30\,\mathrm{eV} \times 10^5/2 = 1.5 \times 10^6\,\mathrm{eV} = 1.5\,\mathrm{MeV}$$

問題 4.3　$0 < x < L$ の範囲で運動量の大きさ $p\ (> 0)$ で運動する質点は，図 2.5 で右向きに進み運動エネルギー $E = p^2/2m$ をもつ．質点に外力は働かないと仮定しているのでこの E は一定である．$x = L$ の壁に質点が衝突したとき，摩擦は働かないとしているので，$p \to -p$ となり，衝突後質点は左向きに運動し，$x = 0$ の壁と衝突する．この衝突では，$-p \to p$ と変化し，以後同じ運動を繰り返し，このため質点の xp 面上での軌道は図 2.6 のように表される．この軌道が囲む面積は $2pL$ と書け，量子条件から $2pL = nh$ となる．あるいは $\hbar$ を用いると $pL = n\pi\hbar$ と表される．このため質点のエネルギーは

$$E = p^2/2m = n^2\pi^2\hbar^2/2mL^2$$

と書ける．$n = 0$ では $p = 0$ となり質点は運動しないので，この場合は除外することとする．こうしてエネルギー準位は次のように求まる．

$$E_n = \frac{n^2\pi^2\hbar^2}{2mL^2} \quad (n = 1, 2, 3, \cdots)$$

これは (2.20) と一致する．

問題 5.1　$x = b\xi$, $dx = bd\xi$, $X(x) = f(\xi)$ の関係を (2.24) に代入すれば直ちに (2.26) が導かれる．

問題 5.2　(2.26) は

$$\frac{\hbar^2}{2mb^2} = \frac{m\omega^2 b^2}{2}, \quad E = \frac{\hbar^2}{2mb^2}\lambda$$

とおけば，(2.28) の形となる．上の左式から $b^4 = \hbar^2/m^2\omega^2$ となるので (2.27) の左式が得られる．また，$b^2 = \hbar/m\omega$ と書けるので，E の式に代入し $E = \hbar\omega\lambda/2$ が求まる．この式で $\hbar\omega$ はエネルギーの次元をもち，そのため λ は無次元の量となる．

問題 5.3 $\psi = Ae^{-cx^2}$ から

$$\frac{\partial\psi}{\partial x} = -2Acxe^{-cx^2}, \quad \frac{\partial^2\psi}{\partial x^2} = 4Ac^2x^2e^{-cx^2} - 2Ace^{-cx^2}$$

となるので，これをシュレーディンガー方程式に代入すると

$$-\frac{2\hbar^2c^2}{m}x^2 + \frac{\hbar^2 c}{m} + \frac{m\omega^2x^2}{2} = E$$

が得られる．x^2 の係数を 0 とおき c は $c^2 = m^2\omega^2/4\hbar^2$ と求まる．こうして，c と E は

$$c = \frac{m\omega}{2\hbar}, \quad E = \frac{\hbar\omega}{2}$$

と求まる．上記のエネルギー $\hbar\omega/2$ を**零点エネルギー**といい，これは (2.30)（p.22）で $n = 0$ とおいた場合に相当する．規格化の条件は，A を実数として

$$A^2\int_{-\infty}^{\infty} e^{-2cx^2}\,dx = 1$$

と書ける．x に関する積分は $(\pi/2c)^{1/2}$ と計算されるので A は $(2c/\pi)^{1/4}$ と表される．$2c = m\omega/\hbar$ となり，A は $(m\omega/\hbar\pi)^{1/4}$ で与えられる．したがって，結局，規格化された波動関数は次のように書ける．

$$\psi(x) = \left(\frac{m\omega}{\hbar\pi}\right)^{1/4}\exp\left(-\frac{m\omega x^2}{2\hbar}\right)$$

問題 6.1 $f(\xi)$ に対する (2.28)，すなわち

$$-\frac{d^2f}{d\xi^2} + \xi^2 f = \lambda f \tag{1}$$

の方程式で

$$f(\xi) = u(\xi)e^{-\xi^2/2} \tag{2}$$

とおく．(2) から

$$\frac{df}{d\xi} = \frac{du}{d\xi}e^{-\xi^2/2} - \xi ue^{-\xi^2/2}$$

$$\frac{d^2f}{d\xi^2} = \frac{d^2u}{d\xi^2}e^{-\xi^2/2} - 2\frac{du}{d\xi}\xi e^{-\xi^2/2} - ue^{-\xi^2/2} + u\xi^2e^{-\xi^2/2}$$

となり，(2) と上記の $d^2f/d\xi^2$ を (1) に代入し，共通項 $e^{-\xi^2/2}$ を落とすと例題 6 中の (1) が導かれる．

問題 6.2 $u = \sum_{s=0}^{\infty} c_s\xi^s$ を ξ で微分すると

$$\frac{du}{d\xi} = \sum_{s=0}^{\infty} sc_s\xi^{s-1}, \quad \frac{d^2u}{d\xi^2} = \sum_{s=0}^{\infty}(s+1)(s+2)c_{s+2}\xi^s$$

となり，これを u に対する $d^2u/d\xi^2 - 2\xi du/d\xi + (\lambda - 1)u = 0$ に代入すると

$$\sum_{s=0}^{\infty}(s+1)(s+2)c_{s+2}\xi^s - \sum_{s=0}^{\infty}(2s+1-\lambda)c_s\xi^s = 0$$

が得られる．左辺が 0 になるためには，ξ^s $(s = 0, 1, 2, \cdots)$ の係数がすべて 0 でなければならない．すなわち，次の関係が得られる．

$$(s+1)(s+2)c_{s+2} = (2s+1-\lambda)c_s$$

問題 6.3 $s = 2r$ とおけば，上式を利用し

$$c_{2(r+1)} = \frac{4r+1-\lambda}{(2r+1)(2r+2)} c_{2r}$$

が得られる．ここで $r \to \infty$ の極限を考えると次の関係が導かれる．

$$c_{2(r+1)} \simeq \frac{1}{r+1} c_{2r}$$

問題 7.1 母関数 $S(\xi, t)$ に対する定義式 (2.32)（p.25）を ξ で偏微分すると

$$2te^{-t^2+2\xi t} = 2\sum_{n=0}^{\infty} \frac{H_n(\xi)}{n!} t^{n+1} = \sum_{n=0}^{\infty} \frac{H'_n(\xi)}{n!} t^n$$

となる．上式で t^n の係数を比較すると与式が得られる．

問題 7.2 母関数 $S(\xi, t)$ を t で偏微分すると

$$\sum_{n=0}^{\infty} \frac{(-2t+2\xi)}{n!} H_n(\xi) t^n = \sum_{n=0}^{\infty} \frac{H_n(\xi)}{(n-1)!} t^{n-1}$$

が得られる．上式で t^n の係数を比較すると

$$-\frac{2H_{n-1}(\xi)}{(n-1)!} + \frac{2\xi H_n(\xi)}{n!} = \frac{H_{n+1}(\xi)}{n!}$$

と書け，与式が導かれる．

問題 7.3 問題 7.2 で $n = 2$ とすれば $H_3(\xi) = 2\xi H_2(\xi) - 4H_1(\xi) = 2\xi(4\xi^2 - 2) - 8\xi = 8\xi^3 - 12\xi$ と表される．

問題 7.4 問題 7.2 で得た式を ξ で微分すると

$$H'_{n+1}(\xi) = 2H_n(\xi) + 2\xi H'_n(\xi) - 2nH'_{n-1}(\xi)$$

となる．ここで $H'_n(\xi) = 2nH_{n-1}$ を利用すると

$$2(n+1)H_n(\xi) = 2H_n(\xi) + 2\xi H'_n(\xi) - H''_n(\xi)$$

と書け，これを整理すれば $H''_n(\xi) - 2\xi H'_n(\xi) + 2nH_n(\xi) = 0$ という H_n に対する微分方程式が導かれる．

問題 7.5 $n = 0, 1, 2, 3$ とおくと $\lambda = 1, 3, 5, 7$ と書ける．これから $u_0(\xi) = 1$，$u_1(\xi) = \xi$，$u_2(\xi) = 1 - 2\xi^2$，$u_3(\xi) = \xi - (2/3)\xi^3$ となり，エルミート多項式の表式と比べ次の結果が得られる．

$$A_0 = 1, \quad A_1 = \frac{1}{2}, \quad A_2 = -\frac{1}{2}, \quad A_3 = -\frac{1}{12}$$

問題 8.1 $S(\xi, t)$ の定義式 (2.32) の 2 番目の式を例題 8 中の (1) で与えられる $G(s, t)$ に代入すると

$$G(s,t) = \int_{-\infty}^{\infty} e^{-s^2-t^2+2\xi s+2\xi t-\xi^2} d\xi$$

となる．ここで指数関数の肩を整理すると

$$G(s,t) = e^{2st} \int_{-\infty}^{\infty} e^{-(\xi-s-t)^2} d\xi$$

と表される．上記の積分で $\xi - s - t = \xi'$ というように ξ から ξ' に積分変数の変換を実行し

$$\int_{-\infty}^{\infty} e^{-\xi'^2} d\xi' = \sqrt{\pi}$$

の公式を用いると

$$G(s,t) = \sqrt{\pi}\, e^{2st}$$

が得られる．

問題 8.2　$m \neq n$ のとき

$$\int_{-\infty}^{\infty} \psi_m{}^*(x)\psi_n(x)dx = 0$$

が成立することを $-\infty < x < \infty$ の領域で $\psi_m(x)$ と $\psi_n(x)$ は**エルミート直交**するあるいは単に**直交**するという．例題 8 の最初の積分の結果からこの直交性は明らかである．また，もともと規格化が成り立つように定数 A_n を選んだのであるから，規格性も成立し，こうして文中のような規格直交性が示される．

問題 8.3　(2.33)（p.25）で $n = 0$ とおき $H_0(\xi) = 1$ に注意すると

$$\psi_0(x) = \left(\frac{m\omega}{\hbar\pi}\right)^{1/4} e^{-\xi^2/2}$$

となる．上式に

$$x^2 = \frac{\hbar}{m\omega}\xi^2 \qquad \therefore \quad \xi^2 = \frac{m\omega x^2}{\hbar}$$

を代入すると，次のように問題 5.3 と同じ結果が求まる．

$$\psi_0(x) = \left(\frac{m\omega}{\hbar\pi}\right)^{1/4} \exp\left(-\frac{m\omega x^2}{2\hbar}\right)$$

3章の解答

問題 1.1　(3.2), (3.3) の関係を繰り返し使うと

$$\begin{aligned} Q(c_1\psi_1 + c_2\psi_2 + \cdots + c_n\psi_n) &= Q(c_1\psi_1) + Q(c_2\psi_2) + \cdots + Q(c_n\psi_n) \\ &= c_1Q\psi_1 + c_2Q\psi_2 + \cdots + c_nQ\psi_n \end{aligned}$$

と表される．

問題 1.2　問題文中の積分は

$$\int_\Omega f(x,y,z)\delta(x-x')\delta(y-y')\delta(z-z')dxdydz$$

と書ける．x, y, z に関する積分を実行すると，上記の積分は $f(x',y',z') = f(\boldsymbol{r}')$ と計算される．

問題 1.3　物理の問題として考えた場合，P と Q は同じ次元をもたねばならない．この事情は量子力学だけでなく古典力学でも同じである．例えば，運動エネルギーと位置エネルギーの和は意味があるが，エネルギーと位置の和は無意味である．

問題 2.1 3 つの演算子に対し

$$R\psi = \psi_1, \quad Q\psi_1 = \psi_2, \quad P\psi_2 = \psi_3$$

のとき

$$\psi_3 = (PQR)\psi$$

と書く．次の関係

$$P(QR)\psi = P\psi_2 = \psi_3$$
$$(PQ)R\psi = (PQ)\psi_1 = P(Q\psi_1) = P\psi_2 = \psi_3$$

から $P(QR) = (PQ)R$ が成り立つ．同様なことは一般の演算子の積についても成立し，順序を決めれば演算子の積は一義的に決まる．通常の数の積では掛け算の順序はどうでもよいが，演算子の積では順序を変えると一般には結果も違ってくる．

問題 2.2 $[p_x, x] = h/i$ は (3.13) を書き直したものである．$p_x = (\hbar/i)\partial/\partial x$，$p_y = (\hbar/i)\partial/\partial y$ で x の偏微分と y の偏微分は独立に実行できるので $[p_x, p_y] = 0$ となり，同様な理由で $[p_x, y] = 0$ が得られる．x という演算子は通常の乗法であるから $xy = yx$ が成り立ち $[x, y] = 0$ となる．2 つの演算子の交換子が 0 のとき，この演算子の表す物理量は同時に正確に測定できる．例えば，p_x と p_y では交換子が 0 なので同時に正確な測定が可能である．同様なことが，p_x と y，x と y のペアについても成立する．

問題 2.3

$$\begin{aligned}[A+B, C] &= (A+B)C - C(A+B) = AC - CA + BC - CB \\ &= [A, C] + [B, C]\end{aligned}$$

また

$$\begin{aligned}[A, BC] &= ABC - BCA = (AB - BA)C + B(AC - CA) \\ &= [A, B]C + B[A, C]\end{aligned}$$

問題 2.4 $f(x)$ は $f(x) = \sum_{n=0}^{\infty} a_n x^n$ と x のべき級数に展開できるとする．

$$\begin{aligned}
[p_x, x^2] &= [p_x, x]x + x[p_x, x] = 2(\hbar/i)x \\
[p_x, x^3] &= [p_x, x^2]x + x^2[p_x, x] = 3(\hbar/i)x^2 \\
[p_x, x^4] &= [p_x, x^3]x + x^3[p_x, x] = 4(\hbar/i)x^3 \\
&\vdots \\
[p_x, x^n] &= [p_x, x^{n-1}]x + x^{n-1}[p_x, x] = n(\hbar/i)x^{x-1}
\end{aligned}$$

の関係を使うと

$$[p_x, f(x)] = \sum_{n=0}^{\infty} a_n [p_x, x^n] = \frac{\hbar}{i}\sum_{n=0}^{\infty} n a_n x^{n-1} = \frac{\hbar}{i}\frac{df(x)}{dx} \tag{1}$$

となる．一方，任意の ψ に対して

$$p_x f\psi = \frac{\hbar}{i}\frac{\partial}{\partial x}(f\psi) = \frac{\hbar}{i}\left(f\frac{\partial \psi}{\partial x} + \frac{\partial f}{\partial x}\psi\right)$$

が得られ $(p_x f - f p_x)\psi = (\hbar/i)(\partial f/\partial x)\psi$ となり，ψ は任意であるから

$$p_x f - f p_x = \frac{\hbar}{i}\frac{\partial f}{\partial x} \tag{2}$$

3

と書ける．y, z は固定されているとするので d/dx は $\partial/\partial x$ と同じ意味をもち，(1) と (2) は一致する．

問題 3.1　(3.21) は (3.20) を利用し規格直交性を使うと

$$\langle Q \rangle = \int_\Omega \sum_m c_m{}^* \psi_m{}^* \sum_n \lambda_n c_n \psi_n dV = \sum_n \lambda_n \,|\, c_n \,|^2$$

となり，(3.19) と一致する．

問題 3.2　領域 Ω 内で $\psi_1, \psi_2, \psi_3, \cdots$ は規格直交性が構成すれば $\psi = \sum c_n \psi_n$ の関係に $\psi_m{}^*$ を掛け，領域 Ω 内で積分して $\displaystyle\int_\Omega \psi_m{}^* \psi dV = \sum c_n \delta_{mn} = c_m$ となる．よって

$$c_n = \int_\Omega \psi_n{}^* \psi dV$$

が成り立つ．例題 3 の場合には

$$c_n = \int \sqrt{\varepsilon}\, \varepsilon_n(x) \psi(x) dx$$

と表される．$\varepsilon_n(x)$ は δ 関数的な性質をもつので $\psi(x)$ は $\psi(n\varepsilon)$ とおき積分記号の外に出せる．こうして $c_n = \psi(n\varepsilon)\sqrt{\varepsilon}$ が得られる．

問題 4.1　λ を $\lambda = a + ib$ とおくと $\lambda^* = a - ib$ と書け $\lambda^* = \lambda$ だと $b = 0$ で λ は実数となる．

問題 4.2　エルミート共役の定義式 $\langle \varphi \,|\, Q \,|\, \psi \rangle^* = \langle \psi \,|\, Q^\dagger \,|\, \varphi \rangle$ で両辺の共役複素数をとると $\langle \varphi \,|\, Q \,|\, \psi \rangle = \langle \varphi \,|\, (Q^\dagger)^\dagger \,|\, \psi \rangle$ である．φ, ψ は任意であるから $(Q^\dagger)^\dagger = Q$ が得られる．

問題 4.3　c が微分演算子などを含まない $\boldsymbol{r}$ の関数のとき

$$\langle \varphi \,|\, c \,|\, \psi \rangle = \int_\Omega \varphi^* c \psi dV \qquad \therefore \quad \langle \varphi \,|\, c \,|\, \psi \rangle^* = \int_\Omega \psi^* c^* \varphi dV = \langle \psi \,|\, c^* \,|\, \varphi \rangle$$

が成り立つ．これから $\langle \psi \,|\, c^\dagger \,|\, \varphi \rangle = \langle \psi \,|\, c^* \,|\, \varphi \rangle$ となり，$\dagger$ と $*$ は同じである．c が通常の数の場合，$c^\dagger = c^*$ で c^* は $A^\dagger$ と可換であるから $(cA)^\dagger = A^\dagger c^\dagger = c^* A^\dagger$ となる．また，$\langle \varphi \,|\, A + B \,|\, \psi \rangle = \langle \varphi \,|\, A \,|\, \psi \rangle + \langle \varphi \,|\, B \,|\, \psi \rangle$ の共役複素数をとると

$$\langle \psi \,|\, (A + B)^\dagger \,|\, \varphi \rangle = \langle \psi \,|\, A^\dagger \,|\, \varphi \rangle + \langle \psi \,|\, B^\dagger \,|\, \varphi \rangle = \langle \psi \,|\, (A^\dagger + B^\dagger) \,|\, \varphi \rangle$$

が得られるので題意の結果が導かれる．

問題 4.4　粒子の例えば x 座標を考えると，これは実数であるから，問題 4.3 の結果を利用し $x^\dagger = x^* = x$ となり x はエルミート演算子である．y, z 座標も同様である．一方，運動量の x 成分 p_x をとり $\langle \varphi \,|\, p_x \,|\, \psi \rangle$ を考えると

$$\langle \varphi \,|\, p_x \,|\, \psi \rangle = \left\langle \varphi \,\middle|\, \frac{\hbar}{i} \frac{\partial}{\partial x} \,\middle|\, \psi \right\rangle = \int \varphi^* \frac{\hbar}{i} \frac{\partial \psi}{\partial x} dV$$

と書ける．ここで x に関して部分積分を適用すると

$$\langle \varphi \,|\, p_x \,|\, \psi \rangle = \frac{\hbar}{i} \int dydz \; \varphi^* \psi \,\Big|\, - \frac{\hbar}{i} \int \psi \frac{\partial \varphi^*}{\partial x} dV$$

と表される．積分範囲が $-\infty < x < \infty$ のときには $x \to \pm\infty$ で φ, ψ が 0 とすれば境界からの寄与は 0 となる．あるいは φ, ψ に周期的な境界条件が課せられているときには境界で同じ

値が現れるので，境界からの寄与は同様に 0 となる．こうして上式右辺の第 1 項は 0 とおけるので

$$\langle\varphi\,|\,p_x\,|\,\psi\rangle=\left(\frac{\hbar}{i}\int\psi^*\frac{\partial\varphi}{\partial x}dV\right)^*=\langle\psi\,|\,p_x\,|\,\varphi\rangle^*=\langle\varphi\,|\,{p_x}^\dagger\,|\,\psi\rangle$$

となり，φ,ψ は任意なので ${p_x}^\dagger=p_x$ が成立する．したがって，p_x はエルミート演算子で同様なことが y,z 成分についても成り立つ．

問題 4.5　$(AB+BA)^\dagger=(AB)^\dagger+(BA)^\dagger=B^\dagger A^\dagger+A^\dagger B^\dagger=AB+BA$

$$\left(\frac{AB-BA}{i}\right)^\dagger=-\frac{BA-AB}{i}=\frac{AB-BA}{i}$$

となるので題意のようになる．

問題 5.1　立方体の内部の領域を Ω とし，この領域の体積を V とすれば $(V=L^3)$

$$\psi_{\boldsymbol{k}}(\boldsymbol{r})=\frac{1}{\sqrt{V}}e^{i\boldsymbol{k}\cdot\boldsymbol{r}}$$

の平面波は箱中で以下の規格直交性を示す．

$$\int_\Omega{\psi_{\boldsymbol{k}}}^*\psi_{\boldsymbol{k}'}dV=\delta(\boldsymbol{k},\boldsymbol{k}')\tag{1}$$

ここで積分は領域 Ω にわたる体積積分を表し，$\delta(\boldsymbol{k},\boldsymbol{k}')$ は 3 次元のクロネッカーの δ で $\delta(\boldsymbol{k},\boldsymbol{k}')=1\,(\boldsymbol{k}=\boldsymbol{k}')$, $\delta(\boldsymbol{k},\boldsymbol{k}')=0\,(\boldsymbol{k}\neq\boldsymbol{k}')$ を意味する．また，周期的境界条件のため $\boldsymbol{k}$ は $\boldsymbol{k}=(2\pi/L)(l,m,n)$ $(l,m,n=0,\pm1,\pm2,\cdots)$ で与えられる．上式が $\boldsymbol{k}=\boldsymbol{k}'$ のとき成り立つのは明らかである．一般に，上式は

$$\int_\Omega{\psi_{\boldsymbol{k}}}^*\psi_{\boldsymbol{k}'}dV=\frac{1}{V}\int_0^L e^{i(k_{x'}-k_x)x}dx\int_0^L e^{i(k_{y'}-k_y)y}dy\int_0^L e^{i(k_{z'}-k_z)z}dz$$

と書ける．ここで，x に関する積分に注目すると

$$\int_0^L e^{i(k_{x'}-k_x)x}dx=\int_0^L e^{2\pi i(l'-l)x/L}dx=\frac{1}{2\pi i(l'-l)/L}[e^{2\pi i(l'-l)}-1]$$

となる．$e^{2\pi i(l'-l)}$ は 1 であり，上式は $L\delta(l,l')$ に等しい．y,z に関する積分も同様の結果となり，(1) は $\delta(l,l')\delta(m,m')\delta(n,n')$ と計算され，この式の正しいことがわかる．一般に，任意の関数 $\psi(\boldsymbol{r})$ を

$$\psi(\boldsymbol{r})=\frac{1}{V}\sum_{\boldsymbol{k}}\nu(\boldsymbol{k})e^{i\boldsymbol{k}\cdot\boldsymbol{r}}\tag{2}$$

と展開したものを**フーリエ展開**，また $\nu(\boldsymbol{k})$ を**フーリエ変換**あるいは**フーリエ成分**という．(2) の展開は任意関数を自由粒子の固有関数で表したことに相当する．(1) の性質を利用すると $\nu(\boldsymbol{k})$ は次式のように書ける．

$$\nu(\boldsymbol{k})=\int_\Omega\psi(\boldsymbol{r})e^{-i\boldsymbol{k}\cdot\boldsymbol{r}}dV$$

問題 5.2　$Q=1$ とおくと (3.22)（p.34）から

$$\int_\Omega\varphi^*\psi dV=\langle\varphi\,|\,\psi\rangle$$

と表される．$\langle\boldsymbol{r}\,|\,\psi\rangle=\psi(\boldsymbol{r})$, $\langle\varphi\,|\,\boldsymbol{r}\rangle=\varphi^*(\boldsymbol{r})$ を上式に代入すると

$$\int_\Omega \langle \varphi \,|\, \boldsymbol{r} \rangle dV \langle \boldsymbol{r} \,|\, \psi \rangle = \langle \varphi \,|\, \psi \rangle$$

が得られる．この結果は以下の完全性の条件を意味している．

$$\int_\Omega |\, \boldsymbol{r} \rangle dV \langle \boldsymbol{r} \,| = 1$$

問題 5.3　問題 5.2 からわかるようにケット・ベクトル $|\,\psi\rangle$ に対応する波動関数は $\langle \boldsymbol{r}\,|\psi\rangle$ と表される．1 次元の問題を考えると，x が x' にあるときのケットが $|\,x'\rangle$ でこれに対応する固有関数は $\delta(x-x')$ であるから題意のようになる．1 次元のとき，問題 5.2 で論じた完全性の条件は $-\infty < x < \infty$ の領域を考えると

3

$$\int_{-\infty}^{\infty} |\, x'' \rangle dx'' \langle x'' \,| = 1$$

と書け，これを使うと

$$\int_{-\infty}^{\infty} \langle x \,|\, x'' \rangle dx'' \langle x'' \,|\, x' \rangle = \langle x \,|\, x' \rangle$$

が得られる．$\langle x\,|\,x'\rangle = \delta(x-x')$ とおくと，上の関係は満たされている．

問題 6.1　完全性の条件 $\sum_k |\,k\rangle\langle k\,| = 1$ を用いると

$$\langle m \,|\, R \,|\, n \rangle = \langle m \,|\, PQ \,|\, n \rangle = \sum_k \langle m \,|\, P \,|\, k \rangle \langle k \,|\, Q \,|\, n \rangle$$

が得られる．すなわち，次式が成り立つ．

$$R_{mn} = \sum_k P_{mk} Q_{kn}$$

問題 6.2　(3.36) では番号づけとして $1, 2, 3, \cdots$ を用いたがこれは便宜上のものであり，本来はどのような番号をつけてもよい．1 次元調和振動子では，固有値 $\hbar\omega(n+1/2)$ $(n = 0, 1, 2, 3, \cdots)$ に対応し，$0, 1, 2, 3, \cdots$ という番号づけを行うのが自然である．このような点に考慮し x_{mn} を行列の形で表現すると

$$[x] = \frac{b}{\sqrt{2}} \begin{bmatrix} 0 & \sqrt{1} & 0 & 0 & \cdots \\ \sqrt{1} & 0 & \sqrt{2} & 0 & \cdots \\ 0 & \sqrt{2} & 0 & \sqrt{3} & \cdots \\ 0 & 0 & \sqrt{3} & 0 & \cdots \\ \vdots & \vdots & \vdots & \vdots & \ddots \end{bmatrix}$$

と書ける．ただし，次のように行列の定数倍は行列要素の定数倍で定義される．

$$a \begin{bmatrix} Q_{11} & Q_{12} & Q_{13} & \cdots \\ Q_{21} & Q_{22} & Q_{23} & \cdots \\ Q_{31} & Q_{32} & Q_{33} & \cdots \\ \cdots & \cdots & \cdots & \cdots \\ \cdots & \cdots & \cdots & \cdots \end{bmatrix} = \begin{bmatrix} aQ_{11} & aQ_{12} & aQ_{13} & \cdots \\ aQ_{21} & aQ_{22} & aQ_{23} & \cdots \\ aQ_{31} & aQ_{32} & aQ_{33} & \cdots \\ \cdots & \cdots & \cdots & \cdots \\ \cdots & \cdots & \cdots & \cdots \end{bmatrix}$$

問題 7.1　(3.42) の定義式で $e^{-iHt/\hbar}$ のエルミート共役をとるのは $-i \to i$ とすればよい．す

なわち $(e^{-iHt/\hbar})^\dagger = e^{iHt/\hbar}$ となる．一般に

$$\int_\Omega (P\psi_1)^* \psi_2 dV = \int_\Omega {\psi_1}^* P^\dagger \psi_2 dV$$

の関係が成り立つ．これを利用すると

$$\begin{aligned} Q_{mn} &= \int_\Omega [e^{-iHt/\hbar}\psi_m(0)]^* Q e^{-iHt/\hbar}\psi_n(0)dV \\ &= \int_\Omega {\psi_m}^*(0) e^{iHt/\hbar} Q e^{-iHt/\hbar}\psi_n(0)dV \end{aligned}$$

となって (3.45) が導かれる．

問題 7.2　z が複素変数のとき $e^{-z}e^z = 1$ が成り立つ．これを示すには，各関数を z でべき級数に展開し

$$\left(1 - z + \frac{z^2}{2!} - \frac{z^3}{3!} + \cdots\right)\left(1 + z + \frac{z^2}{2!} + \frac{z^3}{3!} + \cdots\right)$$

を計算し $z, z^2, z^3, \cdots$ の係数が 0 になることに注意すればよい．$z = iHt/\hbar$ でも事情は同じで題意のようになる．

問題 7.3　問題 7.2 の結果を利用すると

$$\begin{aligned} e^{iHt/\hbar} x^n e^{-iHt/\hbar} &= e^{iHt/\hbar} x e^{-iHt/\hbar} e^{iHt/\hbar} x e^{-iHt/\hbar} \cdots x e^{-iHt/\hbar} \\ &= [x(t)]^n \end{aligned}$$

となる．

問題 7.4　$f(x, y, z)$ が $f(x, y, z) = \sum f_{lmn} x^l y^m z^n$ と表されるとき

$$\begin{aligned} e^{iHt/\hbar} f(x, y, z) e^{-iHt/\hbar} &= \sum f_{lmn} [x(t)]^l [y(t)]^m [z(t)]^n \\ &= f[x(t), y(t), z(t)] \end{aligned}$$

と表される．すなわち，x, y, z をそれぞれハイゼンベルク表示の演算子とすればよい．

問題 7.5　p_x は p_x, p_y, p_z と可換なので，ハイゼンベルクの運動方程式は

$$\frac{dp_x(t)}{dt} = \frac{i}{\hbar} e^{iHt/\hbar} [U(x, y, z), p_x] e^{-iHt/\hbar}$$

と表される．第 3 章の問題 2.4（p.31）により $[p_x, U(x, y, z)] = (\hbar/i)\partial U/\partial x$ が成り立つ．このため力 $\boldsymbol{F}$ に相当する物理量を

$$\boldsymbol{F} = -\nabla U$$

で定義すれば，問題 7.4 の結果を利用し

$$\frac{dp_x(t)}{dt} = e^{iHt/\hbar} F_x(x, y, z) e^{-iHt/\hbar} = F_x[x(t), y(t), z(t)]$$

と書ける．したがって，ベクトル記号を使い，簡単のため t 依存性の記号を省略して方程式を表すと

$$\frac{d\boldsymbol{p}}{dt} = \boldsymbol{F}$$

というニュートンの運動方程式が得られる．

4章の解答

問題 1.1　地球と太陽の場合の換算質量は

$$\mu = \frac{3.3 \times 10^5}{1 + 3.3 \times 10^5} = 0.999997$$

となる．一方，地球と月の場合には

$$\mu = \frac{1.2 \times 10^{-2}}{1 + 1.2 \times 10^{-2}} = 1.19 \times 10^{-2}$$

と計算され，μ は月の質量より 1% くらい小さな値である．

問題 1.2　陽子の質量は $1840m$ と書けるので，次のようになる．

$$\frac{1}{\mu} = \frac{1}{m} + \frac{1}{1840m} = \frac{1841}{1840m} \qquad \therefore \quad \frac{\mu}{m} = \frac{1840}{1841} = 0.9995$$

問題 2.1　ポテンシャル U が x, y, z の関数のとき $dU = U(x+dx, y+dy, z+dz) - U(x, y, z)$ とおき高次の項を無視すると

$$dU = \frac{\partial U}{\partial x}dx + \frac{\partial U}{\partial y}dy + \frac{\partial U}{\partial z}dz$$

となる．$U(x, y, z) =$ 一定 という条件を満たす x, y, z は空間中に 1 つの曲面を構成する．これを**等ポテンシャル面**という．力 $\boldsymbol{F}$ が $\boldsymbol{F} = -\nabla U$ であることに注意し，微小ベクトル $d\boldsymbol{r}$ を $d\boldsymbol{r} = (dx, dy, dz)$ と定義すれば，等ポテンシャル面上で $\boldsymbol{F} \cdot d\boldsymbol{r} = 0$ となり，力はこの面と垂直である．U が r だけの関数だと等ポテンシャル面は原点を中心とする球面となり，力はこれと垂直で中心力として表される．

問題 2.2　準備として次の問題を扱う．水平面 P′ と角 θ をなす面 P 上の面積 S の部分を真上から眺めたとし，P′ 上の正射影の面積を S' とする［下図 (a)］．P, P′ の交線を AB とし，下図 (b) のように面積 S の部分を AB に平行な辺（長さ b）と dl の辺をもつような長方形で分割したとする．この長方形の P′ への正射影では b は共通で $dl' = dl \cos\theta$ と表され，正射影の面積は $\cos\theta$ 倍となる．このような関係はすべての長方形に対して成り立つので，$S' = S\cos\theta$ という関係が得られる．

$\mathrm{div}\boldsymbol{A}$ の定義を使うと次式が成り立つ．

$$\int_\Omega \mathrm{div}\boldsymbol{A} dV = I_x + I_y + I_z, \quad I_x = \int_\Omega \frac{\partial A_x}{\partial x}dV, \quad I_y = \int_\Omega \frac{\partial A_y}{\partial y}dV, \quad I_z = \int_\Omega \frac{\partial A_z}{\partial z}dV$$

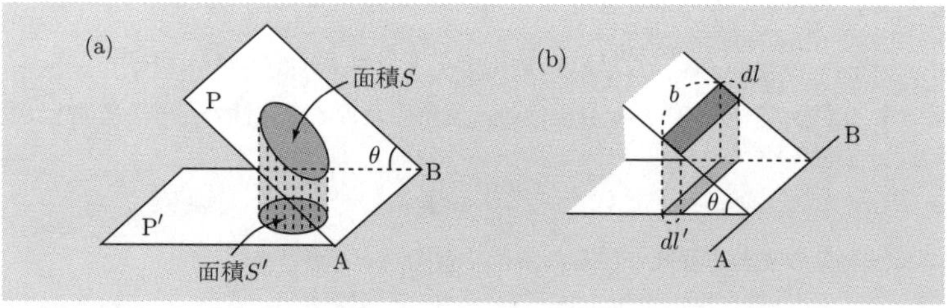

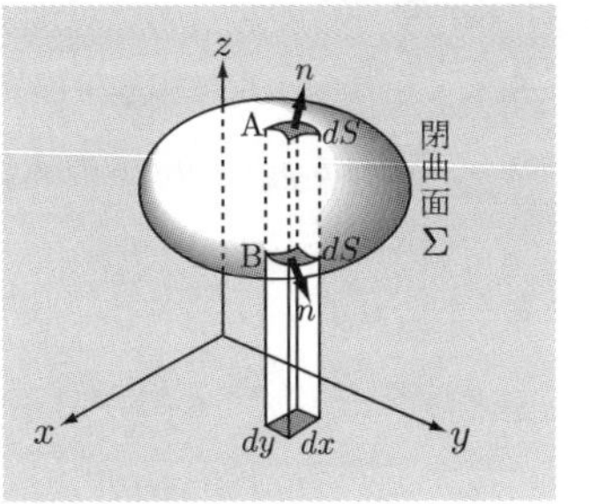

上式で特に I_z を考え，$dV = dxdydz$ に注意し，図のような $dxdy$ を考えると，積分領域は AB 間の角柱状の部分となる．ただし，Σ は卵のような形をもつとし，角柱部分は 1 つだけとした．この場合，z に関する積分を実行し

$$I_z = \int_{\Sigma'} [A_z(\mathrm{A}) - A_z(\mathrm{B})] dxdy$$

が得られる．ただし，$A_z(\mathrm{A}), A_z(\mathrm{B})$ はそれぞれ A, B における A_z の値である．また，xy 面での積分は Ω の正射影 Σ' にわたって行われる．A では $\boldsymbol{n}$ と z 軸とのなす角を θ とすれば $n_z = \cos\theta$ で $n_z dS = dxdy$ となる．一方，B では $n_z < 0$ となるため $-n_z dS = dxdy$ である．したがって，A, B 両者からの寄与を考慮し

$$I_z = \int_{\Sigma} A_z n_z dS$$

が導かれる．ただし，ここでの面積積分は閉曲面 Σ にわたるものとなる．I_x, I_y も同様で $A_x n_x + A_y n_y + A_z n_z = \boldsymbol{A} \cdot \boldsymbol{n}$ に注意するとガウスの定理が導かれる．

問題 2.3 $\boldsymbol{A} = \nabla\psi$ と書けるとき，$\boldsymbol{A}$ をスカラー ψ の**勾配**という．勾配は直線に沿う微分と密接に関係している．図に示すように点 P を通る直線の s 軸があり，矢印のように s 軸の向きが決まっているとする．s 軸上の座標 s を考え，点 P 近傍の点 P′ をとる．図のように P から見て P′ が正の向きにあれば $\Delta s > 0$，P′ が負の向きにあれば $\Delta s < 0$ とする．ここで

$$\frac{\partial\psi}{\partial s} = \lim_{\Delta s \to 0} \frac{\psi(\mathrm{P}') - \psi(\mathrm{P})}{\Delta s}$$

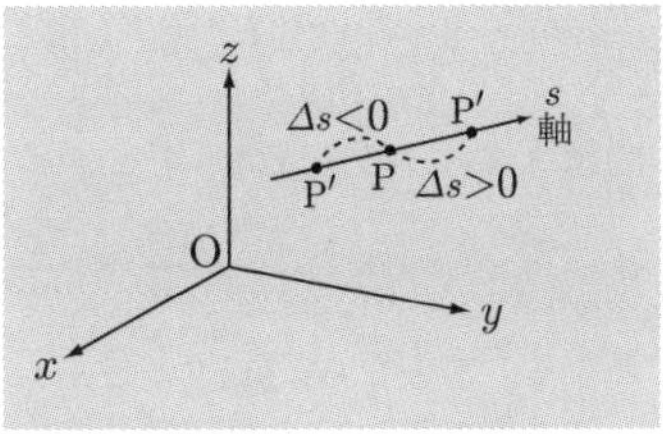

とおき，点 P における s 軸に沿う微分を定義する．$\Delta s > 0$ だと Δs は s 軸上の距離である．s 軸が x 軸に一致する場合には $\partial f/\partial s$ は $\partial f/\partial x$ に帰着し，このような点で $\partial f/\partial s$ は通常の偏微分を一般化した概念といえる．s 軸の方向余弦を α, β, γ とすれば $\Delta s \to 0$ の極限で $\Delta x/\Delta s, \Delta y/\Delta s, \Delta z/\Delta s$ はそれぞれ α, β, γ と一致する．一方，$\psi(\mathrm{P}') - \psi(\mathrm{P}) = \psi(x+\Delta x, y+\Delta y, z+\Delta z) - \psi(x, y, z) = (\partial\psi/\partial x)\Delta x + (\partial\psi/\partial y)\Delta y + (\partial\psi/\partial z)\Delta z$ と書け

$$\frac{\partial\psi}{\partial s} = \alpha\frac{\partial\psi}{\partial x} + \beta\frac{\partial\psi}{\partial y} + \gamma\frac{\partial\psi}{\partial z}$$

が成り立つ．また，s 軸に沿う単位ベクトルを $\boldsymbol{i}'$ とすれば，$\boldsymbol{i}' = (\alpha, \beta, \gamma)$ で s 軸方向の $\boldsymbol{A}$ の成分 A_s は $A_s = \boldsymbol{i}' \cdot \boldsymbol{A}$ である．$\boldsymbol{A}$ が勾配で $\boldsymbol{A} = \nabla\psi$ だと $\boldsymbol{i}' \cdot \boldsymbol{A} = A_s$ となり，結局 $\boldsymbol{A} = \nabla\psi$ の s 軸方向の成分は $(\nabla\psi)_s = \partial\psi/\partial s$ で与えられる．直交曲線座標系では i 成分の場合，$\Delta s = g_i \Delta s_i$ と表されるので与式が導かれる．

問題 3.1 r 軸は θ, φ が一定で r が変化するような軸を表し，θ 軸，φ 軸も同じような意味をもつ．点 P を通る r, θ, φ 軸は図のように表され，これらは直交座標系を構成する．極座標

4

の定義から

$$dx = \sin\theta\cos\varphi dr + r\cos\theta\cos\varphi d\theta - r\sin\theta\sin\varphi d\varphi$$

$$dy = \sin\theta\sin\varphi dr + r\cos\theta\sin\varphi d\theta + r\sin\theta\cos\varphi d\varphi$$

$$dz = \cos\theta dr - r\sin\theta d\theta$$

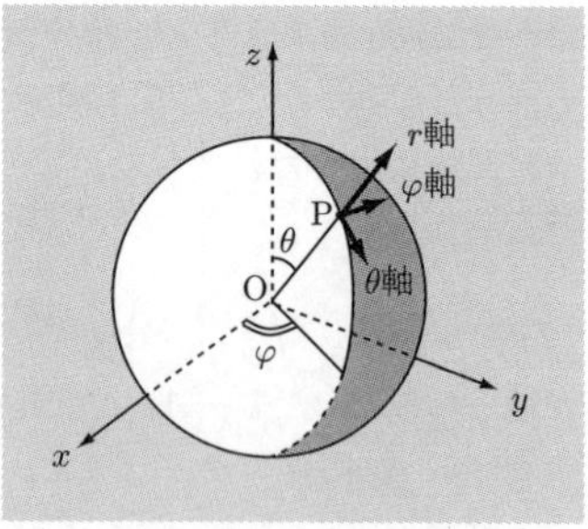

である．これより

$$\begin{aligned}(ds)^2 &= (dx)^2 + (dy)^2 + (dz)^2 \\ &= (dr)^2 + r^2(d\theta)^2 + r^2\sin^2\theta(d\varphi)^2\end{aligned}$$

となり，$g_1 = 1, g_2 = r, g_3 = r\sin\theta$ が得られる．

4

問題 3.2 次の結果

$$\int_0^{2\pi} e^{\pm i\varphi} d\varphi = 0, \quad \int_0^{2\pi} e^{\pm 2i\varphi} d\varphi = 0, \quad \int_0^{\pi} \cos\theta\sin\theta d\theta = 0$$

を使えば直交性が確かめられる．また，次のように規格性が証明される．

$$\int d\Omega\,|\,Y_{00}\,|^2 = \frac{1}{4\pi}\int_0^{2\pi} d\varphi \int_0^{\pi} \sin\theta d\theta = -\frac{1}{2}\cos\theta\Big|_0^{\pi} = 1$$

$$\int d\Omega\,|\,Y_{1,0}\,|^2 = \frac{3}{4\pi}\int_0^{2\pi} d\varphi \int_0^{\pi} \cos^2\theta\sin\theta d\theta = -\frac{3}{2}\cdot\frac{1}{3}\cos^3\theta\Big|_0^{\pi} = 1$$

$$\int d\Omega\,|\,Y_{1,-1}\,|^2 = \int d\Omega\,|\,Y_{1,1}\,|^2 = \frac{3}{8\pi}\int_0^{2\pi} d\varphi \int_0^{\pi} \sin^3\theta d\theta$$

$$= \frac{3}{4}\int_0^{\pi} \sin^3\theta d\theta = \frac{3}{4}\int_0^{\pi} \sin\theta(1-\cos^2\theta) d\theta = \frac{3}{4}\left(2 - \frac{2}{3}\right) = 1$$

問題 3.3 x の変域は $-1 \le x \le 1$ である．$x = \cos\theta$ を使うと

$$\frac{d\Theta}{d\theta} = \frac{d\Theta}{dx}\frac{dx}{d\theta} = -\frac{d\Theta}{dx}\sin\theta = -\frac{d\Theta}{dx}\sqrt{1-x^2} \tag{1}$$

となる．本来なら，$\sin\theta = \pm\sqrt{1-x^2}$ と表されるのだが，$0 \le \theta \le \pi$ すなわち $0 \le \sin\theta \le 1$ の場合を考えているので根号の前の + 符号を採用した．$\sin\theta = \sqrt{1-x^2}$ を使うと

$$\frac{1}{\sqrt{1-x^2}}\frac{d}{d\theta}\left[-(1-x^2)\frac{d\Theta}{dx}\right] + \left(\lambda - \frac{m^2}{1-x^2}\right)\Theta = 0$$

が得られる．さらに，上式の第 1 項に (1) と同様な関係を適用すると

$$\frac{d}{dx}\left[(1-x^2)\frac{d\Theta}{dx}\right] + \left(\lambda - \frac{m^2}{1-x^2}\right)\Theta = 0 \tag{2}$$

となって与式が導かれる．

問題 3.4 $\Theta = (1-x^2)^{m/2}y$ の定義式から

$$\frac{d\Theta}{dx} = -m(1-x^2)^{m/2-1}xy + (1-x^2)^{m/2}\frac{dy}{dx}$$

となり

$$(1-x^2)\frac{d\Theta}{dx} = -m(1-x^2)^{m/2}xy + (1-x^2)^{m/2+1}\frac{dy}{dx}$$

が得られる．これをさらに x で微分すると

$$\frac{d}{dx}\left[(1-x^2)\frac{d\Theta}{dx}\right] = m^2(1-x^2)^{m/2-1}x^2y - m(1-x^2)^{m/2}y - m(1-x^2)^{m/2}x\frac{dy}{dx}$$
$$-(m+2)(1-x^2)^{m/2}x\frac{dy}{dx} + (1-x^2)^{m/2+1}\frac{d^2y}{dx^2}$$

となる．これを前問の (2) に代入し，$(1-x^2)^{m/2}$ で割ると

$$(1-x^2)\frac{d^2y}{dx^2} - (m+2)x\frac{dy}{dx} - mx\frac{dy}{dx} - my + \frac{m^2}{1-x^2}x^2y + \left(\lambda - \frac{m^2}{1-x^2}\right)y = 0$$

が得られ，これを整理すると与式が求まる．

問題 4.1　奇数べきが無限に続くとすれば

$$y \sim c(m-1)!\left[mx + \frac{m(m+1)(m+2)}{3!}x^3 + \frac{m(m+1)(m+2)(m+3)(m+4)}{5!}x^5 + \cdots\right]$$

と表される．これは

$$y \sim c(m-1)!\,\frac{1}{2}[(1-x)^{-m} - (1+x)^{-m}]$$

と書け，$\Theta = (1-x^2)^{m/2}y$ は $m \geq 1$ であれば，$x \to \pm 1$ で発散する．

問題 4.2　$m=0$ の場合，奇数べきが無限に続くとすれば，(5) が成り立つとして

$$y \sim c\left(x + \frac{x^3}{3} + \frac{x^5}{5} + \cdots\right)$$

と表される．これは

$$y \sim \frac{c}{2}[\ln(1+x) - \ln(1-x)]$$

と書け，$x \to 1$ で $y \to \infty$，$x \to -1$ で $y \to -\infty$ となるのでこの場合を除外する必要がある．

問題 4.3　m は $|m|$ を表し，0 および正の整数である．$l = m, m+1, m+2, \cdots$ であるから $l = 0, 1, 2, 3, \cdots$ となる．

問題 4.4　l は $|m|$ に等しいか，これより大きい．すなわち $|m| \leq l$ となる．l を固定したときこれを満たす m の値は題意の $(2l+1)$ 個である．

問題 5.1　$2^0 = 0! = 1$，$d^0/dx^0 = 1$ から $P_0(x) = 1$ となり，また次のように計算される．

$$P_1(x) = \frac{1}{2}\frac{d}{dx}(x^2-1) = x$$
$$P_2(x) = \frac{1}{2^2 \cdot 2!}\frac{d^2}{dx^2}(x^2-1)^2 = \frac{1}{8}\frac{d^2}{dx^2}(x^4-2x^2+1) = \frac{1}{8}(12x^2-4) = \frac{1}{2}(3x^2-1)$$

問題 5.2　P_l, P_n に対する式は

$$\frac{d}{dx}[(1-x^2)P_l{}'] + l(l+1)P_l = 0, \quad \frac{d}{dx}[(1-x^2)P_n{}'] + n(n+1)P_n = 0$$

と書ける．左式に P_n を掛け，x に関し -1 から 1 まで積分すると

$$\int_{-1}^{1} P_n\frac{d}{dx}[(1-x^2)P_l{}']dx + l(l+1)\int_{-1}^{1} P_lP_ndx = 0 \qquad (1)$$

4

となる．左辺第 1 項に部分積分を適用し，$(1-x^2)$ は $x=\pm 1$ で 0 になることに注意すると

$$\int_{-1}^{1} P_n \frac{d}{dx}[(1-x^2)P_l{}']dx = -\int_{-1}^{1} P_n{}'(1-x^2)\frac{dP_l}{dx}dx$$
$$= \int_{-1}^{1} P_l \frac{d}{dx}[(1-x^2)P_n{}']dx$$

である．一方，最初の関係の右式に P_l を掛け，x で -1 から 1 まで積分した結果は

$$\int_{-1}^{1} P_l \frac{d}{dx}[(1-x^2)P_n{}']dx + n(n+1)\int_{-1}^{1} P_l P_n dx = 0 \tag{2}$$

と表される．(1), (2) の左辺の第 1 項は等しいから結局

$$[l(l+1)-n(n+1)]\int_{-1}^{1} P_l P_n dx = 0$$

となり，l と n が違えばルジャンドル多項式は直交し (4.21) の結果が得られる．この事情は異なった固有値に対する固有関数が直交するのと同じ意味をもつ．

4

ルジャンドル多項式の定義式 (4.20)（p.50）で $(x^2-1)^l$ を展開すると x の最高次の項は x^{2l} である．これを x に関して l 回微分すると $(2l)(2l-1)\cdots(l+1)x^l$ となる．したがって，$P_l(x)$ は

$$P_l(x) = \frac{(2l)(2l-1)\cdots(l+1)}{2^l l!}x^l + a_1 x^{l-2} + a_2 x^{l-4} + \cdots$$

という形の x の l 次の多項式となる．上式の x^l の係数の分母，分子に $l!$ を掛けると

$$P_l(x) = \frac{(2l)!}{2^l (l!)^2}x^l + a_1 x^{l-2} + \cdots \tag{1}$$

と書ける．$P_l(x)$ の定義式を使うと

$$\int_{-1}^{1} P_l{}^2 dx = \frac{1}{2^l l!}\int_{-1}^{1} P_l(x)\frac{d^l}{dx^l}(x^2-1)^l dx$$

となる．$x=\pm 1$ は $(x^2-1)^l$ の l 重根である．したがって，例えば $d(x^2-1)^l/dx$ は $x=\pm 1$ で 0 である．同様に $d^2(x^2-1)^l/dx^2$ も $x=\pm 1$ で 0 となる．このことに注意し上式で部分積分を繰り返し適用すると

$$\int_{-1}^{1} P_l{}^2 dx = \frac{(-1)^l}{2^l l!}\int_{-1}^{1}(x^2-1)^l \frac{d^l P_l}{dx^l}dx$$

が得られる．(1) からわかるように，P_l を x で l 回微分したものは定数である．すなわち

$$\frac{d^l P_l}{dx^l} = \frac{(2l)!}{2^l l!}$$

が成り立ち

$$\int_{-1}^{1} P_l{}^2 dx = \frac{(2l)!}{(2^l l!)^2}\int_{-1}^{1}(1-x^2)^l dx \tag{2}$$

となる．右辺の積分は $x=\sin\theta$ とおくと

$$\int_{-1}^{1}(1-x^2)^l dx = 2\int_{0}^{\pi/2}\cos^{2l+1}\theta d\theta \tag{3}$$

と表される．ここで次の公式［森口，宇田川，一松著「数学公式 I」（岩波書店，1956) p.243

参照]

$$\int_0^{\pi/2} \cos^n \theta d\theta = \frac{(n-1)(n-3)\cdots 4\cdot 2}{n(n-2)\cdots 3\cdot 1} \quad (n：奇数)$$

を利用すると，(3) は

$$2\frac{2l(2l-2)(2l-4)\cdots 4\cdot 2}{(2l+1)(2l-1)(2l-3)\cdots 3\cdot 1} = 2\frac{2^l l!}{(2l+1)(2l-1)(2l-3)\cdots 3\cdot 1}$$

に等しい．したがって，これを (2) に代入し

$$\int_{-1}^{1} {P_l}^2 dx = 2\frac{(2l)!}{(2l+1)2^l l!(2l-1)(2l-3)\cdots 3\cdot 1}$$
$$= 2\frac{(2l)!}{(2l+1)2l(2l-1)(2l-2)\cdots 4\cdot 3\cdot 2\cdot 1} = \frac{2}{2l+1}$$

となり，(4.22) が導かれる．

問題 5.3 ルジャンドルの微分方程式 $(1-x^2){P_l}'' - 2x{P_l}' + l(l+1)P_l = 0$ を x に関し m 回微分すると

$$(1-x^2){P_l}^{(m+2)} - 2mx{P_l}^{(m+1)} - m(m-1){P_l}^{(m)} - 2x{P_l}^{(m+1)}$$
$$- 2m{P_l}^{(m)} + l(l+1){P_l}^{(m)} = 0$$

が得られる．これは次のように書ける．

$$(1-x^2){P_l}^{(m+2)} - 2(m+1)x{P_l}^{(m+1)} + [l(l+1) - m(m+1)]{P_l}^{(m)} = 0$$

問題 6.1 漸化式を繰り返し使えば $I(m-1) = (l+m-1)(l-m+2)I(m-2), \cdots, I(2) = (l+2)(l-1)I(1)$，$I(1) = l(l+1)I(0)$ が成り立つので，$I(m)$ は

$$I(m) = (l+m)(l+m-1)\cdots(l+1)l(l-1)\cdots(l-m+2)(l-m+1)I(0)$$
$$= \frac{(l+m)!}{(l-m)!}I(0)$$

と表される．$I(0)$ は (4.21), (4.22) のように計算され，例題 6 の結果が導かれる．

問題 6.2 例題 6 の結果を用いると $m \geq 0$ として

$$\Theta_l{}^m(x) = \sqrt{\frac{2l+1}{2}\frac{(l-m)!}{(l+m)!}}\, P_l{}^m(x)$$

で定義される $\Theta_l{}^m(x)$ は次の規格直交性をもつ．

$$\int_{-1}^{1} \Theta_l{}^m(x)\Theta_{l'}{}^m(x)dx = \delta_{ll'}$$

ただし，一般に m は正負の値をとり，従来の m は $|m|$ であったからこの記号を復活させ，(4.24)（p.50）のように球面調和関数 $Y_{lm}(\theta,\varphi)$ を定義する．$Y_{lm}(\theta,\varphi)$ は

$$Y_{lm}(\theta,\varphi) = \Theta_l{}^{|m|}(\cos\theta)\frac{e^{im\varphi}}{\sqrt{2\pi}}$$

と書ける．ここで φ に関する積分は

$$\int_0^{2\pi} \frac{e^{im\varphi}}{\sqrt{2\pi}}\frac{e^{-im'\varphi}}{\sqrt{2\pi}}d\varphi = \delta_{mm'}$$

と表される．上式により $m=m'$ のときだけを考えればよい．そうすると，θ に関する積分は

$$\int_0^\pi \Theta_l{}^{|m|}(\cos\theta)\Theta_{l'}{}^{|m|}(\cos\theta)\sin\theta d\theta = \int_{-1}^1 \Theta_l{}^{|m|}(x)\Theta_{l'}{}^{|m|}(x)dx = \delta_{ll'}$$

となり，(4.24) の $Y_{lm}(\theta,\varphi)$ が実際に球面調和関数であることが示される．

問題 6.3　(4.24) で $l=0, l=1$ とおき

$$P_0(x)=1, \quad P_1{}^0(x)=x, \quad P_1{}^1(x)=(1-x^2)^{1/2}$$

に注意すれば (4.17), (4.18) が導かれる．

問題 7.1　(4.25)（p.53）で $U(r)=-e^2/4\pi\varepsilon_0 r$, $\rho=\alpha r$, $E=-|E|$ とすれば

$$-\frac{\hbar^2}{2\mu}\alpha^2\frac{1}{\rho^2}\frac{d}{d\rho}\left(\rho^2\frac{dR}{d\rho}\right)+\frac{\hbar^2 l(l+1)}{2\mu}\frac{\alpha^2}{\rho^2}R-\frac{\alpha e^2}{4\pi\varepsilon_0\rho}R=-|E|\,R$$

が得られる．ここで，α を

$$\frac{\hbar^2}{2\mu}\alpha^2=4\,|E| \qquad \therefore \quad \alpha=\frac{(8\mu\,|E|)^{1/2}}{\hbar}$$

のように決めると

$$\frac{1}{\rho^2}\frac{d}{d\rho}\left(\rho^2\frac{dR}{d\rho}\right)-\frac{l(l+1)}{\rho^2}R-\frac{1}{4}R+\frac{\alpha e^2}{16\pi\varepsilon_0\,|E|\,\rho}R=0$$

となる．上式で λ を

$$\lambda=\frac{\alpha e^2}{16\pi\varepsilon_0\,|E|}=\frac{e^2(8\mu\,|E|)^{1/2}}{16\pi\varepsilon_0\,|E|\,\hbar}=\frac{e^2}{4\pi\varepsilon_0\hbar}\left(\frac{\mu}{2\,|E|}\right)^{1/2}$$

と定義し，次の関係

$$\frac{1}{\rho^2}\frac{d}{d\rho}\left(\rho^2\frac{dR}{d\rho}\right)=\frac{d^2R}{d\rho^2}+\frac{2}{\rho}\frac{dR}{d\rho}$$

に注意すれば (4.27) が導かれる．R に対する微分方程式で $1/4$ と $l(l+1)/\rho^2$ という項が現れるので ρ は無次元な量となる．

問題 7.2　第 1 章で述べた前期量子論では陽子の質量を無限としている．この場合，(4.31) は $E=-e^2/8\pi\varepsilon_0 a\lambda^2$ と書け，問題 6.1（p.13）の結果で $\lambda\to n$ としたものと一致する．

問題 7.3　問題 6.2（p.13）を参照し $R_{\mathrm{H}}/R_\infty=\mu/m$ である．問題 1.2（p.43）によりこの比は 0.9995 となる．

問題 7.4　m は $(2l+1)$ 個の値をとれるので状態 l の縮退度は $(2l+1)$ である．一方，全量子数 λ の状態で l のとり得る値は $l=0,1,\cdots,\lambda-1$ である．このため縮退度は

$$\sum_{l=0}^{\lambda-1}(2l+1)=\lambda(\lambda-1)+\lambda=\lambda^2$$

と計算され，スピンの自由度を考慮すれば $2\lambda^2$ となる．

問題 7.5　4s, 4p, 4d, 4f の状態が可能である．それぞれの縮退度は 1, 3, 5, 7 で総計すると 16 となる．スピンを考えるとこれらの数値を 2 倍にしないといけない．

5 章の解答

問題 1.1 例えば l_x を考えると $l_x = yp_z - zp_y$ となる．このエルミート共役をとると y と p_z 同士，z と p_y 同士は可換であるから ${l_x}^\dagger = p_z y - p_y z = l_x$ が成り立つ．したがって，l_x はエルミート演算子である．l_y, l_z も同様となる．

問題 1.2 (5.3) 一番左の交換子の定義から $[l_y, l_z]^\dagger = l_z l_y - l_y l_z = -[l_y, l_z]$ という関係が成立する．l_x はエルミート演算子であるため，上の結果から $[l_y, l_z]$ の右辺には純虚数が現れる．他の交換子の場合も同じ議論が適用できる．

問題 1.3 (a) 例えば $\boldsymbol{l}_1$ の x 成分を l_{1x} と書く．l_{1y} と l_{2z} とは可換であるが，このような関係を利用すると

$$\begin{aligned}[L_y, L_z] &= [l_{1y} + l_{2y} + \cdots + l_{ny},\ l_{1z} + l_{2z} + \cdots + l_{nz}] \\ &= [l_{1y}, l_{1z}] + [l_{2y}, l_{2z}] + \cdots + [l_{ny}, l_{nz}] \\ &= i\hbar(l_{1x} + l_{2x} + \cdots + l_{nx}) = i\hbar L_x\end{aligned}$$

で (5.3) 一番左の小文字の l を大文字の L で置き換えた結果となる．他の成分も同様である．

(b) $$\boldsymbol{L}^2 = {\boldsymbol{l}_1}^2 + {\boldsymbol{l}_2}^2 + \cdots + {\boldsymbol{l}_n}^2 + 2\boldsymbol{l}_1\cdot\boldsymbol{l}_2 + 2\ (\boldsymbol{l}_i\cdot\boldsymbol{l}_j \text{ の交差する項})$$

となる．$[\boldsymbol{L}^2, L_x] = [\boldsymbol{L}^2, l_{1x} + l_{2x} + \cdots + l_{nx}]$ であるが $\boldsymbol{L}^2$ に上式を代入し，$\boldsymbol{l}_1\cdot\boldsymbol{l}_2$ の項に注目する．この項は粒子 1, 2 以外の角運動量と可換となり $[\boldsymbol{l}_1\cdot\boldsymbol{l}_2, l_{1x} + l_{2x}]$ を考慮すればよい．これは

$$\begin{aligned}&[\boldsymbol{l}_1\cdot\boldsymbol{l}_2, l_{1x} + l_{2x}] = [l_{1x}l_{2x} + l_{1y}l_{2y} + l_{1z}l_{2z}, l_{1x} + l_{2x}] \\ &\quad = l_{2y}[l_{1y}, l_{1x}] + l_{1y}[l_{2y}, l_{2x}] + l_{2z}[l_{1z}, l_{1x}] + l_{1z}[l_{2z}, l_{2x}] \\ &\quad = i\hbar(-l_{2y}l_{1z} - l_{1y}l_{2z} + l_{2z}l_{1y} + l_{1z}l_{2y}) = 0\end{aligned}$$

となり，同様なことがすべての交差項に対して成立する．こうして

$$[\boldsymbol{L}^2, L_x] = [{\boldsymbol{l}_1}^2 + {\boldsymbol{l}_2}^2 + \cdots + {\boldsymbol{l}_n}^2, l_{1x} + l_{2x} + \cdots + l_{nx}] = 0$$

と書け，同様な関係が L_y, L_z について成り立つ．

問題 2.1 磁束密度 $\boldsymbol{B}$ とベクトルポテンシャル $\boldsymbol{A}$ との関係 $\boldsymbol{B} = \mathrm{rot}\boldsymbol{A}$ を成分で表すと

$$B_x = \frac{\partial A_z}{\partial y} - \frac{\partial A_y}{\partial z}, \quad B_y = \frac{\partial A_x}{\partial z} - \frac{\partial A_z}{\partial x}, \quad B_z = \frac{\partial A_y}{\partial x} - \frac{\partial A_x}{\partial y}$$

となる．B を定数として $A_x = -By/2,\ A_y = Bx/2,\ A_z = 0$ を代入すると $B_x = B_y = 0,\ B_z = B$ が得られる．

問題 2.2 与えられたハミルトニアンは

$$H = \frac{{p_x}^2 + {p_y}^2 + {p_z}^2}{2\mu} - e\phi + \frac{eB}{2\mu}(xp_y - yp_y) + \frac{e^2B^2}{8\mu}(x^2 + y^2)$$

となり，$(xp_y - yp_y) = l_z$ に注意すれば (5.12) が求まる．

問題 2.3 B^2 の項を無視すれば次のようになる．

5

$$H = -\frac{\hbar^2}{2\mu}\Delta - \frac{e^2}{4\pi\varepsilon_0 r} + \frac{eB}{2\mu}l_z$$

問題 2.4 電気の場合，電気量 q の電荷が位置ベクトル $\boldsymbol{r}$ の場所にいるときそこでの電位を $U(\boldsymbol{r})$ とすれば，電荷は $qU(\boldsymbol{r})$ の位置エネルギーをもつ．電場の強さ $\boldsymbol{E}$ は $\boldsymbol{E} = -\nabla U$ と書ける．磁気では $q \to q_{\mathrm{m}}$，$\boldsymbol{E} \to \boldsymbol{H}$，電位 $U \to$ 磁位 U_{m} の変換をすればよい．したがって，$q_{\mathrm{m}}, -q_{\mathrm{m}}$ の点磁荷のペアがもつエネルギーは

$$q_{\mathrm{m}}U_{\mathrm{m}}(\boldsymbol{r}+\boldsymbol{\delta}) - q_{\mathrm{m}}U_{\mathrm{m}}(\boldsymbol{r}) = q_{\mathrm{m}}\boldsymbol{\delta}\cdot\nabla U_{\mathrm{m}} = -\boldsymbol{\mu}'\cdot\boldsymbol{H}$$

となる．真空では真空の透磁率を μ_0 とすれば $\boldsymbol{B} = \mu_0\boldsymbol{H}$ が成り立つ．上のエネルギーを $\boldsymbol{B}$ で表すと $-\boldsymbol{\mu}\cdot\boldsymbol{B}$ と書けるから $\boldsymbol{\mu}' = \mu_0\boldsymbol{\mu}$ の関係がある．

問題 3.1 r は原点と座標 (x,y,z) の点との間の距離であり，$r = \sqrt{x^2+y^2+z^2}$ となる．$z = r\cos\theta$, $\tan\varphi = y/x$ の関係から θ, φ が求まる．

問題 3.2 (a) F を x, y, z，したがって r, θ, φ の任意関数とすれば

$$\frac{\partial F}{\partial x} = \frac{\partial F}{\partial r}\frac{\partial r}{\partial x} + \frac{\partial F}{\partial \theta}\frac{\partial \theta}{\partial x} + \frac{\partial F}{\partial \varphi}\frac{\partial \varphi}{\partial x}$$

が成り立つ．

$$\frac{\partial r}{\partial x} = \frac{x}{r} = \sin\theta\cos\varphi \tag{1}$$

$\cos\theta = z/\sqrt{x^2+y^2+z^2}$ から得られる

$$-\sin\theta\frac{\partial\theta}{\partial x} = -\frac{zx}{(x^2+y^2+z^2)^{3/2}} = -\frac{r\cos\theta\cdot r\sin\theta\cos\varphi}{r^3}$$

$$\therefore\quad \frac{\partial\theta}{\partial x} = \frac{\cos\theta\cos\varphi}{r} \tag{2}$$

の関係，さらに $\tan\varphi = y/x$ を x で偏微分して

$$\frac{1}{\cos^2\varphi}\frac{\partial\varphi}{\partial x} = -\frac{y}{x^2} = -\frac{r\sin\theta\sin\varphi}{r^2\sin^2\theta\cos^2\varphi}$$

$$\therefore\quad \frac{\partial\varphi}{\partial x} = -\frac{\sin\varphi}{r\sin\theta} \tag{3}$$

が導かれる．(1) ~ (3) を使い与式が得られる．

(b)

$$\frac{\partial}{\partial y} = \frac{\partial r}{\partial y}\frac{\partial}{\partial r} + \frac{\partial\theta}{\partial y}\frac{\partial}{\partial\theta} + \frac{\partial\varphi}{\partial y}\frac{\partial}{\partial\varphi}$$

の関係に

$$\frac{\partial r}{\partial y} = \frac{y}{r} = \sin\theta\sin\varphi$$

$$-\sin\theta\frac{\partial\theta}{\partial y} = -\frac{zy}{(x^2+y^2+z^2)^{3/2}} = -\frac{r\cos\theta\cdot r\sin\theta\sin\varphi}{r^3}$$

$$\therefore\quad \frac{\partial\theta}{\partial y} = \frac{\cos\theta\sin\varphi}{r}$$

$$\frac{1}{\cos^2\varphi}\frac{\partial\varphi}{\partial y} = \frac{1}{x} = \frac{1}{r\sin\theta\cos\varphi} \qquad \therefore\quad \frac{\partial\varphi}{\partial y} = \frac{\cos\varphi}{r\sin\theta}$$

などの等式を代入し与式が導かれる．

5

(c)
$$\frac{\partial}{\partial z} = \frac{\partial r}{\partial z}\frac{\partial}{\partial r} + \frac{\partial \theta}{\partial z}\frac{\partial}{\partial \theta} + \frac{\partial \varphi}{\partial z}\frac{\partial}{\partial \varphi}$$

の関係に

$$\begin{aligned}
\frac{\partial r}{\partial z} &= \frac{z}{r} = \cos\theta \\
-\sin\theta\frac{\partial \theta}{\partial z} &= \frac{1}{\sqrt{x^2+y^2+z^2}} - \frac{z^2}{(x^2+y^2+z^2)^{3/2}} = \frac{1}{r} - \frac{z^2}{r^3} \\
&= \frac{r^2 - r^2\cos^2\theta}{r^3} = \frac{\sin^2\theta}{r} \quad \therefore \frac{\partial \theta}{\partial z} = -\frac{\sin\theta}{r}, \quad \frac{\partial \varphi}{\partial z} = 0
\end{aligned}$$

などの等式を代入し与式が得られる．

問題 3.3　問題 3.2 の結果を利用し

$$\begin{aligned}
& y\frac{\partial}{\partial z} - z\frac{\partial}{\partial y} = r\sin\theta\sin\varphi\left(\cos\theta\frac{\partial}{\partial r} - \frac{\sin\theta}{r}\frac{\partial}{\partial \theta}\right) \\
& -r\cos\theta\left(\sin\theta\sin\varphi\frac{\partial}{\partial r} + \frac{\cos\theta\sin\varphi}{r}\frac{\partial}{\partial \theta} + \frac{\cos\varphi}{r\sin\theta}\frac{\partial}{\partial \varphi}\right) \\
& = -\sin\varphi\frac{\partial}{\partial \theta} - \cot\theta\cos\varphi\frac{\partial}{\partial \varphi}
\end{aligned}$$

となり，これから $l_x = i\hbar\left(\sin\varphi\frac{\partial}{\partial \theta} + \cot\theta\cos\varphi\frac{\partial}{\partial \varphi}\right)$ が得られる．同じように

$$\begin{aligned}
& z\frac{\partial}{\partial x} - x\frac{\partial}{\partial z} = r\cos\theta\left(\sin\theta\cos\varphi\frac{\partial}{\partial r} + \frac{\cos\theta\cos\varphi}{r}\frac{\partial}{\partial \theta} - \frac{\sin\varphi}{r\sin\theta}\frac{\partial}{\partial \varphi}\right) \\
& -r\sin\theta\cos\varphi\left(\cos\theta\frac{\partial}{\partial r} - \frac{\sin\theta}{r}\frac{\partial}{\partial \theta}\right) = \cos\varphi\frac{\partial}{\partial \theta} - \cot\theta\sin\varphi\frac{\partial}{\partial \varphi}
\end{aligned}$$

となり，$l_y = i\hbar\left(-\cos\varphi\frac{\partial}{\partial \theta} + \cot\theta\sin\varphi\frac{\partial}{\partial \varphi}\right)$ が導かれる．

問題 4.1　(5.15) を利用すると，F を任意関数として

$$\begin{aligned}
-\frac{{l_x}^2}{\hbar^2}F &= \left(\sin\varphi\frac{\partial}{\partial \theta} + \cot\theta\cos\varphi\frac{\partial}{\partial \varphi}\right)\left(\sin\varphi\frac{\partial}{\partial \theta} + \cot\theta\cos\varphi\frac{\partial}{\partial \varphi}\right)F \\
&= \sin^2\varphi\frac{\partial^2 F}{\partial \theta^2} + \sin\varphi\frac{\partial}{\partial \theta}\left(\cot\theta\cos\varphi\frac{\partial F}{\partial \varphi}\right) + \cot\theta\cos\varphi\frac{\partial}{\partial \varphi}\left(\sin\varphi\frac{\partial F}{\partial \theta}\right) \\
&\quad + \cot^2\theta\cos\varphi\frac{\partial}{\partial \varphi}\left(\cos\varphi\frac{\partial F}{\partial \varphi}\right) \qquad (1)
\end{aligned}$$

となる．同様に

$$\begin{aligned}
-\frac{{l_y}^2}{\hbar^2}F &= \left(-\cos\varphi\frac{\partial}{\partial \theta} + \cot\theta\sin\varphi\frac{\partial}{\partial \varphi}\right)\left(-\cos\varphi\frac{\partial}{\partial \theta} + \cot\theta\sin\varphi\frac{\partial}{\partial \varphi}\right)F \\
&= \cos^2\varphi\frac{\partial^2 F}{\partial \theta^2} - \cos\varphi\frac{\partial}{\partial \theta}\left(\cot\theta\sin\varphi\frac{\partial F}{\partial \varphi}\right) - \cot\theta\sin\varphi\frac{\partial}{\partial \varphi}\left(\cos\varphi\frac{\partial F}{\partial \theta}\right) \\
&\quad + \cot^2\theta\sin\varphi\frac{\partial}{\partial \varphi}\left(\sin\varphi\frac{\partial F}{\partial \varphi}\right) \qquad (2)
\end{aligned}$$

5

と書け，(1) と (2) の和をとれば

$$
\begin{aligned}
-\frac{{l_x}^2+{l_y}^2}{\hbar^2}F = & \frac{\partial^2 F}{\partial\theta^2}+\cot^2\theta\left[\cos\varphi\frac{\partial}{\partial\varphi}\left(\cos\varphi\frac{\partial F}{\partial\varphi}\right)+\sin\varphi\frac{\partial}{\partial\varphi}\left(\sin\varphi\frac{\partial F}{\partial\varphi}\right)\right] \\
& +\sin\varphi\frac{\partial}{\partial\theta}\left(\cot\theta\cos\varphi\frac{\partial F}{\partial\varphi}\right)+\cot\theta\cos\varphi\frac{\partial}{\partial\varphi}\left(\sin\varphi\frac{\partial F}{\partial\theta}\right) \\
& -\cos\varphi\frac{\partial}{\partial\theta}\left(\cot\theta\sin\varphi\frac{\partial F}{\partial\varphi}\right)-\cot\theta\sin\varphi\frac{\partial}{\partial\varphi}\left(\cos\varphi\frac{\partial F}{\partial\theta}\right) \qquad (3)
\end{aligned}
$$

となって例題 4 の (1) が導かれる．

問題 4.2　任意の F に対し

$$
\frac{\partial}{\partial\varphi}\left(\cos\varphi\frac{\partial F}{\partial\varphi}\right)=-\sin\varphi\frac{\partial F}{\partial\varphi}+\cos\varphi\frac{\partial^2 F}{\partial\varphi^2}
$$

$$
\frac{\partial}{\partial\varphi}\left(\sin\varphi\frac{\partial F}{\partial\varphi}\right)=\cos\varphi\frac{\partial F}{\partial\varphi}+\sin\varphi\frac{\partial^2 F}{\partial\varphi^2}
$$

が成り立つので前問 (3) 中の［　］は $\partial^2 F/\partial\varphi^2$ に等しい．また

$$
\frac{\partial}{\partial\theta}\left(\cot\theta\cos\varphi\frac{\partial F}{\partial\varphi}\right)=\frac{d\cot\theta}{d\theta}\cos\varphi\frac{\partial F}{\partial\varphi}+\cot\theta\cos\varphi\frac{\partial^2 F}{\partial\theta\partial\varphi}
$$

$$
\frac{\partial}{\partial\theta}\left(\cot\theta\sin\varphi\frac{\partial F}{\partial\varphi}\right)=\frac{d\cot\theta}{d\theta}\sin\varphi\frac{\partial F}{\partial\varphi}+\cot\theta\sin\varphi\frac{\partial^2 F}{\partial\theta\partial\varphi}
$$

の関係で上式に左側から $\sin\varphi$，下式に左側から $-\cos\varphi$ を掛けて加えるとその結果は 0 となる．さらに

$$
\frac{\partial}{\partial\varphi}\left(\sin\varphi\frac{\partial F}{\partial\theta}\right)=\cos\varphi\frac{\partial F}{\partial\theta}+\sin\varphi\frac{\partial^2 F}{\partial\varphi\partial\theta}
$$

$$
\frac{\partial}{\partial\varphi}\left(\cos\varphi\frac{\partial F}{\partial\theta}\right)=-\sin\varphi\frac{\partial F}{\partial\theta}+\cos\varphi\frac{\partial^2 F}{\partial\varphi\partial\theta}
$$

を利用すると

$$
\cos\varphi\frac{\partial}{\partial\varphi}\left(\sin\varphi\frac{\partial F}{\partial\theta}\right)-\sin\varphi\frac{\partial}{\partial\varphi}\left(\cos\varphi\frac{\partial F}{\partial\theta}\right)=\frac{\partial F}{\partial\theta}
$$

となる．こうして

$$
({l_x}^2+{l_y}^2)F=-\hbar^2\left(\frac{\partial^2 F}{\partial\theta^2}+\cot^2\theta\frac{\partial^2 F}{\partial\varphi^2}+\cot\theta\frac{\partial F}{\partial\theta}\right)
$$

が得られ，例題 4 の (2) が導かれる．

問題 4.3　ボーア磁子の値は

$$
\mu_{\mathrm{B}}=\frac{1.60\times10^{-19}\times6.63\times10^{-34}}{4\pi\times9.11\times10^{-31}}\frac{\mathrm{C\cdot J\cdot s}}{\mathrm{kg}}=9.27\times10^{-24}\,\mathrm{A\cdot m^2}
$$

と計算される．ただし

$$
\mathrm{J}=\mathrm{kg}\frac{\mathrm{m}^2}{\mathrm{s}^2}
$$

に注意し

$$
\frac{\mathrm{C\cdot J\cdot s}}{\mathrm{kg}}=\frac{\mathrm{C\cdot m^2}}{\mathrm{s}}=\mathrm{A\cdot m^2}
$$

の関係を利用した．

問題 4.4　ゼーマン分裂のエネルギー幅 $\mu_B B$ は $B = 1\,\mathrm{T}$ の場合 $9.27 \times 10^{-24}\,\mathrm{J}$ と計算される．ここで

$$\mathrm{T} = \frac{\mathrm{J}}{\mathrm{A} \cdot \mathrm{m}^2}$$

が成り立つことを用いた．上記のエネルギーは k_B で割ると

$$\frac{9.27 \times 10^{-24}\,\mathrm{J}}{1.38 \times 10^{-23}\,\mathrm{J} \cdot \mathrm{K}^{-1}} = 0.67\,\mathrm{K}$$

の温度に相当する．

6 章の解答

問題 1.1　L_x, L_y はともにエルミート演算子であるから ${L_+}^\dagger = L_x - iL_y = L_-$ となる．同様に，${L_-}^\dagger = L_+$ となる．

問題 1.2　$L_z L_+ - L_+ L_z = \hbar L_+$ のエルミート共役をとり $L_- L_z - L_z L_- = \hbar L_-$ である．

問題 1.3　(6.11a) の $D_+ D_z - D_z D_+ = -D_+$ の関係から $\langle M \mid (D_+ D_z - D_z D_+) \mid M' \rangle = -\langle M \mid D_+ \mid M' \rangle$ となる．$D_z \mid M' \rangle = M' \mid M' \rangle$, $\langle M \mid D_z = M \langle M \mid$ の等式を利用すると

$$(M' + 1 - M)(D_+)_{M,M'} = 0$$

で $M' + 1 - M \neq 0$ だと $(D_+)_{M,M'} = 0$ となって，D_+ は p.67 に示したような構造をもつ．D_- は D_+ のエルミート共役で p.67 で示した構造が理解できるし，$D_- D_z - D_z D_- = D_-$ を使い，上記と同じ議論を用いても同じ結論となる．

問題 2.1　$(D_+)_{M,M-1}$ と $(D_-)_{M-1,M}$ は互いに複素共役の関係にあるから (6.12) により $(D_+)_{M,M-1}$ の偏角を θ_M とすれば

$$(D_+)_{M,M-1} = \sqrt{(J+M)(J-M+1)}\, e^{i\theta_M}$$

となる．この式で $M \to M+1$ とすれば

$$(D_+)_{M+1,M} = \sqrt{(J+M+1)(J-M)}\, e^{i\theta_{M+1}}$$

と書け，これは

$$D_+ \psi_M = \sqrt{(J+M+1)(J-M)}\, \psi_{M+1} e^{i\theta_{M+1}}$$

と等価である．同様に

$$(D_-)_{M-1,M} = \sqrt{(J+M)(J-M+1)}\, e^{-i\theta_M}$$

と書け，これは

$$D_- \psi_M = \sqrt{(J+M)(J-M+1)}\, \psi_{M-1} e^{-i\theta_M}$$

と同じになる．このように一般には (6.14), (6.15) には絶対値 1 の複素数が含まれるが，物理的な結果には影響しないので，これらは実数としてよい．

問題 2.2 $f_M=(J+M)(J-M+1)$ に $M=J-n$ を代入すれば $f_{J-n}=(2J-n)(n+1)$ となる．$(n+1)\neq 0$ であるから，$f_{J-n}=0$ より $(2J-n)=0$ が得られる．

問題 2.3 (a) $\boldsymbol{D}^2={D_x}^2+{D_y}^2+{D_z}^2$

$$=(D_x+iD_y)(D_x-iD_y)+i(D_xD_y-D_yD_x)+{D_z}^2=D_+D_--D_z+{D_z}^2$$

(b)
$$\begin{aligned}\boldsymbol{D}^2\psi_M &= D_+D_-\psi_M-D_z\psi_M+{D_z}^2\psi_M\\ &= D_+(\sqrt{(J+M)(J-M+1)}\,\psi_{M-1})-M\psi_M+M^2\psi_M\\ &= [(J+M)(J-M+1)-M+M^2]\psi_M=J(J+1)\psi_M\end{aligned}$$

問題 3.1 $\psi_{1/2}=\alpha$ と書くが，これは $\alpha(1/2)=1$，$\alpha(-1/2)=0$ を意味する．一般に α を $\alpha(s)$ と表したとき s を**スピン座標**とよぶ．同様に $\psi_{-1/2}=\beta$ は $\beta(1/2)=0$, $\beta(-1/2)=1$ と書ける．あるいは，**列ベクトル**を使い

$$\alpha=\begin{bmatrix}1\\0\end{bmatrix},\quad \beta=\begin{bmatrix}0\\1\end{bmatrix}$$

と表してもよい．実際，このような記号を使うと

$$D_z\alpha=\begin{bmatrix}1/2 & 0\\ 0 & -1/2\end{bmatrix}\begin{bmatrix}1\\0\end{bmatrix}=\begin{bmatrix}1/2\\0\end{bmatrix}=\frac{1}{2}\begin{bmatrix}1\\0\end{bmatrix}=\frac{1}{2}\alpha$$

で，同様に $D_z\beta=-(1/2)\beta$ となる．α,β はその成分が実数であるから規格直交性は

$$\sum_s\alpha^2(s)=\sum_s\beta^2(s)=1,\quad \sum_s\alpha(s)\beta(s)=0$$

と書け，定義からこれらが満たされていることは容易にわかる．一般的には，共役複素数をとった**行ベクトル**

$$\alpha^*=[1\quad 0],\quad \beta^*=[0\quad 1]$$

を導入し，以下のような関係に注意すればよい．

$$\alpha^*\alpha=[1\quad 0]\begin{bmatrix}1\\0\end{bmatrix}=[1]=\mathbf{1},\quad \alpha^*\beta=[1\quad 0]\begin{bmatrix}0\\1\end{bmatrix}=[0]=\mathbf{0}$$

問題 3.2

$${\sigma_x}^2=\begin{bmatrix}0 & 1\\ 1 & 0\end{bmatrix}\begin{bmatrix}0 & 1\\ 1 & 0\end{bmatrix}=\begin{bmatrix}1 & 0\\ 0 & 1\end{bmatrix}=\mathbf{1},$$

$${\sigma_y}^2=\begin{bmatrix}0 & -i\\ i & 0\end{bmatrix}\begin{bmatrix}0 & -i\\ i & 0\end{bmatrix}=\begin{bmatrix}1 & 0\\ 0 & 1\end{bmatrix}=\mathbf{1}$$

$${\sigma_z}^2=\begin{bmatrix}1 & 0\\ 0 & -1\end{bmatrix}\begin{bmatrix}1 & 0\\ 0 & -1\end{bmatrix}=\begin{bmatrix}1 & 0\\ 0 & 1\end{bmatrix}=\mathbf{1}$$

$$\begin{aligned}\sigma_x\sigma_y+\sigma_y\sigma_x &= \begin{bmatrix}0 & 1\\ 1 & 0\end{bmatrix}\begin{bmatrix}0 & -i\\ i & 0\end{bmatrix}+\begin{bmatrix}0 & -i\\ i & 0\end{bmatrix}\begin{bmatrix}0 & 1\\ 1 & 0\end{bmatrix}\\ &= \begin{bmatrix}i & 0\\ 0 & -i\end{bmatrix}+\begin{bmatrix}-i & 0\\ 0 & i\end{bmatrix}=\begin{bmatrix}0 & 0\\ 0 & 0\end{bmatrix}=\mathbf{0}\end{aligned}$$

6

$$\sigma_y\sigma_z + \sigma_z\sigma_y = \begin{bmatrix} 0 & -i \\ i & 0 \end{bmatrix}\begin{bmatrix} 1 & 0 \\ 0 & -1 \end{bmatrix} + \begin{bmatrix} 1 & 0 \\ 0 & -1 \end{bmatrix}\begin{bmatrix} 0 & -i \\ i & 0 \end{bmatrix}$$

$$= \begin{bmatrix} 0 & i \\ i & 0 \end{bmatrix} + \begin{bmatrix} 0 & -i \\ -i & 0 \end{bmatrix} = \mathbf{0}$$

$$\sigma_z\sigma_x + \sigma_x\sigma_z = \begin{bmatrix} 1 & 0 \\ 0 & -1 \end{bmatrix}\begin{bmatrix} 0 & 1 \\ 1 & 0 \end{bmatrix} + \begin{bmatrix} 0 & 1 \\ 1 & 0 \end{bmatrix}\begin{bmatrix} 1 & 0 \\ 0 & -1 \end{bmatrix}$$

$$= \begin{bmatrix} 0 & 1 \\ -1 & 0 \end{bmatrix} + \begin{bmatrix} 0 & -1 \\ 1 & 0 \end{bmatrix} = \mathbf{0}$$

問題 3.3　題意が成り立つとし任意の 2×2 の行列に対して

$$\begin{bmatrix} a_{11} & a_{12} \\ a_{21} & a_{22} \end{bmatrix} = A\begin{bmatrix} 1 & 0 \\ 0 & 1 \end{bmatrix} + B\begin{bmatrix} 0 & 1 \\ 1 & 0 \end{bmatrix} + C\begin{bmatrix} 0 & -i \\ i & 0 \end{bmatrix} + D\begin{bmatrix} 1 & 0 \\ 0 & -1 \end{bmatrix}$$

と書けるとする．両辺の各行列要素を比較すると

$$A + D = a_{11}, \quad B - iC = a_{12}, \quad B + iC = a_{21}, \quad A - D = a_{22}$$

が成り立つ．したがって，A, B, C, D は

$$A = \frac{a_{11} + a_{22}}{2}, \quad B = \frac{a_{12} + a_{21}}{2}, \quad C = \frac{i(a_{12} - a_{21})}{2}, \quad D = \frac{a_{11} - a_{22}}{2}$$

と求まる．あるいは

$$\begin{bmatrix} 1 & 1 & 0 & 0 \\ 1 & -1 & 0 & 0 \\ 0 & 0 & 1 & -i \\ 0 & 0 & 1 & i \end{bmatrix}\begin{bmatrix} A \\ D \\ B \\ C \end{bmatrix} = \begin{bmatrix} a_{11} \\ a_{22} \\ a_{12} \\ a_{21} \end{bmatrix}, \quad \begin{vmatrix} 1 & 1 & 0 & 0 \\ 1 & -1 & 0 & 0 \\ 0 & 0 & 1 & -i \\ 0 & 0 & 1 & i \end{vmatrix} = -4i$$

で，係数の作る行列式が 0 でないから連立方程式は解けることになる．

問題 3.4　$J = 1$ だと M は $M = 1, 0, -1$ となる．(6.14), (6.15)（p.67）により $D_+\psi_1 = 0$, $D_+\psi_0 = \sqrt{2}\,\psi_1$, $D_+\psi_{-1} = \sqrt{2}\,\psi_0$, $D_-\psi_1 = \sqrt{2}\,\psi_0$, $D_-\psi_0 = \sqrt{2}\,\psi_{-1}$, $D_-\psi_{-1} = 0$ で，また (6.16) により $\boldsymbol{D}^2\psi_M = 2\psi_M$ が成り立つ．これらの結果を使い次式が得られる．

$$L_x = \frac{\hbar}{\sqrt{2}}\begin{bmatrix} 0 & 1 & 0 \\ 1 & 0 & 1 \\ 0 & 1 & 0 \end{bmatrix}, \quad L_y = \frac{\hbar}{\sqrt{2}}\begin{bmatrix} 0 & -i & 0 \\ i & 0 & -i \\ 0 & i & 0 \end{bmatrix}$$

$$L_z = \hbar\begin{bmatrix} 1 & 0 & 0 \\ 0 & 0 & 0 \\ 0 & 0 & -1 \end{bmatrix}, \quad \boldsymbol{L}^2 = 2\hbar^2\begin{bmatrix} 1 & 0 & 0 \\ 0 & 1 & 0 \\ 0 & 0 & 1 \end{bmatrix}$$

問題 4.1　箱の体積を V とすれば，スピンが上向きか下向きに従い，次のようになる．

$$\psi_r(1) = \frac{e^{i\boldsymbol{k}\cdot\boldsymbol{r}}}{\sqrt{V}}\,\alpha(s), \quad \psi_r(1) = \frac{e^{i\boldsymbol{k}\cdot\boldsymbol{r}}}{\sqrt{V}}\,\beta(s)$$

問題 4.2　$\psi(1, 2, 3) = \psi_r(1)\psi_r(2)\psi_r(3)$

6

問題 5.1 $E_{\mathrm{F}} = \dfrac{\hbar^2}{2m}(3\pi^2\rho)^{2/3}$

問題 5.2 基底状態のエネルギーは以下のように計算される．

$$E = \frac{2V}{(2\pi)^3}\int \frac{\hbar^2 k^2}{2m} d\boldsymbol{k} = \frac{V\hbar^2}{2m\pi^2}\int_0^{k_{\mathrm{F}}} k^4 dk = \frac{V\hbar^2 {k_{\mathrm{F}}}^5}{10m\pi^2}$$

$\hbar^2 {k_{\mathrm{F}}}^2/2m = E_{\mathrm{F}}, {k_{\mathrm{F}}}^3 = 3\pi^2\rho = 3\pi^2 N/V$ に注意すれば $E/N = (3/5)E_{\mathrm{F}}$ が導かれる．

問題 5.3 銀は貴金属で 1 価元素であるから，1 モルの銀中にはモル分子数 6.02×10^{23} 個の電子が含まれ，電子の数密度 ρ は $\rho = 6.02\times10^{23}/10.3\,\mathrm{cm}^{-3} = 5.84\times10^{28}\mathrm{m}^{-3}$ でフェルミ波数 k_{F} は $k_{\mathrm{F}} = (3\pi^2\rho)^{1/3} = 1.20\times10^{10}\mathrm{m}^{-1}$ となる．$\hbar = 1.055\times10^{-34}\,\mathrm{J\cdot s}$, $m = 9.11\times10^{-31}\,\mathrm{kg}$ を使うとフェルミエネルギー E_{F} は次のようになる．

$$E_{\mathrm{F}} = \frac{1.055^2\times10^{-68}\mathrm{J}^2\cdot\mathrm{s}^2\times1.20^2\times10^{20}\,\mathrm{m}^{-2}}{2\times9.11\times10^{-31}\mathrm{kg}} = 8.80\times10^{-19}\,\mathrm{J}$$

問題 5.4 ボルツマン定数 $k_{\mathrm{B}} = 1.38\times10^{-23}\mathrm{J/K}$ を使い T_{F} は次のように計算される．

$$T_{\mathrm{F}} = \frac{8.80\times10^{-19}\,\mathrm{J}}{1.38\times10^{-23}\mathrm{J/K}} = 6.38\times10^4\mathrm{K}$$

7 章の解答

7

問題 1.1 例題 1 中の (2)（p.76）に $\psi_1 = \sum a_m u_m$ を代入すると

$$H_0\Big(\sum_m a_m u_m\Big) + H' u_n = E_n \sum_m a_m u_m + W_1 u_n$$

となる．H_0 が線形であることに注意すれば

$$\sum_m a_m E_m u_m + H' u_n = E_n \sum_m a_m u_m + W_1 u_n$$

が得られる．左側から ${u_k}^*$ を掛け領域 Ω 内で積分し，規格直交性を利用すると

$$E_k a_k + \int_\Omega {u_k}^* H' u_n dV = E_n a_k + W_1 \delta_{nk}$$

と書ける．上式で行列の記号を使えば (5) が導かれる．例題 1 中の (3) により

$$\sum_m b_m E_m u_m + H' \sum_m a_m u_m = E_n \sum_m b_m u_m + W_1 \sum_m a_m u_m + W_2 u_n$$

となる．上式に ${u_k}^*$ を掛け積分すると

$$b_k E_k + \sum_m a_m H'_{km} = E_n b_k + W_1 a_k + W_2 \delta_{nk}$$

となって (7) が得られる．

問題 1.2 ψ の規格化の条件から

$$\int_\Omega ({\psi_0}^* + \lambda{\psi_1}^* + \lambda^2{\psi_2}^* + \cdots)(\psi_0 + \lambda\psi_1 + \lambda^2\psi_2 + \cdots)dV = 1$$

と書ける．ψ_0 は規格化されているとすれば，λ の項を考慮し

$$\int_{\Omega} (u_n{}^* \psi_1 + \psi_1{}^* u_n) dV = 0$$

が求まり，これから $a_n{}^* + a_n = 0$ となる．よって，a_n が実数なら $a_n = 0$ である．

問題 1.3　ψ の規格化で λ^2 の項を考え

$$\int_{\Omega} (u_n{}^* \psi_2 + \psi_1{}^* \psi_1 + \psi_2{}^* u_n) dV = 0$$

となる．したがって

$$b_n + b_n{}^* + \sum_m |a_m|^2 = 0$$

と書ける．b_n が実数とすれば，次式が成り立つ．

$$b_n = -\frac{1}{2} \sum_m |a_m|^2$$

問題 1.4　H' はエルミート演算子で $H'_{nm}{}^* = H'_{mn}$ が成り立ち

$$H'_{nm} H'_{mn} = |H'_{nm}|^2 \geq 0$$

と書ける．非摂動系の基底状態のエネルギーを E_0 とすれば，仮定によりこの状態は縮退していないから $(E_0 - E_m) < 0$ となる．したがって，次の関係が成り立つ．

$$W_2 = \sum_m{}' \frac{|H'_{nm}|^2}{E_0 - E_m} \leq 0$$

問題 2.1　復元力 F は $F = -\partial U(x)/\partial x$ と書けるが，例題 2 中の (1) により

$$F = -m\omega^2 x - 4\lambda x^3$$

となる．よって，$\lambda > 0$ だと同じ x の値での復元力の大きさは調和振動のときより大きくなり結果的に ω が大きくなるのと同じで，このためエネルギー準位が上がる．

問題 2.2　例題 2 中の (4) の $u_n(x)$ には次の規格直交性が成立する．

$$\int_{-\infty}^{\infty} u_n{}^*(x) u_m(x) dx = \delta_{nm}$$

これからわかるように $n \neq m$ であれば

$$\int_{-\infty}^{\infty} H_n(\xi) H_m(\xi) e^{-\xi^2} d\xi = 0$$

となる．$x = b\xi$ の関係を使うと

$$\langle x^4 \rangle_n = \frac{\displaystyle\int_{-\infty}^{\infty} x^4 u_n{}^2(x) dx}{\displaystyle\int_{-\infty}^{\infty} u_n{}^2(x) dx} = \frac{\displaystyle\int_{-\infty}^{\infty} (b\xi)^4 N_n{}^2 H_n{}^2(\xi) e^{-\xi^2} b d\xi}{\displaystyle\int_{-\infty}^{\infty} N_n{}^2 H_n{}^2(\xi) e^{-\xi^2} b d\xi}$$

$$= b^4 \frac{\displaystyle\int_{-\infty}^{\infty} \xi^4 H_n{}^2(\xi) e^{-\xi^2} d\xi}{\displaystyle\int_{-\infty}^{\infty} H_n{}^2(\xi) e^{-\xi^2} d\xi}$$

となる．エルミート多項式の漸化式（問題 7.2, p.26）

$$\xi H_n(\xi) = nH_{n-1}(\xi) + \frac{1}{2}H_{n+1}(\xi)$$

を利用すると

$$\begin{aligned}
\xi^2 H_n(\xi) &= n\xi H_{n-1}(\xi) + \frac{1}{2}\xi H_{n+1}(\xi) \\
&= n\left[(n-1)H_{n-2} + \frac{1}{2}H_n\right] + \frac{1}{2}\left[(n+1)H_n + \frac{1}{2}H_{n+2}\right] \\
&= n(n-1)H_{n-2} + \left(n + \frac{1}{2}\right)H_n + \frac{1}{4}H_{n+2}
\end{aligned}$$

となり，再び前式を使うと

$$\begin{aligned}
\xi^4 H_n(\xi) &= n(n-1)\xi^2 H_{n-2} + \left(n+\frac{1}{2}\right)\xi^2 H_n + \frac{1}{4}\xi^2 H_{n+2} \\
&= n(n-1)\left[(n-2)(n-3)H_{n-4} + \left(n-2+\frac{1}{2}\right)H_{n-2} + \frac{1}{4}H_n\right] \\
&\quad + \left(n+\frac{1}{2}\right)\left[n(n-1)H_{n-2} + \left(n+\frac{1}{2}\right)H_n + \frac{1}{4}H_{n+2}\right] \\
&\quad + \frac{1}{4}\left[(n+2)(n+1)H_n + \left(n+2+\frac{1}{2}\right)H_{n+2} + \frac{1}{4}H_{n+4}\right] \\
&= \left[\frac{n(n-1)}{4} + \left(n+\frac{1}{2}\right)^2 + \frac{(n+2)(n+1)}{4}\right]H_n \\
&\quad + (H_{n-4}, H_{n-2}, H_{n+2}, H_{n+4})
\end{aligned}$$

が得られる．$(H_{n-4}, H_{n-2}, H_{n+2}, H_{n+4})$ の項は $\langle x^4 \rangle_n$ の計算の際，直交性のため 0 となる．こうして

$$\int_{-\infty}^{\infty} \xi^4 {H_n}^2(\xi) e^{-\xi^2} d\xi = \left[\cdots\right] \int_{-\infty}^{\infty} {H_n}^2(\xi) e^{-\xi^2} d\xi$$

と書け，$\langle x^4 \rangle_n$ は以下のように計算される．

$$\begin{aligned}
\langle x^4 \rangle_n &= b^4 \left[\frac{n(n-1)}{4} + \left(n+\frac{1}{2}\right)^2 + \frac{(n+2)(n+1)}{4}\right] \\
&= \left(\frac{\hbar}{m\omega}\right)^2 \frac{1}{4}[n(n-1) + 4n^2 + 4n + 1 + n^2 + 3n + 2] \\
&= \left(\frac{\hbar}{m\omega}\right)^2 \frac{1}{4}(6n^2 + 6n + 3) = \left(\frac{\hbar}{m\omega}\right)^2 \frac{3}{4}(2n^2 + 2n + 1)
\end{aligned}$$

問題 2.3 ハミルトニアンは

$$H = -\frac{\hbar^2}{2m}\frac{d^2}{dx^2} + \frac{m\omega^2 x^2}{2} + \lambda x$$

と書ける．右辺第 2, 3 項を

$$\begin{aligned}
\frac{m\omega^2 x^2}{2} + \lambda x &= \frac{m\omega^2}{2}\left(x^2 + \frac{2\lambda x}{m\omega^2} + \frac{\lambda^2}{m^2\omega^4} - \frac{\lambda^2}{m^2\omega^4}\right) \\
&= \frac{m\omega^2}{2}\left(x + \frac{\lambda}{m\omega^2}\right)^2 - \frac{\lambda^2}{2m\omega^2}
\end{aligned}$$

と変形し，$x+\lambda/m\omega^2$ を新たな変数 x' に変換したとすれば，H は

$$H=-\frac{\hbar^2}{2m}\frac{d^2}{dx'^2}+\frac{m\omega^2x'^2}{2}-\frac{\lambda^2}{2m\omega^2}$$

となる．右辺第 1, 2 項は 1 次元調和振動子を表すから量子数 n に相当するエネルギー固有値を $W^{(n)}$ とすれば，次式が得られる．

$$W^{(n)}=\hbar\omega\left(n+\frac{1}{2}\right)-\frac{\lambda^2}{2m\omega^2}$$

エネルギーに対する 2 次の摂動項

$$W_2={\sum_m}'\frac{H'_{nm}H'_{mn}}{E_n-E_m}$$

で分子の $H'_{nm}H'_{mn}$ は最初の状態 n から**中間状態** m を経て元の状態 n に戻る過程を表すと考えられる．分母の (E_n-E_m) はこの 2 つの状態のエネルギー差を意味し，分母の形になっているので，これを**エネルギー分母**という．いまの場合，摂動項は λx であるが，p.39 の例題 6 により，b は実数であることに注意し

$$x_{n-1,n}=x_{n,n-1}=b\sqrt{\frac{n}{2}}\qquad(E_n-E_m=\hbar\omega)$$

$$x_{n+1,n}=x_{n,n+1}=b\sqrt{\frac{n+1}{2}}\quad(E_n-E_m=-\hbar\omega)$$

と書け，これ以外の行列要素は 0 である．したがって

$$W_2=\lambda^2b^2\frac{n}{2\hbar\omega}-\lambda^2b^2\frac{n+1}{2\hbar\omega}=-\frac{\hbar}{m\omega}\frac{\lambda^2}{2\hbar\omega}=-\frac{\lambda^2}{2m\omega^2}$$

となって，厳密な結果と一致する．

問題 3.1　H_0 はエルミート演算子であるから

$$\langle u_{n\gamma}\,|\,H_0\,|\psi^{(1)}_{n\alpha}\rangle^*=\langle\psi^{(1)}_{n\alpha}\,|\,H_0\,|\,u_{n\gamma}\rangle=E_n\langle\psi^{(1)}_{n\alpha}\,|\,u_{n\gamma}\rangle=E_n\langle u_{n\gamma}\,|\,\psi^{(1)}_{n\alpha}\rangle^*$$

が成り立つ．上式の共役複素数をとると E_n は実数であるから

$$\langle u_{n\gamma}\,|\,H_0\,|\psi^{(1)}_{n\alpha}\rangle=E_n\langle u_{n\gamma}\,|\,\psi^{(1)}_{n\alpha}\rangle\qquad\therefore\quad\int_\Omega u_{n\gamma}{}^*(H_0-E_n)\psi^{(1)}_{n\alpha}dV=0$$

と書け，(7) が導かれる．

問題 3.2　摂動が加わったときのエネルギー固有値 $W(\lambda)$ を λ の関数とみなす．$\lambda=0$ のまわりで $W(\lambda)$ が正則であれば $W(\lambda)$ は λ のべき級数で表され，それは摂動展開と一致するはずである．$\lambda=0$ が $W(\lambda)$ の特異点だと摂動展開は収束しない．見かけ上 λ のべき級数が得られることがあるがそれは漸近展開である．一般に特異点は極，$\lambda^{3/2}$ のような分岐点，$e^{-A/\lambda}$（A は定数）のような真性特異点に分類される．この種の挙動を理解するには摂動展開以外の方法が必要となる．

問題 4.1　$\lambda=1$ だと例題 4 中の (1)（p.80）により $\alpha=2/a$ となる．よって，$\rho=\alpha r=2r/a$ が成り立つ．R は $R=F(\rho)e^{-\rho/2}$ と書けるが，1s 状態で $F(\rho)=a_0$ となる．こうして $R(r)=a_0e^{-r/a}$ と表される．規格化の条件から $a_0=2a^{-3/2}$ となり，$Y_{00}=1/\sqrt{4\pi}$ を使う

7

と，規格化された固有関数は次のようになる．

$$\psi_{1s} = \frac{1}{\sqrt{\pi a^3}} e^{-r/a}$$

電場が加わったときの摂動ハミルトニアンは eEz で与えられる．ψ_{1s} は球対称であるから

$$\int \psi_{1s}{}^* z \psi_{1s} dV = 0$$

となる．このため，1 次の摂動エネルギーは 0 となる．

問題 4.2 $\displaystyle\int \psi_{2s}{}^* z \psi_{2p0} dV$

$$= \frac{1}{\sqrt{8a^3}} \frac{1}{\sqrt{24a^3}} \int e^{-r/a} \left(\frac{r}{a} - 2\right) \frac{r}{a} \frac{\sqrt{3}}{4\pi} \cos\theta \, r \cos\theta \, r^2 \sin\theta dr d\theta d\varphi$$

$$= \frac{a}{\sqrt{8 \cdot 24}} \frac{\sqrt{3}}{2} \int_0^\infty e^{-x} x^4 (x-2) dx \int_0^\pi \cos^2\theta \sin\theta d\theta$$

$$= \frac{a}{16}(5! - 2 \cdot 4!) \left[-\frac{\cos^3\theta}{3}\right]_0^\pi = \frac{a}{16}(120 - 48)\frac{2}{3} = \frac{a}{24} \cdot 72 = 3a$$

問題 4.3 下図のようになる．

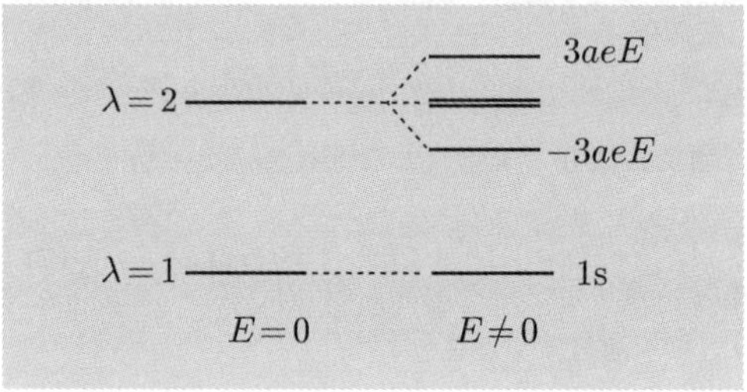

問題 5.1 $2\mu^2 r^2 = x$ とおけば

$$r = \frac{x^{1/2}}{\sqrt{2}\,\mu}, \quad dr = \frac{x^{-1/2}}{2\sqrt{2}\,\mu} dx$$

で例題 5 中の (2) の分母は次のように計算される．

$$\int_0^\infty e^{-2\mu^2 r^2} r^2 dr = \int_0^\infty e^{-x} \frac{x}{2\mu^2} \frac{x^{-1/2}}{2\sqrt{2}\,\mu} dx = \frac{\Gamma(3/2)}{4\sqrt{2}\,\mu^3} = \frac{\sqrt{\pi}}{8\sqrt{2}\,\mu^3} \qquad (1)$$

いまの場合，ハミルトニアンは

$$H = -\frac{\hbar^2}{2m}\left(\frac{d^2}{dr^2} + \frac{2}{r}\frac{d}{dr}\right) - \frac{e^2}{4\pi\varepsilon_0 r}$$

と表される．ここで

$$\frac{d}{dr} e^{-\mu^2 r^2} = -2\mu^2 r e^{-\mu^2 r^2}$$

$$\frac{d^2}{dr^2} e^{-\mu^2 r^2} = -2\mu^2 e^{-\mu^2 r^2} + 4\mu^2 r^2 e^{-\mu^2 r^2}$$

を使うと

$$He^{-\mu^2 r^2} = \frac{\hbar^2}{2m}(6\mu^2 - 4\mu^4 r^2)e^{-\mu^2 r^2} - \frac{e^2}{4\pi\varepsilon_0 r}e^{-\mu^2 r^2}$$

となる．したがって，例題 5 中の (2) の分子は次のように計算される．

$$\begin{aligned}
&\int_0^\infty e^{-\mu^2 r^2}(He^{-\mu^2 r^2})r^2 dr \\
&= \frac{\hbar^2}{2m}\int_0^\infty (6\mu^2 - 4\mu^4 r^2)r^2 e^{-2\mu^2 r^2}dr - \frac{e^2}{4\pi\varepsilon_0}\int_0^\infty e^{-2\mu^2 r^2} r dr \\
&= \frac{\hbar^2}{4\sqrt{2}\,m\mu}\int_0^\infty (3e^{-x}x^{1/2} - e^{-x}x^{3/2})dx - \frac{e^2}{16\pi\varepsilon_0\mu^2} \\
&= \frac{\hbar^2}{4\sqrt{2}\,m\mu}\left(\frac{3\sqrt{\pi}}{2} - \frac{3\sqrt{\pi}}{4}\right) - \frac{e^2}{16\pi\varepsilon_0\mu^2} \\
&= \frac{\hbar^2}{4\sqrt{2}\,m\mu}\frac{3\sqrt{\pi}}{4} - \frac{e^2}{16\pi\varepsilon_0\mu^2} \qquad (2)
\end{aligned}$$

(2) を (1) で割ると $I(\mu)$ は次のように求まる．

$$I(\mu) = \frac{3\hbar^2\mu^2}{2m} - \frac{\sqrt{2}\,e^2\mu}{2\pi^{3/2}\varepsilon_0} = \frac{3\hbar^2}{2m}\left(\mu^2 - \frac{\sqrt{2}\,me^2\mu}{3\hbar^2\pi^{3/2}\varepsilon_0}\right)$$

上式を変形すれば例題 5 で述べた結果が得られる．

問題 5.2　試行関数として

$$\psi = Ce^{-\mu r}$$

を考えたとき，$I(\mu)$ は

$$I(\mu) = \frac{\displaystyle\int_0^\infty e^{-\mu r}(He^{-\mu r})r^2 dr}{\displaystyle\int_0^\infty e^{-2\mu r}r^2 dr}$$

と表される．上式の分母は

$$分母 = \int_0^\infty \frac{x^2}{(2\mu)^3}e^{-x}dx = \frac{2}{8\mu^3} = \frac{1}{4\mu^3}$$

となり，また分子は

$$\begin{aligned}
分子 &= -\frac{\hbar^2}{2m}\int_0^\infty (\mu^2 e^{-2\mu r}r^2 - 2\mu e^{-2\mu r}r)dr - \frac{e^2}{4\pi\varepsilon_0}\int_0^\infty e^{-2\mu r} r dr \\
&= -\frac{\hbar^2}{2m}\left(\mu^2\frac{2}{(2\mu)^3} - 2\mu\frac{1}{(2\mu)^2}\right) - \frac{e^2}{4\pi\varepsilon_0(2\mu)^2} \\
&= -\frac{\hbar^2}{2m\mu}\left(\frac{1}{4} - \frac{1}{2}\right) - \frac{e^2}{16\pi\varepsilon_0\mu^2} = \frac{\hbar^2}{8m\mu} - \frac{e^2}{16\pi\varepsilon_0\mu^2}
\end{aligned}$$

と計算され，$I(\mu)$ は

$$I(\mu) = \frac{\hbar^2}{2m}\mu^2 - \frac{e^2}{4\pi\varepsilon_0}\mu = \frac{\hbar^2}{2m}\left(\mu - \frac{me^2}{4\pi\varepsilon_0\hbar^2}\right)^2 - \frac{me^4}{2\hbar^2(4\pi\varepsilon_0)^2}$$

となる．ボーア半径 a は

7

$$a = \frac{4\pi\varepsilon_0\hbar^2}{me^2}$$

で与えられるので，$I(\mu)$ は $\mu = 1/a$ のとき最小で，最小値は厳密値と一致する．

問題 5.3 試行関数を H の固有関数で展開するとき，仮定により試行関数は $\psi_0, \psi_1, \psi_2, \cdots, \psi_{m-1}$ と直交するからこれらの成分を含まず

$$\psi = A_m\psi_m + A_{m+1}\psi_{m+1} + \cdots$$

と展開される．エネルギーの大きさの順に状態を番号づけたとすれば (7.18)（p.82）と同じように

$$W_m \leq \int \psi^* H\psi dV \bigg/ \int \psi^*\psi dV$$

と書け，励起状態に対する変分原理が得られる．$H = H_0 + \lambda H'$ のハミルトニアンに対し問題 1.2（p.76）で学んだように各固有関数は λ の程度まで規格直交系を構成するとしてよい．非摂動系で $u_1, u_2, \cdots, u_k$ が k 重に縮退していて，非摂動エネルギーは E_m であるとする．λ の程度までこれらは H の固有関数と直交しているとみなされるので，励起状態に対する変分原理が適用できる．試行関数を

$$\psi = \sum C_\alpha u_\alpha \quad (\alpha = 1, 2, \cdots, k)$$

とすれば (7.15)（p.82）の $I[\psi]$ は

$$I[\psi] = \int \sum C_\alpha{}^* u_\alpha{}^*(H_0 + \lambda H' - W)\sum C_\beta u_\beta dV$$

と書ける．$C^* \to C^* + \delta C^*$ という変分をとり，$\delta C_\alpha{}^*$ の係数を 0 とおけば

$$\sum_\beta [(E_m - W)\delta_{\alpha\beta} + \lambda H'_{\alpha\beta}]C_\beta = 0 \quad (\alpha = 1, 2, \cdots, k)$$

が得られる．$W = E_m + \lambda W^{(1)}$ とおけば $\sum(H'_{\alpha\beta} - W^{(1)}\delta_{\alpha\beta})C_\beta = 0$ となって (7.13)（p.78）の永年方程式が導かれる．

問題 6.1 (7.22)（p.84）を時間に依存するシュレーディンガー方程式に代入すると

$$i\hbar\sum_k \left(\dot{a_k} u_k e^{-iE_k t/\hbar} - \frac{i}{\hbar}E_k a_k u_k e^{-iE_k t/\hbar}\right)$$
$$= \sum_k E_k a_k u_k e^{-iE_k t/\hbar} + \lambda H' \sum_k a_k u_k e^{-iE_k t/\hbar}$$

が得られる．左辺第 2 項と右辺第 1 項は打ち消し合い，両辺に左側から $u_m{}^*$ を掛け領域 Ω 内で積分し，行列の記号を使えば規格直交性を利用して

$$i\hbar\dot{a_m} e^{-iE_m t/\hbar} = \lambda\sum_k H'_{mk} a_k e^{-iE_k t/\hbar}$$

となる．(7.24) を使えば (7.23) が導かれる．

問題 6.2 (7.27) で $s = 0$ とおき，初期条件を使えば

$$\dot{a_m}{}^{(1)} = \frac{1}{i\hbar}H'_{mn}e^{i\omega_{mn}t}$$

である．$m \neq n$ とすれば，$t = 0$ で $a_m{}^{(1)} = 0$ であるから上式を t で積分し

$$a_m{}^{(1)} = \frac{H'_{mn}}{i\hbar}\frac{e^{i\omega_{mn}t}-1}{i\omega_{mn}}$$

が得られる．終状態が離散的なら上式を使い波動関数の 1 次の u_m の係数（**確率振幅**）が求まる．$x = i\omega_{mn}t$ とおけば

$$e^{ix} - 1 = e^{ix/2}(e^{ix/2} - e^{-ix/2}) = 2ie^{ix/2}\sin\frac{x}{2}$$

となり，上式を利用すれば例題 6 中の関係が導かれる．

問題 6.3　本文で示したように $t \to \infty$ の極限で $\sin^2(\omega t/2)/\omega^2 = A\delta(\omega)$ と表すことができる．上式中の A を決めるため，両辺を ω に関し $-\infty$ から ∞ まで積分する．右辺は δ 関数の定義により A に等しくなる．こうして次式が得られる．

$$A = \int_{-\infty}^{\infty}\frac{\sin^2(\omega t/2)}{\omega^2}d\omega$$

右辺の積分は $\omega t/2 = x$ と積分変数の変換を行うと

$$\begin{aligned} A &= \frac{t}{2}\int_{-\infty}^{\infty}\frac{\sin^2 x}{x^2}dx = \frac{t}{2}\left[-\frac{\sin^2 x}{x}\bigg|_{-\infty}^{\infty} + \int_{-\infty}^{\infty}\frac{2\sin x\cos x}{x}dx\right] \\ &= \frac{t}{2}\int_{-\infty}^{\infty}\frac{\sin 2x}{x}dx = \frac{\pi t}{2} \end{aligned}$$

という結果が導かれる．なお $\sin 2x/x$ の積分に関しては森口，宇田川，一松著：数学公式 I（岩波書店，1956）p.251 を参照せよ．このような手続きで与式が証明されるので，それを利用すれば (7.28) が得られる．

問題 7.1　図のように $\boldsymbol{k}, \boldsymbol{k}_0$ を表せば，$\boldsymbol{K} = \boldsymbol{k} - \boldsymbol{k}_0$ であるから $\boldsymbol{K}$ は A から B へ向かうベクトルとなる．$|\boldsymbol{k}| = |\boldsymbol{k}_0| = k$ とすれば △OAB は二等辺三角形で K は次のようになる．

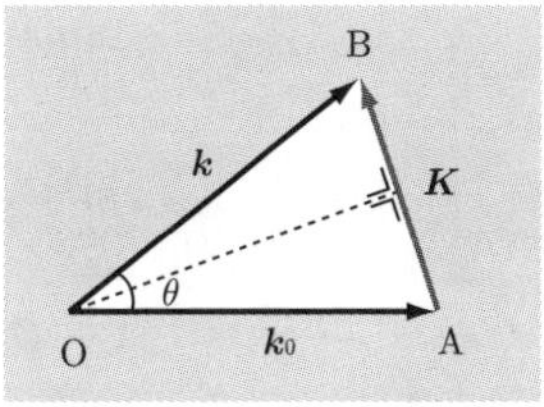

$$K = 2k\sin\frac{\theta}{2}$$

問題 7.2　Ω を無限空間にとる．例題 7 中の (1)（p.86）の右式で $-\boldsymbol{q}$ を z 軸にとり $\boldsymbol{r}$ を表すのに極座標を導入すると

$$-\boldsymbol{q}\cdot\boldsymbol{r} = qr\cos\theta$$

と書ける．仮定により $U(\boldsymbol{r})$ は r の関数であるから，$\nu(\boldsymbol{q})$ は

$$\nu(\boldsymbol{q}) = \int_0^{2\pi}d\varphi\int_0^{\infty}U(r)r^2dr\int_0^{\pi}e^{iqr\cos\theta}\sin\theta d\theta$$

となる．いまの場合，$\nu(\boldsymbol{q})$ は q の関数となる．$\cos\theta = x$ と変数変換すれば

$$\begin{aligned} \nu(q) &= 2\pi\int_0^{\infty}U(r)r^2dr\int_{-1}^{1}e^{iqrx}dx = 2\pi\int_0^{\infty}U(r)r^2dr\frac{e^{iqr}-e^{-iqr}}{iqr} \\ &= \frac{4\pi}{q}\int_0^{\infty}U(r)r\sin qrdr \end{aligned}$$

と書ける．$U(r) = e^2 e^{-\kappa r}/4\pi\varepsilon_0 r$ のときには，次のように計算される．

$$\nu(q) = \frac{e^2}{\varepsilon_0 q}\int_0^\infty e^{-\kappa r}\sin qr dr = \frac{e^2}{\varepsilon_0}\frac{1}{\kappa^2+q^2}$$

問題 7.3 上記の r に関する積分は $\kappa = 0$ とおくと不定になってしまう．しかし，問題文中にある $\nu(q) = e^2/\varepsilon_0 q^2$ を (1) の左式に代入し，$\boldsymbol{q}$ に関する和を $\boldsymbol{q}$ 空間での積分の置き換えると

$$\begin{aligned} U(\boldsymbol{r}) &= \frac{e^2}{(2\pi)^3\varepsilon_0}\int \frac{e^{i\boldsymbol{q}\cdot\boldsymbol{r}}}{q^2}d\boldsymbol{q} = \frac{e^2}{4\pi^2\varepsilon_0}\int_0^\infty dq\int_0^\pi e^{iqr\cos\theta}\sin\theta d\theta \\ &= \frac{e^2}{8\pi^2\varepsilon_0 r}\int_0^\infty \frac{\sin qr}{q}dq \end{aligned}$$

と書ける．問題 6.3 で述べたのと同様に上の q に関する積分は r とは無関係で $\pi/2$ に等しいので

$$U(\boldsymbol{r}) = \frac{e^2}{4\pi\varepsilon_0 r}$$

と計算されクーロンポテンシャルが得られる．

8 章の解答

問題 1.1 $\boldsymbol{S}$ は $\nabla\psi$ あるいは $\nabla\psi^*$ を含んでいるので ψ が x だけの関数だと S_y, S_z は 0 となり S_x だけが 0 でない．$x \to -\infty$ では

$$\begin{aligned} S(x) &= \frac{\hbar}{2im}[(A^*e^{-ikx} + B^*e^{ikx})(ikAe^{ikx} - ikBe^{-ikx}) \\ &\qquad - (-ikA^*e^{-ikx} + ikB^*e^{ikx})(Ae^{ikx} + Be^{-ikx})] \\ &= \frac{\hbar k}{m}(|A|^2 - |B|^2) \end{aligned}$$

となる．$x \to \infty$ では $A \to C,\ B = 0$ として題意が得られる．

8

問題 1.2 エネルギー固有値が決まっていると，1 次元のシュレーディンガー方程式およびその複素共役は

$$-\frac{\hbar^2}{2m}\frac{d^2\psi}{dx^2} + U(x)\psi = E\psi, \quad -\frac{\hbar^2}{2m}\frac{d^2\psi^*}{dx^2} + U(x)\psi^* = E\psi^*$$

と書ける．左式に ψ^*，右式に $-\psi$ を掛け，両式を加えると

$$\psi^*\frac{d^2\psi}{dx^2} - \psi\frac{d^2\psi^*}{dx^2} = 0 \qquad \therefore \quad \psi^*\frac{d\psi}{dx} - \psi\frac{d\psi^*}{dx} = 一定$$

が得られる．すなわち，$S(x)$ は定数となり問題 1.1 の結果を使えば $|A|^2 - |B|^2 = |C|^2$ が導かれる．これを $|A|^2$ で割り反射率，透過率の定義を使えば $R + T = 1$ が示される．

問題 2.1 $\psi(x)$ を x の関数として図示したとき，次の図のように $x = a$ のところで $d\psi/dx$ が不連続であるとする．$d^2\psi/dx^2$ を a 近傍で x に関し積分すると ε を正の微小量として

$$\int_{a-\varepsilon}^{a+\varepsilon} \frac{d^2\psi}{d^2x} dx = \left(\frac{d\psi}{dx}\right)_{a+\varepsilon} - \left(\frac{d\psi}{dx}\right)_{a-\varepsilon}$$

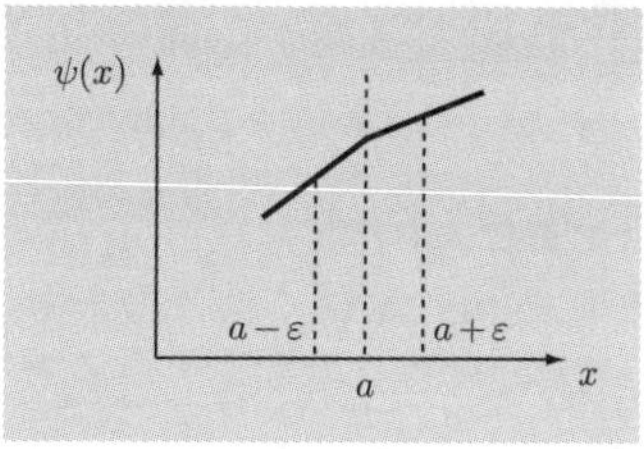

となる．上の関係は

$$\frac{d^2\psi}{dx^2} = \left[\left(\frac{d\psi}{dx}\right)_{a+\varepsilon} - \left(\frac{d\psi}{dx}\right)_{a-\varepsilon}\right]\delta(x-a)$$

を意味し，シュレーディンガー方程式中に δ 関数の出現することがわかる．ポテンシャルが $U_0\delta(x-a)$ のときシュレーディンガー方程式は

$$-\frac{\hbar^2}{2m}\frac{d^2\psi}{dx^2} + U_0\delta(x-a)\psi = E\psi$$

と表される．この式を x に関し $a-\varepsilon$ から $a+\varepsilon$ まで積分すれば

$$-\frac{\hbar^2}{2m}\left[\left(\frac{d\psi}{dx}\right)_{a+\varepsilon} - \left(\frac{d\psi}{dx}\right)_{a-\varepsilon}\right] + U_0\psi(a) = 0$$

が得られ，$\psi(a) \neq 0$ であれば $x = a$ で $d\psi/dx$ は不連続となる．

問題 2.2　$\psi_1(0) = 0$ は $x = 0$ が固定端，${\psi_2}'(0) = 0$ は $x = 0$ が自由端であるような振動に対応する．

問題 3.1　$\beta a \gg 1$ のときには $\mathrm{sh}\,\beta a \simeq e^{\beta a}/2$ とおけ，これを使えば与式が導かれる．

問題 3.2　$m = 9.11 \times 10^{-31}\mathrm{kg}$, $\hbar = 1.05 \times 10^{-34}\mathrm{J{\cdot}s}$, $1\,\mathrm{eV} = 1.60 \times 10^{-19}\,\mathrm{J}$ を使うと

$$\beta = \frac{\sqrt{2 \times 9.11 \times 10^{-31} \times 2 \times 1.60 \times 10^{-19}}}{1.05 \times 10^{-34}}\,\mathrm{m}^{-1} = 7.27 \times 10^9\mathrm{m}^{-1}$$

と計算され $\beta a = 3.64$ である．この βa に対し $\mathrm{sh}\,\beta a = 19.0$ となる．また

$$\frac{E(U_0 - E)}{{U_0}^2} = \frac{2}{9} = 0.222\cdots$$

で T は $0.888/(19.0^2 + 0.888) = 2.45 \times 10^{-3}$ と計算されほぼ 0.25% である．

問題 4.1　一般に $\hbar \to 0$ の極限で量子力学は古典力学に帰着する．(8.10)（p.89）で $\hbar \to 0$ とすれば WKB 近似が得られるのでこの近似は準古典近似とよばれる．より正確には $S = S_0 + \hbar S_1 + \hbar^2 S_2 + \cdots$ といったべき展開を導入し，順次 $S_0, S_1, S_2, \cdots$ を決めていけばよい．WKB 近似はその第 0 近似に相当する．

問題 4.2　$\psi_1(x), \psi_2(x)$ に対する表式を x で微分すると

$$\psi_1{}'(x) = \frac{1}{\hbar}\sqrt{2m[E - U(x)]}\cos\left[\frac{1}{\hbar}\int_0^x \sqrt{2m[E - U(x')]}\,dx'\right]$$

$$\psi_2{}'(x) = -\frac{1}{\hbar}\sqrt{2m[E - U(x)]}\sin\left[\frac{1}{\hbar}\int_0^x \sqrt{2m[E - U(x')]}\,dx'\right]$$

となる．$U(0) = U(a) = 0$ とし，$E = \hbar^2k^2/2m$ とおけば

$$\psi_1{}'(0) = k, \quad \psi_1(a) = \sin I, \quad \psi_1{}'(a) = k\cos I$$
$$\psi_2(0) = 1, \quad \psi_2(a) = \cos I, \quad \psi_2{}'(a) = -k\sin I$$

8

が得られる．したがって，例題 2（p.90）の X に対する結果

$$X = \frac{1}{\psi_1{}'(0)}[\psi_1{}'(a) - ik\psi_1(a)] + \frac{1}{\psi_2(0)}\left[\psi_2(a) - \frac{\psi_2{}'(a)}{ik}\right]$$

に上式を代入すれば

$$X = \frac{1}{k}(k\cos I - ik\sin I) + \cos I + \frac{\sin I}{i} = 2(\cos I - i\sin I)$$

となる．

問題 4.3 － の符号をとると，(8.11)（p.89）の指数関数内の符号は ＋ となり，$\hbar \to 0$ の極限で $T \to \infty$ という物理的に不合理な結果へと導く．このような理由から ＋ の符号を選ぶ必要がある．

問題 5.1 N は単位面積，単位時間当たりの粒子数であるから $[面積]^{-1}[時間]^{-1}$ の次元をもつ．(8.13) の $N\sigma(\theta,\varphi)d\Omega$ は $[時間]^{-1}$ の次元をもち立体角は無次元なため $\sigma(\theta,\varphi)$ は面積の次元をもつ．

問題 5.2 (8.13) を全立体角で積分すると

$$N\int \sigma(\theta,\varphi)d\Omega = N\sigma$$

となり，これは単位時間当たりに散乱される全粒子数を表す．図 8.9 の場合，円盤に衝突した粒子はすべて反射されるので，単位時間当たりに散乱される全粒子数は NS に等しい．S は円盤の面積 πa^2 である．

問題 6.1 例題 6 中の (2) で

$$\begin{aligned}\int_0^a r\sin Kr dr &= -\left.\frac{r\cos Kr}{K}\right|_0^a + \int_0^a \frac{\cos Kr}{K}dr \\ &= -\frac{a\cos Ka}{K} + \frac{\sin Ka}{K^2}\end{aligned}$$

と計算される．したがって

$$\nu(K) = -\frac{4\pi U_0}{K}\left(\frac{\sin Ka}{K^2} - \frac{a\cos Ka}{K}\right) = -4\pi U_0 a^3\left[\frac{\sin Ka}{(Ka)^3} - \frac{\cos Ka}{(Ka)^2}\right]$$

が得られる．これを (8.19) に代入すれば例題 6 中の (3) が導かれる．

問題 6.2 $x \to 0$ の極限で次のようになる．

$$g(x) \simeq \left(\frac{x - x^3/6 + \cdots}{x^3} - \frac{1 - x^2/2 + \cdots}{x^2}\right)^2 = \left(-\frac{1}{6} + \frac{1}{2}\right)^2 = \frac{1}{9}$$

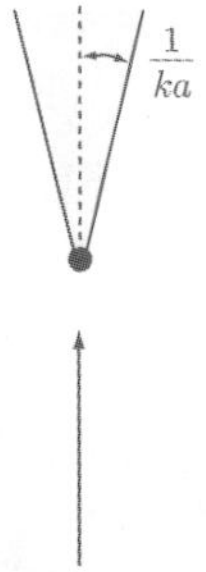

問題 6.3 大ざっぱにいって $k \sim 1/\lambda$ の程度であるから $ka \gg 1$ の条件は $\lambda \ll a$ と書ける．また $g(x)$ は $x \lesssim 1$ で鋭いピークをもつとみなせるので，この条件は $\theta \ll 1$ として

$$2ka\frac{\theta}{2} \lesssim 1 \qquad \therefore \quad \theta \lesssim \frac{1}{ka}$$

となる．よって，大部分の粒子は $\theta \sim 1/ka$ の円錐中に前方散乱される（右図）．

問題 7.1 $\rho = 0$ の近傍で $R_l = A\rho^s$ と書けるとすれば（A, s は定数），次の関係

$$\frac{d^2R_l}{d\rho^2} = As(s-1)\rho^{s-2}, \quad \frac{dR_l}{d\rho} = As\rho^{s-1}$$

が成り立つ．$\rho = 0$ の近傍で (8.24) は

$$\frac{d^2R_l}{d\rho^2} + \frac{2}{\rho}\frac{dR_l}{d\rho} - \frac{l(l+1)}{\rho^2}R_l = 0$$

と書けるので前式を代入すれば，A は共通なので落ち，s に対する

$$s(s-1) + 2s - l(l+1) = 0 \qquad \therefore \quad s^2 + s - l(l+1) = 0$$

が得られる．この式は $(s-l)(s+l+1) = 0$ と表され s は l か，$-(l+1)$ と求まる．前者は $\rho = 0$ の近傍で正則，後者は正則でない解となる．

問題 7.2　$l = 0$ とおくと

$$\frac{d}{d\rho}j_0(\rho) = -j_1(\rho), \quad \frac{d}{d\rho}n_0(\rho) = -n_1(\rho)$$

となる．$j_0(\rho) = \sin\rho/\rho$, $n_0(\rho) = -\cos\rho/\rho$ を代入し次のように計算される．

$$j_1(\rho) = -\frac{d}{d\rho}\left(\frac{\sin\rho}{\rho}\right) = \frac{\sin\rho}{\rho^2} - \frac{\cos\rho}{\rho}$$

$$n_1(\rho) = \frac{d}{d\rho}\left(\frac{\cos\rho}{\rho}\right) = -\frac{\cos\rho}{\rho^2} - \frac{\sin\rho}{\rho}$$

問題 7.3　問題 7.2 で $l = 1$ とおけば，次のようになる．

$$\begin{aligned} j_2(\rho) &= -\rho\frac{d}{d\rho}\left(\frac{j_1(\rho)}{\rho}\right) = -\rho\frac{d}{d\rho}\left(\frac{\sin\rho}{\rho^3} - \frac{\cos\rho}{\rho^2}\right) \\ &= -\rho\left(-3\frac{\sin\rho}{\rho^4} + \frac{\cos\rho}{\rho^3} + \frac{2\cos\rho}{\rho^3} + \frac{\sin\rho}{\rho^2}\right) = \frac{3\sin\rho}{\rho^3} - \frac{3\cos\rho}{\rho^2} - \frac{\sin\rho}{\rho} \\ n_2(\rho) &= -\rho\frac{d}{d\rho}\left(\frac{n_1(\rho)}{\rho}\right) = \rho\frac{d}{d\rho}\left(\frac{\cos\rho}{\rho^3} + \frac{\sin\rho}{\rho^2}\right) \\ &= \rho\left(-3\frac{\cos\rho}{\rho^4} - \frac{\sin\rho}{\rho^3} - \frac{2\sin\rho}{\rho^3} + \frac{\cos\rho}{\rho^2}\right) = -\frac{3\cos\rho}{\rho^3} - \frac{3\sin\rho}{\rho^2} + \frac{\cos\rho}{\rho} \end{aligned}$$

同様な方法で順次 j_l, n_l が計算できる．森口，宇田川，一松著：数学公式 III（岩波書店，1960）p.167 には $l = 8$ までこれらの結果が記載されている．

問題 7.4　4.4 節（p.50）で述べたように，$l = 0, 1$ に対するルジャンドル多項式は $P_0(x) = 1, P_1(x) = x$ で与えられる．一方，ホイッタカーの積分表示（p.98）において $l = 0, 1$ とおけば

$$j_0(z) = \frac{1}{2}\int_{-1}^{1} e^{izx}dx, \quad j_1(z) = \frac{1}{2i}\int_{-1}^{1} e^{izx}xdx$$

が成り立つ．実際，左式，右式を具体的に計算すると

$$j_0(z) = \frac{1}{2iz}e^{izx}\bigg|_{-1}^{1} = \frac{e^{iz} - e^{-iz}}{2iz} = \frac{\sin z}{z}$$

$$j_1(z) = -\frac{1}{2z}xe^{izx}\bigg|_{-1}^{1} + \frac{1}{2z}\int_{-1}^{1} e^{izx}dx = \frac{\sin z}{z^2} - \frac{\cos z}{z}$$

8

という結果が得られる.

問題 8.1 $l=0$ のとき, (8.27), (8.28) は $j_0(\rho), n_0(\rho)$ の定義式を与えるので, これらが成立することは明らかである. j_l に注目し, l のとき $\rho\to\infty$ の極限で

$$j_l(\rho)\to\frac{1}{\rho}\sin\left(\rho-\frac{l\pi}{2}\right)$$

が成り立つとする. 問題 7.2 (p.98) の漸化式に上式を代入すると

$$\begin{aligned}\frac{d}{d\rho}\left[\rho^{-l}j_l(\rho)\right] &= \frac{d}{d\rho}\left[\rho^{-l-1}\sin\left(\rho-\frac{l\pi}{2}\right)\right]=\rho^{-l-1}\cos\left(\rho-\frac{l\pi}{2}\right)+\mathrm{O}\left(\frac{l}{\rho^{l+2}}\right)\\ &= -\rho^{-l}j_{l+1}(\rho)\end{aligned}$$

と書け, $\rho\to\infty$ での漸近形として

$$j_{l+1}(\rho)=-\frac{1}{\rho}\cos\left(\rho-\frac{l\pi}{2}\right)=\frac{1}{\rho}\sin\left(\rho-\frac{(l+1)\pi}{2}\right)$$

が得られる. すなわち, l のとき成立した関係が $l+1$ のときにも成り立ち, 数学的帰納法により一般の l の場合に成立する. n_l のときには次の関係に注意すればよい.

$$n_l(\rho)\to-\frac{1}{\rho}\cos\left(\rho-\frac{l\pi}{2}\right)\quad(\rho\to\infty)$$

が正しければ

$$\begin{aligned}\frac{d}{d\rho}\left[\rho^{-l}n_l(\rho)\right] &= \frac{d}{d\rho}\left[-\rho^{-l-1}\cos\left(\rho-\frac{l\pi}{2}\right)\right]=\rho^{-l-1}\sin\left(\rho-\frac{l\pi}{2}\right)+\mathrm{O}\left(\frac{1}{\rho^{l+2}}\right)\\ &= -\rho^{-l}n_{l+1}(\rho)\end{aligned}$$

と書け, $\rho\to\infty$ での漸近形として次式が成り立つ.

$$n_{l+1}(\rho)=-\frac{1}{\rho}\sin\left(\rho-\frac{l\pi}{2}\right)=-\frac{1}{\rho}\cos\left(\rho-\frac{(l+1)\pi}{2}\right)$$

8

問題 8.2 (8.31) (p.99) を利用すると次式のようになる.

$$\begin{aligned}\sigma &= \int\sigma(\theta)d\Omega\\ &= \frac{2\pi}{k^2}\int_{-1}^{1}\sum(2l+1)(2l'+1)e^{i\delta_l-i\delta_{l'}}\sin\delta_l\sin\delta_{l'}P_l(x)P_{l'}(x)dx\\ &= \frac{4\pi}{k^2}\sum_{l=0}^{\infty}(2l+1)\sin^2\delta_l\end{aligned}$$

問題 8.3 (a) (8.30) (p.99) は

$$f(\theta)=k^{-1}\sum_{l=0}^{\infty}(2l+1)e^{i\delta_l}\sin\delta_lP_l(\cos\theta)$$

と書け, よって題意により次式が成り立つ.

$$f(\theta)=\frac{1}{k}(e^{i\delta_0}\sin\delta_0+3e^{i\delta_1}\sin\delta_1\cos\theta)$$

(b) $\sigma(\theta)$ は次のように書ける．

$$\begin{aligned}\sigma(\theta) &= |\,f(\theta)|^2 \\ &= \frac{1}{k^2}(e^{-i\delta_0}\sin\delta_0 + 3e^{-i\delta_1}\sin\delta_1\cos\theta)(e^{i\delta_0}\sin\delta_0 + 3e^{i\delta_1}\sin\delta_1\cos\theta) \\ &= \frac{1}{k^2}[\sin^2\delta_0 + 6\sin\delta_0\sin\delta_1\cos(\delta_0-\delta_1)\cos\theta + 9\sin^2\delta_1\cos^2\theta]\end{aligned}$$

問題 9.1 $\rho \to 0$ で $j_l = A_l\rho^l$ と書けるとする．問題文の左式により

$$A_l(2l+1)\rho^{2l} = A_{l-1}\rho^{2l} \quad \therefore\ A_l = \frac{A_{l-1}}{2l+1}$$

が得られる．$A_0 = 1$ であるから，これを繰り返し使えば $A_l = 1/(2l+1)!!$ となる．同じように，$\rho \to 0$ で $n_l = -B_l\rho^{-l-1}$ と書けるとすれば問題 7.2（p.98）を使い $(2l+1)B_l = B_{l+1}$ となり，$B_0 = 1$ を使い $B_l = (2l-1)!!$ が導かれる．

問題 9.2 剛体球のときには例題 9 中の (1) から

$$\tan\delta_0 = -\frac{\sin ka}{\cos ka} = -\tan ka$$

と表され，$\delta_0 = -ka$ が成り立つ．よって，題意の通りとなる．

問題 9.3 $r < a$ の場合，動径方向の波動関数は (8.22)（p.97）により

$$-\frac{\hbar^2}{2\mu}\frac{1}{r^2}\frac{d}{dr}\left(r^2\frac{dR_l}{dr}\right) + \frac{\hbar^2}{2\mu}\frac{l(l+1)}{r^2}R_l - U_0R_l = ER_l$$

という方程式に従う．

$$E + U_0 = \frac{\hbar^2\alpha^2}{2\mu} \qquad \therefore \quad k^2 + \frac{2\mu U_0}{\hbar^2} = \alpha^2, \quad \rho = \alpha r$$

とおくと $r < a$ に対する式は

$$\frac{d^2R_l}{d\rho^2} + \frac{2}{\rho}\frac{dR_l}{d\rho} + \left[1 - \frac{l(l+1)}{\rho^2}\right]R_l = 0$$

と書け，解は $r = 0$ で正則であるから $R_l = B_lj_l(\alpha r)$ となる．一方，$r > a$ での解は

$$R_l = A_l[\cos\delta_l j_l(kr) - \sin\delta_l n_l(kr)]$$

で与えられる．$r = a$ で $R_l, dR_l/dr$ は連続である．あるいは $(d/dr)\,\mathrm{ln}R_l$ が連続であるとしてもよい．$(d/dz)j_l(z) = j_l{}'(z)$ という記号を利用すると

$$\frac{\alpha j_l{}'(\alpha a)}{j_l(\alpha a)} = \frac{k[\cos\delta_l j_l{}'(ka) - \sin\delta_l n_l{}'(ka)]}{\cos\delta_l j_l(ka) - \sin\delta_l n_l(ka)}$$

と書け，これから

$$\tan\delta_l = \frac{kj_l(\alpha a)j_l{}'(ka) - \alpha j_l(ka)j_l{}'(\alpha a)}{kj_l(\alpha a)n_l{}'(ka) - \alpha j_l{}'(\alpha a)n_l(ka)}$$

が求まる．

9章の解答

問題 1.1 div(rot$\boldsymbol{A}$) は

$$\frac{\partial}{\partial x}\left(\frac{\partial A_z}{\partial y}-\frac{\partial A_y}{\partial z}\right)+\frac{\partial}{\partial y}\left(\frac{\partial A_x}{\partial z}-\frac{\partial A_z}{\partial x}\right)+\frac{\partial}{\partial z}\left(\frac{\partial A_y}{\partial x}-\frac{\partial A_x}{\partial y}\right)$$

と書ける．ここで偏微分の公式

$$\frac{\partial^2 A_z}{\partial x\partial y}=\frac{\partial^2 A_z}{\partial y\partial x}$$

などを利用すれば，$\mathrm{div}(\mathrm{rot}\boldsymbol{A})=0$ となる．

問題 1.2 一般に $\mathrm{rot}(\nabla\phi)=0$ が成立するので，(9.8) から次式のようになる．

$$\mathrm{rot}\boldsymbol{E}=-\mathrm{rot}\,\frac{\partial \boldsymbol{A}}{\partial t}=-\frac{\partial}{\partial t}\,\mathrm{rot}\boldsymbol{A}=-\frac{\partial \boldsymbol{B}}{\partial t}$$

問題 1.3 通常，電荷が突然発生したり消滅することはない．したがって，空間中に Ω という領域を考えその表面を Σ としたとき，単位時間に対して

（Ω 中の電気量の増加量）=（Σ を通して流れ込む電気量）

という関係が成り立つ．あるいはこれを数式で表すと

$$\frac{\partial}{\partial t}\int_\Omega \rho dV=-\int_\Sigma(\rho\boldsymbol{v})_n dS$$

となる．ガウスの定理の適用すると，上式は

$$\int_\Omega\left(\frac{\partial\rho}{\partial t}+\mathrm{div}(\rho\boldsymbol{v})\right)=0$$

と書ける．Ω は任意の領域であること，電流密度 $\boldsymbol{j}$ は $\boldsymbol{j}=\rho\boldsymbol{v}$ と表される点に注意すると連続の方程式 $\partial\rho/\partial t+\mathrm{div}\boldsymbol{j}=0$ が得られる．

次の関係 $\mathrm{div}(\boldsymbol{A}+\boldsymbol{B})=\mathrm{div}\boldsymbol{A}+\mathrm{div}\boldsymbol{B}$ と問題 1.1 の結果 $\mathrm{div}(\mathrm{rot}\boldsymbol{A})=0$ を使うと (9.5) の右式から

$$\mathrm{div}\boldsymbol{j}+\mathrm{div}\frac{\partial \boldsymbol{D}}{\partial t}=0$$

となる．一方，(9.4) の左式を使うと

$$\mathrm{div}\frac{\partial \boldsymbol{D}}{\partial t}=\frac{\partial}{\partial x}\frac{\partial D_x}{\partial t}+\frac{\partial}{\partial y}\frac{\partial D_y}{\partial t}+\frac{\partial}{\partial z}\frac{\partial D_z}{\partial t}=\frac{\partial(\mathrm{div}\boldsymbol{D})}{\partial t}=\frac{\partial\rho}{\partial t}$$

が導かれ，以上の結果から連続の方程式が得られる．

問題 1.4 $\rho(\boldsymbol{r})$ を ω 内で体積積分すれば，その中に含まれる電気量を与え，問題文中に定義された $\rho(\boldsymbol{r})$ が実際，電荷密度であることがわかる．静電場の場合，物理量は t に依存しないので (9.8) は $\boldsymbol{E}=-\nabla\phi$ と書け，誘電率 ε が一様であれば $\mathrm{div}\boldsymbol{D}=\rho$ から

$$\Delta\phi=-\frac{\rho}{\varepsilon} \tag{1}$$

が導かれる．(1) を**ポアソン方程式**といい，その解は

9

$$\phi(\boldsymbol{r}) = \frac{1}{4\pi\varepsilon}\int_{\Omega}\frac{\rho(\boldsymbol{r}')}{|\,\boldsymbol{r}-\boldsymbol{r}'\,|}dV' \tag{2}$$

で与えられる．(2) を導くには $\Delta(1/|\,\boldsymbol{r}-\boldsymbol{r}'\,|) = -4\pi\delta(\boldsymbol{r}-\boldsymbol{r}')$ を利用すればよいが，これについては 10.1 節の問題 1.5（p.117）を参照せよ．

問題 2.1　$\mathrm{rot}(\mathrm{rot}\boldsymbol{A})$ の成分を考える．

$$\begin{aligned}
\mathrm{rot}(\mathrm{rot}\boldsymbol{A})\ \text{の}\ x\ \text{成分} &= \frac{\partial}{\partial y}\left(\frac{\partial A_y}{\partial x}-\frac{\partial A_x}{\partial y}\right)-\frac{\partial}{\partial z}\left(\frac{\partial A_x}{\partial z}-\frac{\partial A_z}{\partial x}\right)\\
&= \frac{\partial}{\partial x}\frac{\partial A_y}{\partial y}+\frac{\partial}{\partial x}\frac{\partial A_z}{\partial z}-\frac{\partial^2 A_x}{\partial y^2}-\frac{\partial^2 A_x}{\partial z^2}\\
&= \frac{\partial}{\partial x}\left(\frac{\partial A_x}{\partial x}+\frac{\partial A_y}{\partial y}+\frac{\partial A_z}{\partial z}\right)-\left(\frac{\partial^2}{\partial x^2}+\frac{\partial^2}{\partial y^2}+\frac{\partial^2}{\partial z^2}\right)A_x\\
&= \frac{\partial}{\partial x}\,\mathrm{div}\boldsymbol{A}-(\Delta\boldsymbol{A})_x
\end{aligned}$$

となり，y, z 成分も同様である．

問題 2.2　$\boldsymbol{e_{k\lambda}}$ を成分で表し $\boldsymbol{e_{k\lambda}} = (e_{\boldsymbol{k}\lambda}{}^x, e_{\boldsymbol{k}\lambda}{}^y, e_{\boldsymbol{k}\lambda}{}^z)$ とする．$\mathrm{rot}[\boldsymbol{e_{k\lambda}}e^{i(\boldsymbol{k}\cdot\boldsymbol{r}-\omega_k t)}]$ の x 成分をとると

$$\begin{aligned}
\left(\mathrm{rot}\,[\boldsymbol{e_{k\lambda}}e^{i(\boldsymbol{k}\cdot\boldsymbol{r}-\omega_k t)}]\right)_x &= e_{\boldsymbol{k}\lambda}{}^z\frac{\partial e^{i(\boldsymbol{k}\cdot\boldsymbol{r}-\omega_k t)}}{\partial y}-e_{\boldsymbol{k}\lambda}{}^y\frac{\partial e^{i(\boldsymbol{k}\cdot\boldsymbol{r}-\omega_k t)}}{\partial z}\\
&= ik_y e_{\boldsymbol{k}\lambda}{}^z e^{i(\boldsymbol{k}\cdot\boldsymbol{r}-\omega_k t)}-ik_z e_{\boldsymbol{k}\lambda}{}^y e^{i(\boldsymbol{k}\cdot\boldsymbol{r}-\omega_k t)} = i(\boldsymbol{k}\times\boldsymbol{e_{k\lambda}})_x e^{i(\boldsymbol{k}\cdot\boldsymbol{r}-\omega_k t)}
\end{aligned}$$

となり，y, z 成分も同様で与式が求まる．

問題 3.1　3 つのベクトル $\boldsymbol{A}, \boldsymbol{B}, \boldsymbol{C}$ に対し $\boldsymbol{A}\cdot(\boldsymbol{B}\times\boldsymbol{C})$ を**スカラー三重積**という．行列式を用いると $\boldsymbol{A}\cdot(\boldsymbol{B}\times\boldsymbol{C})$ は

$$\boldsymbol{A}\cdot(\boldsymbol{B}\times\boldsymbol{C}) = \begin{vmatrix} A_x & A_y & A_z \\ B_x & B_y & B_z \\ C_x & C_y & C_z \end{vmatrix}$$

と表される．行列式の性質を利用すると次の関係が成り立つ．

$$\boldsymbol{A}\cdot(\boldsymbol{B}\times\boldsymbol{C}) = \boldsymbol{B}\cdot(\boldsymbol{C}\times\boldsymbol{A}) = \boldsymbol{C}\cdot(\boldsymbol{A}\times\boldsymbol{B})$$

一方，$\boldsymbol{A}\times(\boldsymbol{B}\times\boldsymbol{C})$ を**ベクトル三重積**という．このベクトルの例えば x 成分を考えると

$$\begin{aligned}
&A_y(\boldsymbol{B}\times\boldsymbol{C})_z - A_z(\boldsymbol{B}\times\boldsymbol{C})_y\\
&= A_y(B_xC_y - C_xB_y) - A_z(B_zC_x - B_xC_z)\\
&= (A_xC_x + A_yC_y + A_zC_z)B_x - (A_xB_x + A_yB_y + A_zB_z)C_x
\end{aligned}$$

となるが，これは $(\boldsymbol{A}\cdot\boldsymbol{C})\boldsymbol{B}-(\boldsymbol{A}\cdot\boldsymbol{B})\boldsymbol{C}$ の x 成分に等しい．y, z 成分も同様で，結局

$$\boldsymbol{A}\times(\boldsymbol{B}\times\boldsymbol{C}) = (\boldsymbol{A}\cdot\boldsymbol{C})\boldsymbol{B}-(\boldsymbol{A}\cdot\boldsymbol{B})\boldsymbol{C}$$

が得られる．問題文中で $\boldsymbol{E} = \boldsymbol{A}\times\boldsymbol{B}$ とおくと $(\boldsymbol{A}\times\boldsymbol{B})\cdot(\boldsymbol{C}\times\boldsymbol{D}) = \boldsymbol{E}\cdot(\boldsymbol{C}\times\boldsymbol{D})$ である．スカラー三重積の性質を使うと $\boldsymbol{E}\cdot(\boldsymbol{C}\times\boldsymbol{D}) = \boldsymbol{C}\cdot(\boldsymbol{D}\times\boldsymbol{E})$ となる．ベクトル三重積の公式

により $\boldsymbol{D}\times\boldsymbol{E}=\boldsymbol{D}\times(\boldsymbol{A}\times\boldsymbol{B})=(\boldsymbol{B}\cdot\boldsymbol{D})\boldsymbol{A}-(\boldsymbol{A}\cdot\boldsymbol{D})\boldsymbol{B}$ となり，したがって

$$(\boldsymbol{A}\times\boldsymbol{B})\cdot(\boldsymbol{C}\times\boldsymbol{D})=(\boldsymbol{A}\cdot\boldsymbol{C})(\boldsymbol{B}\cdot\boldsymbol{D})-(\boldsymbol{A}\cdot\boldsymbol{D})(\boldsymbol{B}\cdot\boldsymbol{C})$$

が導かれる．

問題 3.2　(2) の条件を使わないと E_e に対する式で例えば $-b_{\boldsymbol{k}\lambda}b_{-\boldsymbol{k}\lambda}e^{-2i\omega_k t}$ の代わりに $-b_{\boldsymbol{k}\lambda}b_{-\boldsymbol{k}\lambda'}(\boldsymbol{e}_{\boldsymbol{k}\lambda}\cdot\boldsymbol{e}_{-\boldsymbol{k}\lambda'})e^{-2i\omega_k t}$ が現れる．これに対応する E_m の式中の項は

$$(\boldsymbol{k}\times\boldsymbol{e}_{\boldsymbol{k}\lambda})\cdot(\boldsymbol{k}\times\boldsymbol{e}_{-\boldsymbol{k}\lambda'})b_{\boldsymbol{k}\lambda}b_{-\boldsymbol{k}\lambda'}e^{-2i\omega_k t}/k^2$$

と書ける．問題 3.1 の結果を使い $\boldsymbol{k}\cdot\boldsymbol{e}_{\boldsymbol{k}\lambda}=0$ であることに注意すると上式は

$$b_{\boldsymbol{k}\lambda}b_{-\boldsymbol{k}\lambda'}(\boldsymbol{e}_{\boldsymbol{k}\lambda}\cdot\boldsymbol{e}_{-\boldsymbol{k}\lambda'})e^{-2i\omega_k t}$$

に等しく，これは E_e 中の項と打ち消し合う．こうして例題 3 中の (5) がそのまま成立することがわかる．

問題 3.3　領域 Ω の中に含まれる電磁場のエネルギー E は

$$E=\frac{\varepsilon_0}{2}\int_\Omega \boldsymbol{E}^2 dV+\frac{1}{2\mu_0}\int_\Omega \boldsymbol{B}^2 dV$$

と書ける．上式を時間で微分すると

$$\frac{dE}{dt}=\int_\Omega\left(\varepsilon_0\boldsymbol{E}\cdot\frac{\partial\boldsymbol{E}}{\partial t}+\frac{1}{\mu_0}\boldsymbol{B}\cdot\frac{\partial\boldsymbol{B}}{\partial t}\right)dV$$

が得られ，真空の場合のマクスウェル方程式 $\partial\boldsymbol{D}/\partial t=\mathrm{rot}\boldsymbol{H}$, $\partial\boldsymbol{B}/\partial t=-\mathrm{rot}\boldsymbol{E}$ を代入すると

$$\frac{dE}{dt}=\int_\Omega(\boldsymbol{E}\cdot\mathrm{rot}\boldsymbol{H}-\boldsymbol{H}\mathrm{rot}\boldsymbol{E})dV$$

となる．ここで

$$\begin{aligned}
\mathrm{div}(\boldsymbol{E}\times\boldsymbol{H}) &= \frac{\partial}{\partial x}(E_yH_z-E_zH_y)+\frac{\partial}{\partial y}(E_zH_x-E_xH_z)+\frac{\partial}{\partial z}(E_xH_y-E_yH_x)\\
&= H_x\left(\frac{\partial E_z}{\partial y}-\frac{\partial E_y}{\partial z}\right)+H_y\left(\frac{\partial E_x}{\partial z}-\frac{\partial E_z}{\partial x}\right)+H_z\left(\frac{\partial E_y}{\partial x}-\frac{\partial E_x}{\partial y}\right)\\
&\quad -E_x\left(\frac{\partial H_z}{\partial y}-\frac{\partial H_y}{\partial z}\right)-E_y\left(\frac{\partial H_x}{\partial z}-\frac{\partial H_z}{\partial x}\right)-E_z\left(\frac{\partial H_y}{\partial x}-\frac{\partial H_x}{\partial y}\right)\\
&= \boldsymbol{H}\cdot\mathrm{rot}\boldsymbol{E}-\boldsymbol{E}\cdot\mathrm{rot}\boldsymbol{H}
\end{aligned}$$

に注意する．**ポインティングベクトル** $\boldsymbol{S}$ を $\boldsymbol{S}=\boldsymbol{E}\times\boldsymbol{H}$ と定義しガウスの定理を適用すると

$$\frac{dE}{dt}=-\int_\Omega \mathrm{div}\boldsymbol{S}dV=-\int_\Sigma S_n dS$$

となる．ポインティングベクトルはエネルギーの流れを記述する．すなわち，エネルギーは $\boldsymbol{S}$ の向きに移動し，単位時間中に $\boldsymbol{S}$ と垂直な単位断面積を通過するエネルギーの量が S に等しい．上式は単位時間における領域 Ω 内の電磁場のエネルギーの増加は表面 Σ を通して流れ込むエネルギーに等しいことを意味する．周期的な境界条件で上式の右辺は 0 となり，E は一定となる．

問題 4.1 ハミルトンの正準運動方程式は

$$\frac{dQ_{\boldsymbol{k}\lambda}}{dt} = \frac{\partial H}{\partial P_{\boldsymbol{k}\lambda}} = P_{\boldsymbol{k}\lambda}$$

と表され，$P_{\boldsymbol{k}\lambda}$ の定義と一致する．

問題 5.1 (a) p.39 の例題 6 で $m = 1$ (m は調和振動子の質量)，$x = Q$ とすれば

$$Q\,|\,n\rangle = \sqrt{\frac{\hbar}{2\omega}}\left[\sqrt{n}\,|\,n-1\rangle + \sqrt{n+1}\,|\,n+1\rangle\right]$$

が成り立つ．上式から与式が導かれる．

(b) $\langle n-1\,|\,P\,|\,n\rangle = ix\sqrt{n}$ とおく．P はエルミート演算子であるから，この式の共役複素数を考えると $\langle n\,|\,P\,|\,n-1\rangle = -ix\sqrt{n}$ となる．$PQ - QP = \hbar/i$ の交換関係から

$$\begin{aligned}&\langle n\,|\,P\,|\,n+1\rangle\langle n+1\,|\,Q\,|\,n\rangle + \langle n\,|\,P\,|\,n-1\rangle\langle n-1\,|\,Q\,|\,n\rangle \\ &- \langle n\,|\,Q\,|\,n+1\rangle\langle n+1\,|\,P\,|\,n\rangle - \langle n\,|\,Q\,|\,n-1\rangle\langle n-1\,|\,P\,|\,n\rangle = \hbar/i\end{aligned}$$

となる．あるいは，上式は

$$ix\sqrt{\frac{\hbar}{2\omega}}\,(n+1) - ix\sqrt{\frac{\hbar}{2\omega}}\,n + ix\sqrt{\frac{\hbar}{2\omega}}\,(n+1) - ix\sqrt{\frac{\hbar}{2\omega}}\,n = \frac{\hbar}{i}$$

と書け，$2ix\sqrt{\hbar/2\omega} = \hbar/i$ で x は $x = -\sqrt{\hbar\omega/2}$ と求まる．これから

$$\langle n-1\,|\,P\,|\,n\rangle = -i\sqrt{\frac{\hbar\omega n}{2}}, \quad \langle n\,|\,P\,|\,n-1\rangle = i\sqrt{\frac{\hbar\omega n}{2}}$$

が導かれる．

問題 5.2 (9.20) (p.108) の左式を利用すると

$$\langle n-1\,|\,b\,|\,n\rangle = \sqrt{\frac{\omega}{2\hbar}}\left(\sqrt{\frac{\hbar n}{2\omega}} + i\frac{(-i)}{\omega}\sqrt{\frac{\hbar\omega n}{2}}\right) = \sqrt{n}$$

が得られ，他の行列要素は 0 となることがわかる．同様に，(9.20) の右式から

$$\langle n\,|\,b^\dagger\,|\,n-1\rangle = \sqrt{\frac{\omega}{2\hbar}}\left(\sqrt{\frac{\hbar n}{2\omega}} - i\frac{i}{\omega}\sqrt{\frac{\hbar\omega n}{2}}\right) = \sqrt{n}$$

と書け，$n \to n+1$ とすれば次式が得られる．

$$\langle n+1\,|\,b^\dagger\,|\,n\rangle = \sqrt{n+1}$$

これらの関係から与えられた等式が確かめられる．

問題 5.3 $b^\dagger b\,|\,n\rangle = b^\dagger\sqrt{n}\,|\,n-1\rangle = \sqrt{n}\,b^\dagger\,|\,n-1\rangle = n\,|\,n\rangle$

問題 6.1 $\boldsymbol{r}$ の任意関数 $\psi(\boldsymbol{r})$ に対し

$$\begin{aligned}(\boldsymbol{p}\cdot\boldsymbol{A} - \boldsymbol{A}\cdot\boldsymbol{p})\psi &= \frac{\hbar}{i}\left[\frac{\partial(A_x\psi)}{\partial x} + \frac{\partial(A_y\psi)}{\partial y} + \frac{\partial(A_z\psi)}{\partial z} - A_x\frac{\partial\psi}{\partial x} - A_y\frac{\partial\psi}{\partial y} - A_z\frac{\partial\psi}{\partial z}\right] \\ &= \frac{\hbar}{i}\left(\frac{\partial A_x}{\partial x} + \frac{\partial A_y}{\partial y} + \frac{\partial A_z}{\partial z}\right)\psi\end{aligned}$$

9

が成り立ち，ψ は任意であるから $\boldsymbol{p}\cdot\boldsymbol{A}-\boldsymbol{A}\cdot\boldsymbol{p}=(\hbar/i)\mathrm{div}\boldsymbol{A}$ と書ける．クーロンゲージでは $\mathrm{div}\boldsymbol{A}=0$ とするので $\boldsymbol{p}\cdot\boldsymbol{A}-\boldsymbol{A}\cdot\boldsymbol{p}=0$ としてよい．

問題 6.2 α は次のように計算される．

$$\alpha=\frac{1.602^2\times10^{-38}}{4\pi\times8.854\times10^{-12}\times1.055\times10^{-34}\times2.998\times10^{8}}=\frac{1}{137}$$

問題 6.3 体系を特徴づける物理量は $m,e,\varepsilon_0,\hbar,c$ であるが，e は e^2/ε_0 という形で方程式中に現れる．電子-光子の相互作用を摂動論で扱うとき，p.111 のコラム欄からわかるように一般に摂動の偶数次だけが 0 でない寄与を与える．H' は e に比例するから，摂動展開は e^2 に関する展開である．そこで展開パラメーターは

$$(e^2/\varepsilon_0)c^x m^y \hbar^z \tag{1}$$

と仮定し，これが無次元になるよう x,y,z を決める．質量を M，長さを L，時間を T の記号で表せば，e^2/ε_0 は（エネルギー）×（長さ）と表されるのでその次元は $[ML^3T^{-2}]$ と書ける．$[c]=[LT^{-1}]$，$[\hbar]=[ML^2T^{-1}]$ が成り立ち (1) の次元は

$$[ML^3T^{-2}L^xT^{-x}M^yM^zL^{2z}T^{-z}] \tag{2}$$

と表される．(2) が無次元になるための条件は

$$1+y+z=0,\quad 3+x+2z=0,\quad -2-x-z=0$$

となる．2 番目と 3 番目の式を加えると $1+z=0 \quad \therefore\ z=-1$ と求まる．よって，最初の式から $y=0$ となり，また $x=-1$ が得られる．こうして $e^2/\varepsilon_0\hbar c$ が展開パラメーターでこれは微細構造定数に比例する．

問題 7.1 図 8.8（p.94）も図 9.5（p.113）も波数空間を扱い，その中の微小体積 $d\boldsymbol{k}$ 内の状態数は $Vd\boldsymbol{k}$ であることが両者の共通点である．相違点は，前者では粒子を扱いエネルギーが k の関数として $E=\hbar^2k^2/2\mu$ と書けるのに反し，後者では $E=\hbar ck$ で与えられることである．

問題 7.2 光子の吸収の場合，電子系は状態 a から状態 b に変わるとする．$\boldsymbol{k},\lambda$ の光子が吸収されたとすれば

$$b_{\boldsymbol{k}\lambda}\,|\cdots,n_{\boldsymbol{k}\lambda},\cdots\rangle=\sqrt{n_{\boldsymbol{k}\lambda}}\,|\cdots,n_{\boldsymbol{k}\lambda}-1,\cdots\rangle$$

が成り立つので，遷移を表す行列要素は次のように書ける．

$$\langle b,n_{\boldsymbol{k}\lambda}-1\,|\,H'\,|\,a,n_{\boldsymbol{k}\lambda}\rangle=\frac{e}{m}\left(\frac{\hbar}{2\varepsilon_0V}\right)^{1/2}\frac{\sqrt{n_{\boldsymbol{k}\lambda}}}{\sqrt{\omega_k}}\left(u_b,\sum_i e^{i\boldsymbol{k}\cdot\boldsymbol{r}_i}(\boldsymbol{e}_{\boldsymbol{k}\lambda}\cdot\boldsymbol{p}_i)u_a\right)$$

本文と同じ議論を使うと，(9.36) に対応して

$$wd\Omega=\frac{e^2\omega_k d\Omega n_{\boldsymbol{k}\lambda}}{8\pi^2\varepsilon_0\hbar m^2c^3}\left|\left(u_b,\sum_i e^{i\boldsymbol{k}\cdot\boldsymbol{r}_i}(\boldsymbol{e}_{\boldsymbol{k}\lambda}\cdot\boldsymbol{p}_i)u_a\right)\right|^2$$

となる．また，電気双極子放出では，(9.37) に対応する関係として次式が得られる．

$$wd\Omega=\frac{{w_k}^3d\Omega}{8\pi^2\varepsilon_0\hbar c^3}n_{\boldsymbol{k}\lambda}\left|\left(u_b,(\boldsymbol{e}_{\boldsymbol{k}\lambda}\cdot\boldsymbol{P}_i)u_a\right)\right|^2$$

問題 7.3 原子核を座標の原点にとると，波動関数 u_a,u_b は d の範囲に広がり外部では 0 と

してよい．よって，積分範囲も $r \lesssim d$ の部分をとれば十分でそこでは $e^{-i\boldsymbol{k}\cdot\boldsymbol{r}_i} \simeq 1$ と近似することができる．

問題 7.4　(a)　水素原子の波動関数 $\psi_{1\mathrm{s}}$ は

$$\psi_{1\mathrm{s}} = \frac{1}{\sqrt{\pi a^3}} e^{-r/a}$$

で与えられる［第 7 章の問題 4.1（p.81），問題解答（p.159）］．同様に $\psi_{2\mathrm{p}0}$ は

$$\psi_{2\mathrm{p}0} = \frac{1}{\sqrt{24a^3}} e^{-r/2a} \frac{r}{a} \sqrt{\frac{3}{4\pi}} \cos\theta$$

と書ける［第 7 章の例題 4（p.80）］．ここで，a は次式のボーア半径である．

$$a = \frac{4\pi\varepsilon_0\hbar^2}{me^2} = 0.529 \times 10^{-10}\mathrm{m} = 0.529\text{Å}$$

$\psi_{1\mathrm{s}}$ は球対称，$\psi_{2\mathrm{p}0}$ は z に比例するので，(9.40)（p.113）の $\boldsymbol{P}_{ba}$ で x, y 成分は 0 となる．簡単のため添字 ba を省略し，$z = r\cos\theta$ を用い変数 φ に関する積分を行うと

$$\begin{aligned} P_z &= -\frac{e}{\sqrt{24a^3}} \sqrt{\frac{3}{4\pi}} \frac{1}{\sqrt{\pi a^3}} \int e^{-r/2a} \frac{r}{a} \cos\theta \, r\cos\theta e^{-r/a} 2\pi r^2 dr \sin\theta d\theta \\ &= -\frac{2\pi e}{\sqrt{32}\,\pi a^3} \int_0^\infty e^{-r/2a - r/a} \left(\frac{r}{a}\right) r^3 dr \int_0^\pi \cos^2\theta \sin\theta d\theta \end{aligned}$$

が得られる．上式で θ に関する積分は 2/3 と計算され，P_z は次式のように書ける．

$$P_z = -\frac{e}{3\sqrt{2}\,a^3} \int_0^\infty e^{-3r/2a} \left(\frac{r}{a}\right) r^3 dr$$

$$\frac{3r}{2a} = x, \quad r = \frac{2a}{3}x, \quad dr = \frac{2a}{3}dx$$

と変数変換を使うと P_z は次のように計算される．

$$P_z = -\frac{ae}{3\sqrt{2}} \left(\frac{2}{3}\right)^5 \int_0^\infty e^{-x} x^4 dx = -\frac{32ae}{3^6\sqrt{2}} 4! = -\frac{32 \times 8}{3^5\sqrt{2}} ae = -\frac{256}{243\sqrt{2}} ae$$

(b)　求める光子の数は p.115 の W で与えられ，W は

$$W = \frac{{w_k}^3 (\boldsymbol{P}_{ba})^2}{3\pi\varepsilon_0\hbar c^3}$$

と表される．水素原子のエネルギー準位は $\mu = m$ とおけば (4.31)（p.53）により

$$E = -\frac{e^2}{8\pi\varepsilon_0 a} \frac{1}{\lambda^2}$$

と書け，次式が成立する．

$$E_a - E_b = \frac{3e^2}{32\pi\varepsilon_0 a} = \hbar\omega_k \qquad \therefore \quad \omega_k = \frac{3e^2}{32\pi\hbar\varepsilon_0 a}$$

(a) で求めた $\boldsymbol{P}$ と上記の ω_k の結果を W の式に代入すると

$$W = \frac{9}{2} \left(\frac{256}{243}\right)^2 \frac{1}{(32)^3\pi^4} \frac{e^8}{{\varepsilon_0}^4\hbar^4 c^3 a}$$

が得られる．ボーア半径に対する表式 $a = 4\pi\varepsilon_0\hbar^2/me^2$ から

$$\frac{e^2}{\varepsilon_0} = \frac{4\pi\hbar^2}{ma}$$

となり，上式を使い，結果を整理すると

$$W = \left(\frac{2}{3}\right)^8 \frac{\hbar^4}{m^4 a^5 c^3}$$

と計算される．$\hbar = 1.055 \times 10^{-34}\,\mathrm{J\cdot s}$, $m = 9.11 \times 10^{-31}\,\mathrm{kg}$, $a = 0.529 \times 10^{-10}\,\mathrm{m}$, $c = 3.00 \times 10^8\,\mathrm{m/s}$ を代入すると

$$W = 6.27 \times 10^8\,\mathrm{s}^{-1}$$

が得られる．W の次元を求めるため，質量，長さ，時間をそれぞれ M, L, T の記号で表す．$\hbar$ は (エネルギー) × (時間) の次元をもつので $[\hbar] = [ML^2T^{-1}]$ と書ける．したがって

$$[W] = \frac{[M^4L^8T^{-4}]}{[M^4L^5L^3T^{-3}]} = [T^{-1}]$$

と表され，W は単位時間当たりの量であることがわかる．

10章の解答

問題 1.1 第 9 章の問題 5.3 (p.109) と同様に考えると

$$b^\dagger b\,|\,n\rangle = b^\dagger\sqrt{n}\,|\,n-1\rangle = \sqrt{n}\,b^\dagger\,|\,n-1\rangle = n\,|\,n\rangle$$

$$bb^\dagger\,|\,n\rangle = b\sqrt{n+1}\,|\,n+1\rangle = \sqrt{n+1}\,b\,|\,n+1\rangle = (n+1)\,|\,n\rangle$$

が成り立ち，上の両式から $(bb^\dagger - b^\dagger b)\,|\,n\rangle = |\,n\rangle$ となる．これは任意の $|\,n\rangle$ に対する関係で $bb^\dagger - b^\dagger b = 1$ であることを意味する．

問題 1.2 $b, b^\dagger$ はボース型の生成，消滅演算子で，次の関係が成り立つ．

$$b_r b_s\,|\cdots n_r \cdots n_s \cdots\rangle = \sqrt{n_r n_s}\,|\cdots, n_r - 1, \cdots, n_s - 1, \cdots\rangle$$

$$b_s b_r\,|\cdots n_r \cdots n_s \cdots\rangle = \sqrt{n_r n_s}\,|\cdots, n_r - 1, \cdots, n_s - 1, \cdots\rangle$$

$$b_r{}^\dagger b_s{}^\dagger\,|\cdots n_r \cdots n_s \cdots\rangle = \sqrt{(n_r+1)(n_s+1)}\,|\cdots, n_r + 1, \cdots, n_s + 1, \cdots\rangle$$

$$b_s{}^\dagger b_r{}^\dagger\,|\cdots n_r \cdots n_s \cdots\rangle = \sqrt{(n_r+1)(n_s+1)}\,|\cdots, n_r + 1, \cdots, n_s + 1, \cdots\rangle$$

問題 1.3 空間座標，スピン座標の規格直交系を $u_r(x)$ と書き，場の演算子を

$$\psi(x) = \sum_r b_r u_r(x), \quad \psi^\dagger(x) = \sum_r b_r{}^\dagger u_r{}^*(x)$$

と展開する．上式を利用すると

$$\int_\Omega \psi^\dagger(x)\psi(x)d\tau = \int_\Omega \sum_{rs} b_r{}^\dagger b_s u_r{}^*(x) u_s(x) d\tau = \sum_{rs} b_r{}^\dagger b_r \delta_{rs} = N$$

と表される．同様に (10.6) のハミルトニアンに対する式は次のようになる．

$$H_0 = \sum_r e_r b_r{}^\dagger b_r = E_0$$

問題 1.4 周期的な境界条件を満たす関数を $f(\boldsymbol{r})$ とすれば，これを平面波で展開し

$$f(\boldsymbol{r}) = \sum_{\boldsymbol{k}} g(\boldsymbol{k}) e^{i\boldsymbol{k}\cdot\boldsymbol{r}}$$

が得られる．両辺に $e^{-i\boldsymbol{k}'\cdot\boldsymbol{r}}$ を掛け，Ω 内で体積積分し平面波の規格直交性を利用し $\boldsymbol{k}' \to \boldsymbol{k}$ とすると，次のようになる．右式は題意の成り立つことを意味する．

$$g(\boldsymbol{k}) = \frac{1}{V}\int_\Omega f(\boldsymbol{r}')e^{-i\boldsymbol{k}'\cdot\boldsymbol{r}'}dV' \qquad \therefore\quad f(\boldsymbol{r}) = \frac{1}{V}\int_\Omega \sum_{\boldsymbol{k}} e^{i\boldsymbol{k}\cdot(\boldsymbol{r}-\boldsymbol{r}')} f(\boldsymbol{r}')dV'$$

問題 1.5 第 7 章の問題 7.3（p.86）により

$$\frac{1}{|\boldsymbol{r}-\boldsymbol{r}'|} = \frac{4\pi}{V}\sum_{\boldsymbol{k}} \frac{e^{i\boldsymbol{k}\cdot(\boldsymbol{r}-\boldsymbol{r}')}}{k^2}$$

が成立する．両辺のラプラシアンをとり前問の結果を使うと与式が導かれる．

問題 2.1 (a) フェルミ型の反交換関係により添字 r を省略すると $a^2 = a^{\dagger 2} = 0$ となる．フェルミ粒子では一粒子状態を占める粒子数は 0, 1 であるから粒子を続けて消したり，作ったりすることはできない．上の関係はこのような事情を表している．

(b) 添字 r を省略し $n^2 = a^\dagger a a^\dagger a = a^\dagger(1-a^\dagger a)a = a^\dagger a = n$ と書け，同じ関係が固有値に対しても成り立つ．

問題 2.2 問題 1.3（p.117）で $b \to a,\ b^\dagger \to a^\dagger$ とすればよい．

問題 2.3 $n_s = 0, 1$ で $(-1)^{1-n_s} = (-1)^{n_s-1} = -1,\ (-1)^{1-n_s} = (-1)^{n_s-1} = 1$ となる．

問題 3.1 (10.16) は

$$\frac{1}{2}\int_\Omega \sum_{ss'} \psi_s{}^\dagger(\boldsymbol{r})\psi_s(\boldsymbol{r})v(\boldsymbol{r}-\boldsymbol{r}')\psi_{s'}{}^\dagger(\boldsymbol{r}')\psi_{s'}(\boldsymbol{r}')dVdV' \tag{1}$$

と書ける．ここで $\psi_s(\boldsymbol{r})\psi_{s'}{}^\dagger(\boldsymbol{r}') = \delta(\boldsymbol{r}-\boldsymbol{r}')\delta(s,s') \pm \psi_{s'}{}^\dagger(\boldsymbol{r}')\psi_s(\boldsymbol{r})$ を利用すると（上の符号はボース統計，下の符号はフェルミ統計を表す），(1) は

$$\begin{aligned}&\frac{1}{2}\int_\Omega \sum_{ss'} \psi_s{}^\dagger(\boldsymbol{r})v(\boldsymbol{r}-\boldsymbol{r}')\delta(\boldsymbol{r}-\boldsymbol{r}')\delta(s,s')\psi_{s'}(\boldsymbol{r}')dVdV' \\ &\pm \frac{1}{2}\int_\Omega \sum_{ss'} \psi_s{}^\dagger(\boldsymbol{r})\psi_{s'}{}^\dagger(\boldsymbol{r}')v(\boldsymbol{r}-\boldsymbol{r}')\psi_s(\boldsymbol{r})\psi_{s'}(\boldsymbol{r}')dVdV' \end{aligned} \tag{2}$$

と変形される．(2) の第 1 項は

$$\frac{1}{2}v(0)\int_\Omega \sum_s \psi_s{}^\dagger(\boldsymbol{r})\psi_s(\boldsymbol{r})dV = \frac{1}{2}v(0)N$$

となる．また，(2) の第 2 項で $\psi_s(\boldsymbol{r})$ と $\psi_{s'}(\boldsymbol{r}')$ とを入れ替えると，この項は

$$+\frac{1}{2}\int_\Omega \sum_{ss'} \psi_s{}^\dagger(\boldsymbol{r})\psi_{s'}{}^\dagger(\boldsymbol{r}')v(\boldsymbol{r}-\boldsymbol{r}')\psi_{s'}(\boldsymbol{r}')\psi_s(\boldsymbol{r})dVdV'$$

と書け，題意が示される．

問題 3.2 (10.17) に例題 3 中の (1) を代入すると

$$H' = \frac{1}{2}\int_\Omega \sum_{rsr's'} a_r{}^\dagger u_r{}^*(x)a_s{}^\dagger u_s{}^*(x')v(\boldsymbol{r}-\boldsymbol{r}')a_{s'}u_{s'}(x')a_{r'}u_{r'}(x)d\tau d\tau'$$

となり，これを整理すると本文中の結果が導かれる．

10

問題 3.3

$$E_1 = \frac{1}{2}\sum_{rsr's'} (rs\,|\,v\,|\,r's')\,\langle \Phi\,|\,a_r{}^\dagger a_s{}^\dagger a_{s'} a_{r'}\,|\,\Phi\rangle$$

で s', r' の状態の粒子が壊れるから元の状態に戻るためには $r = r', s = s'$ か $r = s', s = r'$ の 2 つの可能性がある．前者の場合には $\langle \Phi\,|\,a_r{}^\dagger a_s{}^\dagger a_s a_r\,|\,\Phi\rangle = -\langle \Phi\,|\,a_r{}^\dagger a_s{}^\dagger a_r a_s\,|\,\Phi\rangle = \langle \Phi\,|\,a_r{}^\dagger (a_r a_s{}^\dagger - \delta_{rs}) a_s\,|\,\Phi\rangle = n_r n_s - \delta_{rs} n_r$ となり，後者では $\langle \Phi\,|\,a_r{}^\dagger a_s{}^\dagger a_r a_s\,|\,\Phi\rangle = -n_r n_s + \delta_{rs} n_r$ と表される．よって，E_1 は次式のように書け，これから例題 3 中の (3) が得られる．

$$E_1 = \frac{1}{2}\sum_{rs}\Big[(rs\,|\,v\,|\,rs) - (rs\,|\,v\,|sr)\Big](n_r n_s - \delta_{rs} n_r)$$

問題 4.1 相互作用 H' は

$$H' = \frac{1}{2}\sum_{i\neq j} v(\boldsymbol{r}_i - \boldsymbol{r}_j) = \frac{1}{2V}\sum_{\boldsymbol{q}} \nu(\boldsymbol{q}) \sum_{i\neq j} e^{i\boldsymbol{q}\cdot(\boldsymbol{r}_i - \boldsymbol{r}_j)}$$

と表される．$\boldsymbol{q} = 0$ の項は次のようになり定数である．

$$\frac{\nu(0)}{2V}\sum_{i\neq j} 1 = \frac{\nu(0)}{2V}\Big(\sum_{ij} 1 - \sum_i 1\Big) = \frac{\nu(0)}{2V}(N^2 - N)$$

問題 4.2 $(rs\,|\,v\,|\,r's')$ の空間部分の積分は例題 4 に述べたように

$$\frac{1}{V^2}\int_\Omega e^{-i\boldsymbol{k}_r\cdot\boldsymbol{r} - i\boldsymbol{k}_s\cdot\boldsymbol{r}'} v(\boldsymbol{r} - \boldsymbol{r}') e^{i\boldsymbol{k}_{r'}\cdot\boldsymbol{r} + i\boldsymbol{k}_{s'}\cdot\boldsymbol{r}'}\,dV dV' \tag{1}$$

と書ける．(1) で重心座標 $\boldsymbol{r}_1$，相対座標 $\boldsymbol{r}_2$ を導入し

$$\boldsymbol{r}_1 = \frac{\boldsymbol{r} + \boldsymbol{r}'}{2}, \quad \boldsymbol{r}_2 = \boldsymbol{r} - \boldsymbol{r}' \qquad \therefore \quad \boldsymbol{r} = \boldsymbol{r}_1 + \frac{\boldsymbol{r}^2}{2}, \quad \boldsymbol{r}' = \boldsymbol{r}_1 - \frac{\boldsymbol{r}_2}{2}$$

とおく．変換のヤコビアンを調べるため x 成分を考えると

$$x = x_1 + \frac{x_2}{2}, \quad x' = x_1 - \frac{x_2}{2}$$

と書けるので，ヤコビアンは

$$\frac{\partial(x, x')}{\partial(x_1, x_2)} = \begin{vmatrix} \dfrac{\partial x}{\partial x_1} & \dfrac{\partial x}{\partial x_2} \\ \dfrac{\partial x'}{\partial x_1} & \dfrac{\partial x'}{\partial x_2} \end{vmatrix} = \begin{vmatrix} 1 & \dfrac{1}{2} \\ 1 & -\dfrac{1}{2} \end{vmatrix} = -1$$

と計算される．すなわち絶対値は 1 で $dxdx' = dx_1 dx_2$ が成り立つ．y, z 成分も同様で $dVdV' = dV_1 dV_2$ となる．こうして (1) は

$$\frac{1}{V}\int_\Omega e^{-i(\boldsymbol{k}_r + \boldsymbol{k}_s)\cdot\boldsymbol{r}_1 + i(\boldsymbol{k}_{r'} + \boldsymbol{k}_{s'})\cdot\boldsymbol{r}_1}\,dV_1$$

$$\times\frac{1}{V}\int_\Omega v(\boldsymbol{r}_2)\exp\left[\frac{i\boldsymbol{r}_2}{2}\cdot(\boldsymbol{k}_s - \boldsymbol{k}_r + \boldsymbol{k}_{r'} - \boldsymbol{k}_{s'})\right] dV_2 \tag{2}$$

に等しい．(2) で dV_1 に関する積分は運動量保存則 $\boldsymbol{k}_r + \boldsymbol{k}_s = \boldsymbol{k}_{r'} + \boldsymbol{k}_{s'}$ を与える．これから $\boldsymbol{k}_s - \boldsymbol{k}_{s'} = \boldsymbol{k}_{r'} - \boldsymbol{k}_r$ と書けるので (2) は次のように表される．

$$\delta(\boldsymbol{k}_r + \boldsymbol{k}_s, \boldsymbol{k}_{r'} + \boldsymbol{k}_{s'})\frac{\nu(\boldsymbol{k}_r - \boldsymbol{k}_{r'})}{V}$$

索引

あ行

か行

さ行

た 行

な 行

は 行

ま　行

や　行

ら　行

欧　字

著 者 略 歴

阿 部 龍 藏
あ べ りゅう ぞう

1953年 東京大学理学部物理学科卒業
東京工業大学助手，東京大学物性研究所助教授，
東京大学教養学部教授，放送大学教授を経て
現 在 東京大学名誉教授 理学博士

主 要 著 書

統計力学 (東京大学出版会) 現象の数学 (共著，アグネ)
電気伝導 (培風館)
現代物理学の基礎 8 物性 II 素励起の物理 (共著，岩波書店)
力学 [新訂版] (サイエンス社) 量子力学入門 (岩波書店)
物理概論 (共著，裳華房) 物理学 [新訂版] (共著，サイエンス社)
電磁気学入門 (サイエンス社) 力学・解析力学 (岩波書店)
熱統計力学 (裳華房) 物理を楽しもう (岩波書店)
現代物理入門 (サイエンス社) ベクトル解析入門 (サイエンス社)
新・演習 物理学 (共著，サイエンス社) 新・演習 力学 (サイエンス社)
新・演習 電磁気学 (サイエンス社) 熱・統計力学入門 (サイエンス社)
Essential 物理学 (サイエンス社) 物理のトビラをたたこう (岩波書店)

新・演習物理学ライブラリ＝4

新・演習 量子力学

2005年11月10日© 初 版 発 行
2012年 2月25日 初版第3刷発行

著 者 阿 部 龍 藏 発行者 木 下 敏 孝
印刷者 杉 井 康 之
製本者 小 高 祥 弘

発行所 株式会社 サ イ エ ン ス 社
〒151–0051 東京都渋谷区千駄ヶ谷1丁目3番25号
営業 ☎ (03) 5474–8500 (代) 振替 00170–7–2387
編集 ☎ (03) 5474–8600 (代)
FAX ☎ (03) 5474–8900

印刷 (株) ディグ 製本 小高製本工業 (株)

《検印省略》

本書の内容を無断で複写複製することは，著作者および
出版者の権利を侵害することがありますので，その場合
にはあらかじめ小社あて許諾をお求め下さい．

ISBN4–7819–1110–2

PRINTED IN JAPAN

サイエンス社のホームページのご案内
http://www.saiensu.co.jp
ご意見・ご要望は
rikei@saiensu.co.jp まで．